浙江省
安全生产论文集（2018）

ZHEJIANGSHENG ANQUAN SHENGCHAN
LUNWENJI（2018）

浙江省安全生产协会 编

浙江工商大学出版社 ｜ 杭州
ZHEJIANG GONGSHANG UNIVERSITY PRESS

图书在版编目（CIP）数据

浙江省安全生产论文集．2018 / 浙江省安全生产协
会编．— 杭州：浙江工商大学出版社，2019.4
ISBN 978-7-5178-3062-7

Ⅰ．①浙… Ⅱ．①浙… Ⅲ．①安全生产－浙江－文集
Ⅳ．①X93-53

中国版本图书馆CIP数据核字(2018)第272797号

浙江省安全生产论文集（2018）
浙江省安全生产协会 编

责任编辑	张婷婷	
责任校对	傅　恒	
封面设计	林朦朦	
责任印制	包建辉	
出版发行	浙江工商大学出版社	
	（杭州市教工路198号　邮政编码310012）	
	（E-mail：zjgsupress@163.com）	
	（网址：http://www.zjgsupress.com）	
	电话：0571-88904980，88831806（传真）	
排　版	杭州彩地电脑图文有限公司	
印　刷	杭州恒力通印务有限公司	
开　本	710mm×1000mm　1/16	
印　张	24	
字　数	430千	
版印次	2019年4月第1版　2019年4月第1次印刷	
书　号	ISBN 978-7-5178-3062-7	
定　价	68.00元	

版权所有　翻印必究　印装差错　负责调换
浙江工商大学出版社营销部邮购电话　0571-88904970

《浙江省安全生产论文集（2018）》
编委会

主　　编：徐　林

副 主 编：孙　力　胡煜文

编　　委：卢建明　赵敬法　于巨青

　　　　　胡国良　姚永乐　邹　衡

序　言

　　2018年，浙江省安全生产协会在第三届安全生产论文征集活动基础上，组织编委会专家对论文进行了评审、论证和修改，评选出60篇优秀论文，汇编成册，通过浙江工商大学出版社出版了《浙江省安全生产论文集（2018）》。该论文集内容涵盖了化工、非煤矿山、能源、冶金、机械、交通、建筑、核电、港航等行业，分为安全生产技术、安全生产管理、安全文化教育等篇章，体现了省内广大企事业单位干部职工良好的安全生产责任意识，展现了各单位在安全生产管理和技术等方面的优秀经验和丰硕成果，呈现了广大安全生产和应急管理工作者的深刻体会和工作感悟。在此，对所有论文作者、编委会专家表示衷心的感谢！

　　这不是一本抽象难懂的理论书，这是一本应用实践的论文集。很多论文作者结合了生产工作中大量的数据分析、规律经验、工作经历，提炼了安全生产方面技术革新、方法应用、管理对策的丰富经验。论文集成为广大会员单位发表观点、奉献经验、展示成果的交流平台。

　　这不是一本枯燥乏味的论述书，这是一本内容丰富的论文集。论文的作者有的是企业领导，有的是安全管理部门人员，有的是其他部门的管理人员，还有的是一线员工，充分体现了"管行业必须管安全、管业务必须管安全、管生产经营必须管安全"的原则。论文的字里行间洋溢着各个单位干部职工对安全生产工作的重视、思考与热爱。论文集成为展现广大单位干部职工风貌、智慧和情怀的舞台。

　　这不是一本沉闷、机械的工具书，这是一本有深度、广度的论文集。安全生产工作者是红线意识的坚守者，是安全理念的探究者，是安全文化的践行者，论文中有事故教训的沉甸思考，有安全现状的生动图景，也有安全文化的丰厚内容。一篇论文虽然表现的是一个论点、一场事故、一种方法，但同时也反映了一角天地的思考和见解，呈现了专业领域的万千变化，体现了安全生产的永恒主题。论文集成为广大作者为生命呼唤、为生命高歌、为生命直言的讲台。

一册在手，开卷有益。借鉴思考，继往开来！

由于时间仓促，在论文集编审过程中难免会存在不足和错误，恳请各位专家、读者指正，给我们的工作提出宝贵意见。

《浙江省安全生产论文集（2018）》编委会

2019年1月

目　　录

安全生产技术篇

安全生产管理篇

安全文化教育篇

安全生产技术篇

宁波穿山LNG码头靠泊窗口的安全研究

鲍冯军　沈　勇　潘国华

（宁波大港引航有限公司）

摘　要：LNG船的特殊性决定了对港口生产的严重制约。如何扩大靠泊窗口，减少对港口生产的影响，是集团需要引航攻克的难题。本文研讨穿山水域潮流规律，提出扩大窗口的想法和依据，分析引航风险点，提出了引航方案和具体操纵方法，经实践检验，取得重大成效，在此供大家参考。

关键词：LNG船　严重制约性　扩大窗口　风险点　引航方案

由于LNG船众所周知的风险等级，其在宁波舟山港的操纵有着异常严格的安全保障措施，相比同样安全等级要求很高的超级油轮（VLCC），其特殊的保障措施体现在：①引航站选派有经验的2名资深引航员一起担任引航工作，且担任主引的引航员须接受过LNG船操纵的特殊培训；②在虾峙门口外过深水航槽时，3艘4800马力以上的拖轮（其中一艘必须是消防两用拖轮）保驾护航，其他船舶不得干扰LNG船的航行与进港；③在虾峙门航道里，实行临时交通管制，禁止一切商船与其对遇驶过，禁止任何船舶对LNG船的追越；④在第三、第四通航分道航行时，不允许无引航员在船的船舶与其交会；⑤在1#警戒区与2#警戒区各安排3条海事巡逻艇现场指挥交通流，交管中心全程监控并发布航行警告；⑥引入"移动安全区"概念，即该船前后1海里，左右500米范围内不允许任何船只进入。

一直以来，LNG船的标准靠泊时间都是定在白天镇海高潮后半小时，码头边潮水初落，左舷靠码头。应该说这个靠泊时间定得非常科学合理，在屡次的靠泊实践中得到了当事引航员的一致认可。但是我们也看到，LNG船从虾峙门口外0#大型红灯浮至码头边需要3.5小时，全程都必须在白天进行，而在天文小潮汛时期，镇海高潮时不是在凌晨就是在下午太阳落山之后，也就是说平常日子这个码头每天有一次的靠泊窗口，而在天文小潮讯时期，全天没有靠泊时机。而且浙江LNG码头位于穿山半岛北面，船舶进出港须航经定线制第1、2、3、4、5分道通航制和0#、1#和2#警戒区，该航路与进出核心港区的大型和超大型船舶共同使用，且这些大型超大型船舶通常也有严格的靠泊时间要求，大部分也选择白天潮水初落，左舷靠码头。如果错过了最佳潮水，轻者增加了靠泊的危险性，重者使靠泊计划终止。无疑，严格的安全保障制度极大地提高了LNG船在宁波港的安全系数，但LNG的港内操纵造成虾峙门航道封航，一大批船舶的计划改变，影响了部分大型矿船、大型油轮的正常航行，甚至耽误它们的进港计划，造成不可估量的损失，严重影响了东方大港的声誉。

那么，如何最大限度地减少靠泊时间上的冲突，减少彼此影响的机会呢？我们根据对穿山北水域潮流的进一步分析，以及多次的现场潮流观测，大胆提出了LNG船右舷靠泊的想法。

一、潮流分析、最佳右舷靠泊时间和风险点

（一）潮流分析

宁波舟山港潮流性质为非正规半日浅海潮流，每天24小时有两次高潮与两次低潮，其浅海分潮的比例较大，涨落潮不对称性较明显。对于宁波引航员来说，穿山水域的潮水最是惊心动魄，码头前沿的潮流随着码头北面的主航道螺头水道的流向流速变化而旋回不定，而且表层流与底层流难以确切把握其速度、方向，大旋回套着小旋回，在潮流切变线附近，船舶操纵时经常会碰到航向把不定、速度异常等短暂失控的现象。这么多年在这个区域发生了多次紧迫局面，几乎每个引航员都有"心有余悸"的经历，可以说选择一个右舷靠泊的窗口困难重重。

（二）右舷靠泊最佳时间的确定

最佳时间的确定需要满足五个前提。一是进港航行和靠泊须在白天进行；二是尽可能做到边流与主航道流向基本一致，避免主航道涨流而码头边落流，造成掉头困难；三是不能影响大型矿油船（包括舟山港区大型矿油船）的进港计划；四是尽可能做到对集装箱船的船期影响最小；五是尽可能缩短虾峙门局部交通管制时间。为此，我们做了以下准备工作：一是与宁波海洋预报台合作，对本区域流场进行分析和研究，该水域范围长5海里、宽2海里，提供全年潮流预报，提供局部水域分时潮流动画等；二是组织课题组成员到码头现场进行观察，通过抛木板、施放引航艇、抛放GPS定位仪等手段进行数据统计，试图找出2—3个最佳点；三是与大连海事大学强强联手，通过船模试验加以验证，得出一个满足以上5个要求的最佳右舷靠泊时间点，即镇海低潮后1.5小时。

（三）右舷靠泊风险点

一个合适的靠泊时机应该是码头边缓流，前沿流向与码头轴线方向基本一致。掉头右舷靠码头的话，要考虑掉头区域的流态是否平稳，在掉头过程中会不会出现转向困难，不容易控制船位的情况，以及在引航员登轮后开始全过程航行中可能会遇到的困难。

1.航行中的风险点

过深水航槽的风险点主要是克服流压差，使船舶保持在航道中心线上，并与南上北下的穿越船保持有效沟通，提防这个时段的小渔船的干扰。

虾峙门航道里小渔船经常杂乱无章，看上去密密麻麻，封锁了整个航道，海事巡逻艇也没有有效办法来监管。航道里穿越的车客渡一般是高频VHF可以联系的，但个别船老大喜欢抢船头，必须提早防备。

1号、2号警戒区附近交通流特别复杂，该处存在回流，既是转向点，又是多方船舶的汇集之处，很多小船高频不守听，随意穿越，特别是一些重载运沙船会对LNG的航行构成重大威胁。

2.靠泊中的风险点

如下图，码头前沿的掉头水域有2000多米，即使是最大尺寸的LNG船旋回也足够了。大船在通航分道南边界航行时很忙碌，要控速，与码头、拖轮联系，商议靠泊具体事项，其中最大的风险点是经常与螺头水道出口船形成危险对遇局面，事先没有联系好，很容易产生误解，乃至大幅度破坏船位，靠泊失败。另一方面，在四期、远东的靠离泊集装箱船也会干扰LNG船的掉头，使掉头区域减小，或者不得不提早掉头。

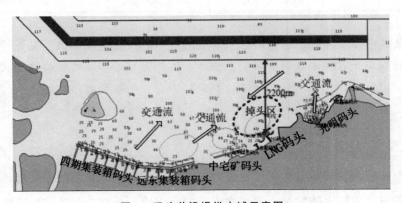

图1　码头前沿操纵水域示意图

在掉头过程中，掉头过早或者过晚，均会不同程度对整个靠泊产生影响。如果大船旋回性能非常好，掉完头可能离码头横距太大，靠泊时间大大增加；如果大船旋回性能不好，产生旋回困难，甚至出现头掉不过来的现象，则后果不堪设想。

二、两种靠泊方式的比较

（一）左舷靠码头

LNG船对大型矿船、大型油轮的影响主要集中在：算山油码头的超级油轮，北仑一期大码头的大矿船，大榭中油、大榭实华的超级油轮，中宅码头、北二司远东的大矿船。其分别的最佳靠泊时间、航行时间、进虾峙门东口的时间如表1（按镇海潮水推算）。

表1

位置＼时间	最佳靠泊时间	航行时间	虾峙门进口时间
算山油码头	高潮后1小时	3.5小时	高潮前2.5小时
北仑一期矿石码头	高潮时	3小时	高潮前3小时
大榭中油	高潮后1.5小时	2小时45分钟	高潮前1小时15分钟
大榭实华	高潮后1.5小时	2.5小时	高潮前1小时
中宅大码头	高潮前1小时	2小时	高潮前3小时
北二司远东	高潮前1小时	2小时15分钟	高潮前3小时15分钟
浙江LNG码头	高潮后0.5小时	2小时	高潮前1.5小时

如果都选择左舷靠初落的话，大矿船的进口时间普遍早于大型油轮，LNG船的进口时间早于大榭中油与实华的大油轮，但相差也不多。可以说这些大型矿油轮都是要过虾峙门口外深水航槽的，如果其中有一条船没有控制好速度，出现迟到早退现象，就会影响其他船的准时性，协调不一致的话甚至会造成紧迫局面。

（二）右舷靠码头

目前来说，出于安全考虑，算山油码头的超级油轮，北仑一期大码头的大矿船，大榭中油的超级油轮是不进行涨水右舷靠泊的，所以大型矿油轮右舷靠初涨的范围就大大缩小了。考虑到大型油矿船顶水进口又要掉头，航行时间加半个小时，而LNG船即使顶水下速度也可以保持12节，航行时间加15分钟就可以了，如表2（按镇海潮水推算）。

表2

位置 ＼ 时间	最佳靠泊时间	航行时间	虾峙门进口时间
大榭实华	低潮后1.5小时	3小时	低潮前1.5小时
中宅大码头	低潮后2小时	2.5小时	低潮前0.5小时
浙江LNG码头	低潮后1.5小时	2小时15分钟	低潮前45分钟

LNG船的右舷靠泊对其他大型船的影响很小，它满载吃水12米左右，不受水深限制，可以灵活控制航速，跟后面中宅大矿船能保持3海里以上的距离，不会产生任何冲突。

三、右舷（涨水头）靠泊的航行

满载LNG船吃水12米上下，按照海事局的要求走口外深水航槽。引航员登轮时间为镇海低潮前2小时15分钟，登轮地点为正横0#浮（虾峙门口外大型红灯浮，RACON X），提醒船长注意风流压，保持与大型红灯浮2.5cable的距离。引航员上了驾驶台后，马上与船长交流航行计划，并逐步把车钟推上去，一般保持速度在12节左右。顶水过航槽与顺水不同，潮流大体上是压船向左的，特别是船舶速度慢的时候，流压角有15度之多，我们要随时调整流压差，控制船位走在航槽中央；看到小船有抢头的企图，要充分发挥保驾拖轮的作用，毫不犹豫令其过去驱赶；如果有大船比较靠近航槽，有可能干扰你的航行，马上通过其高频16、08频道与该船联系，澄清该船意图，也可以用高频08频道向交管中心汇报。由于属于非限于吃水船，在复杂情况下避让时，不能死板地拘泥于深水航槽，始终保留LNG船驶出深水航槽的最后选择。从登轮到进口一般控制在1.5个小时左右。

镇海低潮前45分钟，LNG船桃花灯柱进口。由于出口交通管制，LNG船就没有必要很靠近桃花岛，最有利的还是航行在最中间位置，即定线制分隔线上。无疑，虾峙门航道最干扰的还是杂乱无章的小渔船，渔船老大们艺不高胆很大，意识不到超大型LNG船航行的危险等级。我们不能一味依靠保驾拖轮去驱赶小渔船（小渔船为了保护渔网，经常对保驾拖轮不闻不顾），也不能寄希望小渔船关键时候会让你，大船还是要发挥良好船艺，运用各种手段谨慎驾驶，并做好随时减车停车的准备。从进口到抵达1#警戒区控制在45分钟时间，也就是抵达1#警戒区的时间大概在镇海低潮时。

抵达长柄子北的时间为靠泊前45分钟，也就是镇海低潮后45分钟。2#警戒区是航行上的一个难点，潮流复杂，交通流繁忙，洋小猫西面有大量南下北上的小海轮穿梭其中。面对复杂局面，LNG船一定要气定神闲、游刃有余，早减速，早联系，与海事巡逻艇保持有效沟通，尽量避免小船近距离横越船头。螺头水道的出口大船可以让其走定线制进口航道的北面，与LNG船过绿灯并保持足够的横距。具体情况具体分析，一般LNG船航行到长柄子附近时大幅度向左转向，把船位拉到沿岸通航带，贴着定线制出口航道的南边线缓缓向西行驶，车钟减到微速前进，速度在8节左右，拖轮慢慢过来准备带缆。

航行在定线制出口航道的南边很容易与螺头水道的出口船形成危险对遇，此时要发布航行通告，并积极联系出口船，尽早地达成默契。抵达泊位正横对开1海里的时间是靠泊前30分钟，也就是低潮后1小时，此时速度为5节左右，拖轮已经带好，准备向左掉头。

四、右舷（涨水头）靠泊方法

选择不同的时间段进口，对于有拖轮、海巡艇护航的LNG船来说，航行上其实差别也不大，技术上难点也不突出。但是，在靠泊问题上，选择左舷靠泊还是右舷靠泊，这个讲究就大了。我们知道，穿山港区流态复杂，大回流里套着小回流，出现过多次船舶丧失舵效短暂失控的紧迫局面，最保险的靠泊方法还是最佳潮水，即左舷初落靠码头，从历年来这个区域的每一个码头的首靠、每一条大船的首航可以看出大家明智的选择。但是随着港口形势的发展，单一的左靠已越来越满足不了要求，如中宅矿石码头，在2013年开始就成功尝试了几次右舷靠码头，得到了一致好评。于是，抱着科学严谨的态度，积极进取的精神，我们认为，与中宅码头相邻的浙江LNG码头进行右舷靠码头的尝试迫在眉睫。

以目前到港的最大类型LNG船Q-MAX型为例，该船长345米，宽55米，型深27米，双车双舵无侧推。按照要求，Q-MAX型船靠泊时使用5艘助泊拖轮及1艘备用拖轮，拖轮功率不小于4800马力且其中1艘应带有消防功能。左舷第一条拖轮带在首楼，负责拖；第二条拖轮有LNG船舷外缆桩可以自己带缆，负责顶；第三条拖轮一样可以自带，负责顶；第四条拖轮带左舷船尾，负责拖；第五条拖轮带船尾中间，负责协助大船的前冲与后缩。掉头区域为码头对开1海里，掉头前速度5节左右，当大船驾驶台正平浙江LNG码头时，可以下令左满舵。舵角要灵活，时不时观察驾驶台前面的ROT（rate of turn）指示器，发现转向太快可以减少舵角，怀疑可能吃到回流导致转向迟缓，则毫不犹豫加大舵角，在掉头过程中保持转向的连贯性，控制转头角速度为每分钟10—15度。

一般情况下，1海里的横距掉头是没有问题的，但为了保险起见，可以令左舷第一条拖轮保持拖的位置待命，第四条拖轮做好随时顶推的准备。

为了提防掉头过程中压拢流对船舶产生增速的影响，我们可以停掉一部主机，仅使用单车来掉头，或者使用一车倒一车进的方法来控制速度。左舷靠码头时，大船冲过头没有危险，右舷靠的话，大船冲过头就撞山了，所以在靠泊过程中，第五条拖轮一定要时刻保持拖的位置。头掉过来后，大船距离码头的横距3cable左右，至泊位正横倒车拉停，然后灵活指挥拖轮慢慢推进去。码头上有靠泊指示仪，清晰地显示船头船尾与码头的距离及靠拢速度。要求在离LNG码头横距1cable时，大船航向调整到码头的走向051度上下，靠拢速度低于0.5节，此时令第一和第四条拖轮松足够的缆绳，准备在拖的位置；3倍船宽的时候，靠拢速度0.3节；2倍船宽的时候，靠拢速度0.2节；最后在没有转头角速度的情况下平行靠泊，船头船尾靠拢速度在0.1节以内。基本上控制靠泊时间后半小时，也就是镇海低潮后2小时码头贴拢，前后倒缆带妥。靠泊轨迹可以参考图2的模拟试靠记录。

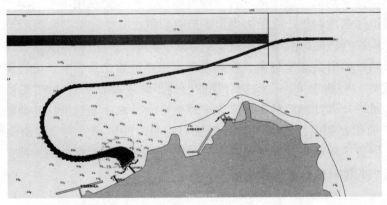

图2　镇海低潮后1.5h（大潮0700）NW风6级右舷靠泊模拟试验记录

五、涨水靠泊安全保障措施

没有规矩不成方圆，我们不能随随便便进行LNG船的右舷靠泊，必须具备一定的条件，一定的安全保障措施，包括如下：

①在过口外深水航槽时，风力在8级以下，视线在2海里以上，航槽内没有小渔船捕鱼。

②深水航槽航行时，前后大型矿油轮的间距必须在1.5海里以上，对地速度达不到8节的慢速船不得排在LNG船前面。确保"移动安全区"内的安全，左右前后的护航保驾船必须严格按照规定执行任务。

③虾峙门航道出口管制，禁止彼此追越；小渔船得到控制，穿越渡轮不得干扰LNG船的航行。

④靠泊时码头边风力在25节以下，视线在1海里以上。

⑤4800马力及以上的足够拖轮在靠泊前45分钟在光明码头对开待命。

⑥LNG船在码头边掉头过程中，禁止中宅、光明等附近码头船舶的靠离泊作业。

⑦靠泊时，海巡艇继续监护直至贴拢码头。

六、结论

我们通过潮流观察、理论研究、模拟器计算论证、与中外港口码头交流学习、大型船舶实船试靠等手段，共同探索大型LNG船舶在码头前沿自力掉头，在镇海低潮后1.5小时右舷靠泊的引航方法，并对引航风险进行归纳分析，提供了规范的量化的区域引航方案，使引航风险处于可控状态。事实证明在接下来的每一次课题应用中均取得圆满成功，大幅度提高了码头的使用率和社会经济效益，为提升本港知名度和核心竞争力做出了应有贡献。

随着我省清洁能源战略的推进，浙江LNG码头的生产持续快速发展，以后到这片水域的LNG船会越来越多，势必对集团生产造成严重影响，迫切需要引航发挥攻坚优势，创新攻关，在安全合规的前提下解决此难题。LNG船舶靠泊时机的增加，给港口调度部门的指挥带来了弹性空间，减小了与港口其他超大型船舶进港时机的相互影响，提高了本港集装箱船舶的准班率，为宁波舟山港集团与LNG码头创造了双赢条件，为两者进一步扩大发展提供了有力的支持，可以极大支撑我省、我港的战略发展需求。

参考文献：

[1]鲍冯军，胡中敬，刘德平.基于移动安全区概念的Q-MAX型LNG船进出港操控模式研究[C].改革创新不停步，攻坚克难促发展——2013年"苏浙闽粤桂沪"航海学会学术研讨会论文集，2013：84—93.

[2]洪碧光.船舶操纵[M].大连：大连海事大学出版社，2008.

浅谈HULL MAGNET在引航员
登离轮装置中的应用*

慕永光

（宁波大港引航有限公司）

摘　要：本文根据IMO（国际海事组织）第308号关于SOLAS公约修正案的决议，通过对现有引航员登离轮装置的安全分析，得出引航梯没有紧贴船壳是导致引航员在引航过程中发生引航员登离轮装置事故的最大因素，引出HULL MAGNET（软梯磁吸盘）装置，介绍HULL MAGNET的基本情况、分析HULL MAGNET的安全隐患和发展方向。

关键词：IMO　SOLAS公约修正案　引航员登离轮装置　HULL MAGNET　现状和前景

随着全球经济的一体化，进出宁波舟山港的船舶越来越多样化和大型化，这给我们的引航带来了前所未有的机遇和挑战，这些挑战不光有来自于技术方面的，还有来自于与我们生命安全息息相关的引航员登离轮装置。资料统计显示，引航员在引航过程中发生在引航员登离轮装置上的事故占个人安全事故的90%以上，世界范围内仅仅在2006年就有8名引航员在登离轮的过程中失去了宝贵的生命。这些鲜活生命的失去给世界引航界敲响了警钟，在IMPA（世界引航协会）和美国、巴西等国家海事组织的努力和推动下，IMO（国际海事组织）开始寻求对引航员登离轮装置的改进和提高，最终在2010年12月3日的IMO海上安全委员会（MSC）第88次会议上，通过了第308号关于SOLAS公约修正案的决议，并于2012年7月1日生效，该修正案全面修改了SOLAS第V章第23条，对引航员登离轮装置提出了新要求，主要是取消了机械式引航软梯绞车的使用，对引航员软梯以及组合梯的形式有了一定的修改。

一、引航员登离轮装置安全分析

对引航员登离轮装置要求越来越高，对引航员来说是福音，但同时大家也开始反思：在众多引航员登离轮事故中，是什么因素导致事故发生？是什么原因导

*本文刊登于《中国水运》2017年第8期，第126—127页。

致这个因素很难符合正规的规定？下面是IMPA在2010年统计的引航员登离轮装置缺陷报告。

表1

不符合规定的登离轮装置	不合格数量	所占百分比（%）
引航梯	166	47.56
舷墙	43	12.32
边门	12	3.44
组合梯	27	7.74
安全设备	101	28.94

注：安全设备主要是指夜间有足够的灯光照明，有带有自亮灯光的救生圈，能与驾驶台沟通的VHF，撇缆绳，是否有值班驾驶员陪同，等等。

从表1中不难看出，引航梯的缺陷率在所有登离轮装置中是最高的。具体到细节，又是什么原因导致引航梯缺陷率如此之高？请看表2。

表2

导致引航梯缺陷原因	不合格数量	所占百分比（%）
引航梯没有紧贴船壳	39	17.73
踏板所用材料不对	11	5.00
调节绳位置不对	20	9.09
踏板破损	13	5.91
踏板之间不等距	24	10.91
引航梯超过9米	7	3.18
踏板弄脏或打滑	33	15.00
边索所用材料不对	16	7.27
引航梯太靠近船头或船尾	15	6.82
踏板有油漆	9	4.09
软梯最下端有绳环	21	9.55
没有舷墙梯	12	5.45

通过表2我们发现"引航梯没有紧贴船壳"在导致引航梯缺陷原因中排名榜首。这其实也与笔者实际工作中遇到的情况是相吻合的：一个紧紧贴住船壳的引航梯会让引航员爬起来省时省力又安全，相反，攀爬一个悬在空中且左右摇晃的引航梯将大大消耗引航员体力，同时风险也成倍增加。引航梯作为引航员的生命之梯，其安全牢固符合标准与否，直接关系着我们引航员的生命安危。既然如

此，为什么船方不采取措施让引航梯以及硬梯紧紧地贴住船壳？笔者认为主要是很多船上没有系留座（EYEPAD）可供引航梯以及硬梯系固，或者有的船舶有系留座，但是由于操作起来麻烦而放弃使用。

二、软梯磁吸盘（HULL MAGNET）基本介绍

那有没有一种既操作起来简单方便，又使用起来安全可靠的装置让我们的引航梯以及硬梯紧紧地贴在船壳上？随着近几年科技的进步，越来越多的船舶开始使用一种叫HULL MAGNET 的磁性装置，国内有叫它软梯磁吸盘的，也有叫软梯固定磁铁架的。HULL MAGNET 采用钕磁铁作为其磁核，钕磁铁因其优异的磁性而被成为"磁王"，其工作温度可以达到200℃，但由于其化学活性很强，所以必须对其表面进行涂层处理，HULL MAGNET 的磁核一般采用树脂包裹，其外围是钢制外罩，除了防止海水的侵蚀外，此外罩还可将钕磁铁

图1　HULL MAGNET 的外观图片

的磁流量集中在工作表面，从而表现出很大的抓力，尽管有层层油漆附在船壳表面，这种抓力也可以达到惊人的6000牛顿，或者说可以承受600多kg的重量。考虑到海上恶劣的自然环境，HULL MAGNET 的底座一般采用黄色粉末涂层，既阻断了外界环境的干扰，又起到了醒目的作用。

从图1可以看出，此装置简单小巧，重量在4kg左右，表面突出可旋转的环叫有眼螺栓（EYEBOLT），它可以系固来自于引航梯或硬梯上的绳子，通过调节一白一黑两个把手，可以实现HULL MAGNET的安放与脱离。

图2　HULL MAGNET 的运用情况

从图2可以看出，安放了HULL MAGNET后，即使船舶遇到风浪有一定的横摇，我们的引航梯和硬梯也都可以牢牢地固定在船壳上，这就大大提高了引航员上下船的安全系数。对于在船上工作的船员来讲，他们也完全可以在有安全绳保护的情况下，顺利地完成HULL MAGNTE的安放与脱离。

三、软梯磁吸盘使用中存在的安全隐患

（一）一次因改装引发的事故

在世界各地已经发生了多起因为使用不合格的或者说改装过的HULL MAGNET（如图3所示）而导致引航员受伤的情况。

这是一次发生在美国的引航员登离轮事故，引航员在爬梯子的过程中，本来用于系固引航梯的HULL MAGNET忽然从船壳上脱落，直接砸在引航员的头上，事后该引航员被确诊为脑震荡。事故调查发现：引起该事故最主要的原因是船方使用了改装过的HULL MAGNET。事实上，在其他港口也发生了类似的事故，事后调查发现都是船方在事故前使用了改装过的HULL MAGNET，然而事故发生后，当将所有改装后的HULL MAGENT恢复到原来的设计，类似的事故再也没有发生。改装后的HULL MAGNET只需要一个就可以完成对引航梯的绑扎，这已经完全背离了该设计的初衷。此装置的正确用法应为图4所示。

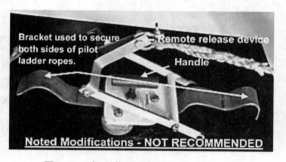

图3 一个改装过的HULL MAGNET

图4 HULL MAGNET 正确用法

（二）一种错误的系固方法

引航梯的两边应该各放置一个没有经过改装的HULL MAGNET，引航梯的两个边索通过绳子紧紧地系固在HULL MAGNET的有眼螺栓上，引航梯被牢牢地固定在船壳上。

在实际的工作中笔者还遇到过这样的一种绑扎方法，如图5所示，该图中的HULL MAGNET虽然没有改装过，但是这样绑扎也是存在一定风险性的。首先单个HULL MAGENET的承受力没有两个大，这是至关重要的。其次绑扎绳子绕过把手，在引航员爬梯子时，梯子的晃动也容易导致HULL MAGNET的脱离。第三，如此系固给攀登的引航员带来一定程度的不便，引航员手抓梯子的空间被系固索占据。所以笔者认为船方一定要按照规定正确有效地使用该装置，在充分发挥它的优点的同时消除它的不利影响。

图5 一种错误的系固方法

（三）操作规范的缺失

虽然此装置已经推出一定时间，也在一部分船舶上进行了应用，但是国际上关于此装置的操作规范始终没有统一，IMO、IMPA等组织也没有对此装置做过评价或者要求。现在众多的应用中都是个别船方按照自己的假想或设想进行布置，有个别甚至只是将其当作一种更为简洁便利的引航梯放置方法。显然这对保护引航员的登离轮安全是不够的。

四、软梯磁吸盘使用的发展方向

通过工作实践和相关分析可以得出，此装置能在引航员登离轮时提供一定的便利，但是也有几处值得我们思考。

（一）如何规范系固

规范系固才能将此装置的有利之处充分发挥出来，反之有可能造成不便甚至危险。一方面要求船方严格按照该装置出厂说明书进行操作布置，这种执行的监督方为船舶管理层，即船长或驾驶员。另一方面，引航员登离轮前也应该观测此装置布置的合理性，如遇非规范操作应提出更正要求并延缓登离轮。

（二）如何做好与硬梯和软梯的衔接

此装置一般在干舷超过9米，即有引航梯和硬梯组成的组合梯时，才需要布置。那么，此装置到底布置在引航梯与硬梯结合的哪个部位最合适？这是需要人体力学和结构力学进行模拟实验才能得出结论的，就好比为什么是9米需要放组合梯一样，需要严谨的科学论证。现状是，很多船舶在放置此装置时不是偏高就是过低，而对于悬在半空中的引航员来说，这种不便利的设施危险性更大。

（三）国际统一标准或要求如何实施

既然有这么一种装置可以帮助到引航员，那么IMPA等是否可以在解决"引航梯没有紧贴船壳"这个问题上采纳此做法，并出台国际统一的标准，对船方做统一要求。装置的要求应该包括：装置大小、自重，装置使用的耗材，装置的载荷，工作温度，系固位置，系固方式，装置的保养，港口国检查，等等。只有有了统一的标准之后才能鞭策督促船方落实好要求，引航员才能对船方的放置有一个明确的判断并提出改正意见，才能在行业内对此装置进行有效大幅推广，更好保证引航员安全。

五、结束语

引航员登离轮是整个引航过程中一个非常重要的环节。笔者希望船舶建造者和使用者能严格按照IMO的规定建造和使用引航员登离轮装置，提供给引航员一个安全可靠的登离轮环境，也真心地希望海事部门能加强监管力度，将登离轮装置作为安全设备检查的一个重要部分来对待。引航员本身也要对船方进行积极的监督，及时地将缺陷情况汇报到有关部门，这既是对自己负责，也是对船方负责。同时，HULL MAGNET作为一个新生事物，也渐渐地被航海界使用，其将来的应用推广可能还会遇到一些问题，但是总体来说未来的发展方向是光明的。笔者在此只是抛砖引玉，希望大家共同关注，一起让我们的引航工作更安全，港口生产更有序。

化工装置中自动化安全控制系统的选型与应用

方心意　张　锐

（浙江泰鸽安全科技有限公司）

摘　要： 本文论述了化工装置中常见的自动化安全控制系统特点，并对DCS系统及SIS系统在化工生产装置中的选型做了介绍。

关键词： 自动化安全控制系统　DCS系统　SIS系统　可靠性

一、引言

众所周知，化工生产过程中具有易燃、易爆、强腐蚀、开/停车频繁且复杂的特点，为确保设备和人员的安全，最大限度地减少由于过程失控而造成的设备损坏和人身伤害，自动化安全控制系统的采用是必不可少的。

二、自动化安全控制系统的特点

自动化安全控制系统是对生产装置可能发生的危险进行响应和保护的自动化仪表控制系统，其作用是保障企业的安全生产，避免人身伤害及重大设备损坏。自动化安全控制系统主要由检测变送单元、逻辑控制单元、执行控制单元等组成，其中逻辑控制单元（简称LCU）是系统的中枢与核心，它采用电子器件和微机控制技术，用软件实现控制电路逻辑关系。

自动化安全控制系统应具有以下特点：（1）简单，可靠；（2）独立成系统、分散性好；（3）自身故障易于排查、恢复。

一个系统的可靠性，一方面和它的结构有关，另外还与构成它的元器件的可靠性及相关的运行环境有关。通常系统的可靠性可以用下式描述：

$$S = 1 - \frac{Fu}{Fa + Fu}$$

式中：S——系统的可靠性系数；

Fu——系统的非安全因素；

Fa——其他非安全因素。

由上式可以看出，系统的非安全因素*Fu*越低，其安全系数*S*越趋近于1，表明该系统的可靠性越高。系统的非安全因素*Fu*一般由下列内容构成：（1）系统的体系结构；（2）构成系统的元器件的可靠性指标；（3）逻辑程序设计的合理性；（4）运行环境的可靠性。

三、PLC系统的特点分析及实际应用

PLC即可编程逻辑控制器，是一种主要进行逻辑操作的控制设备。安全联锁逻辑在PLC中实现也是非常容易的，从硬件结构上看可以分为3种：

（1）单一结构。这种结构由单台PLC构成联锁系统，利用梯形图或逻辑语言构成联锁逻辑程序，硬件由单一的CPU，I/O通道组成，安全系数较低，化工装置不宜采用这种形式。

（2）双台结构。由双台PLC构成的联锁系统，考虑到了冗余的问题，可以做到一开一备。但2台PLC之间只能做到冷备份，很难达到热备份即平滑无扰动自动瞬间切换的效果。因为2台PLC的数据库不能进行实时映像拷贝，不具备用于自动切换的硬件和相应的软件，运行中的PLC只能从初始状态投入运行，不能保证过程的连续性。

（3）三选二结构。三选二PLC构成的系统示意图见图1。

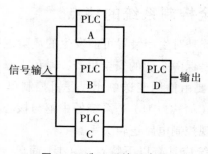

图1　三选二系统示意图

这种结构是利用A、B、C 3台PLC接收来自现场的信号，并运行逻辑程序，运行的结果送PLC-D进行比较，正确的结果输送到现场。这是一个三选二系统，一旦3台PLC的运行结果不一致，则认为系统故障；而当其中1台的结果同另2台有差别时，则认为该设备出现故障并发出警报提示修理，这大大地提高了系统运行的可靠性。但作为选择用的PLC-D只能是单台构成，其正常与否直接关系到系统的可靠性，一旦损坏势必造成整个装置的停车。

利用PLC构成的连锁系统具有简单直观，相对独立于管控组态，修改容易，占地面积小等优点，近几年得到了广泛的应用，相对利用DCS实现安全联锁的系统，可靠性有了明显提高。通过对上述三种不同构成的分析，可以看出：由于PLC是一种基于微处理器的电子设备，其结构上的集中处理部分仍是影响可靠性的主要因素。尽管双CPU或多CPU的PLC已经问世，但构成安全系数高，可靠性好的系统仍非常困难，如PLC之间的自动无扰切换仍非常困难，PLC内部的冗余热备问题、通讯问题等。

因此，国外的企业或公司一般不选用PLC构成安全联锁系统，他们认为这样的系统安全系数"S"不能达到"1"；日本的一些工厂在某些装置上尝试过用PLC构成联锁系统，但都是结合逻辑继电器实现的，同时所选用的PLC均具备2个或多个CPU，采用的方案或双台结构，或是三选二结构。这样的选择从投资上看，对于200点以上的系统是合适的。

四、DCS系统的特点分析及实际应用

目前，各种型号的DCS均具备很强的逻辑处理能力，比如横河（YOKOGAWA）的CENTUM系列DCS，利用顺控表（SEQUENCE TABLE）的形式进行逻辑控制；最新推出的CENTUM CS系统HIA具有梯形图功能、SFC语言、SEBOL功能块等，为多途径实现逻辑控制提供了方便。

另外，如贝利的INFI-90、霍尼维尔的TDC-3000X等，均具备很强的实现逻辑功能的软件包。显然，在DCS中实现安全联锁逻辑是非常容易的，但这样做的可靠性难以确定。

我们知道，DCS之所以被称作集散控制系统，是由于它具备集中管理和分散控制的特点。但是它的分散性是相对的和有度的，并不是真正意义上的绝对分散。高的分散性必然带来高的成本。因此，各种型号DCS的控制检测部分或多或少都要有一定的集成，如CENTUM CS系统，其系统结构见图2。

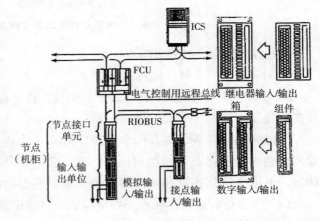

图2　CENTUM CS系统结构图

从其硬件构造上可以看出，尽管这种系统比原有的老系统分散性提高了，但它的I/O接口单元（NODE）和数字I/O模件等仍采用的是多点模件。

以丙烯氧化反应系统为例，其化学反应式如下：

$$C_3H_6 + 1/2O_2 + CH_3COOH \xrightarrow{\text{催化}} CH_3COOC_3H_5 + H_2O$$

这是一个控制要求非常严格的过程，3种物料的比例保持在一定的范围内，才能既完成高效率的反应，又保证不致由于失控而引起爆炸，其工艺过程见图3。

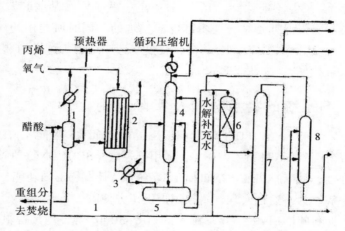

1—酸蒸发器；2—氧化反应器；3—反应物分凝器；
4—循环气洗涤塔；5—贮槽；6—水解反应器；
7—共沸蒸馏塔；8—淬取塔

图3　丙烯氧化反应工艺过程简图

该过程的停车系统分为两步：

SD-1——仅停止氧气供料；

SD-2——停止包括氧气在内的原料供应，停止循环气压缩机，并用大量氮气吹扫氧气反应工序。

上述两个停车系统共有12个回路，46点（含模拟量输入输出，数字量输入输出）各种信号参与逻辑控制操作。这么多的信号从现场或硬警报设定器进入DCS，不可能做到各自独立占用一个通道，至少由它们组成的逻辑程序是在同一个CPU中运行。这就存在着一种危险，一旦集中多个信号的模件故障或CPU故障，亦或逻辑程序执行有误（如通讯环路阻塞，系统死机等），都会造成整个装置的总停车。尽管在硬件上可以采用冗余措施，以防止系统硬件损坏造成事故，但对于大系统，其成本会显著提高2—3倍。

因此从可靠性来讲，DCS硬件体系的相对集中不适合安全联锁系统的运行要求，也就是说将安全联锁系统依托于同常规控制、管理相同的硬件平台，极易造成一损俱损的局面。这样做的结果使得危险更加集中，也就是系统的非安全因素Fu增大。从DCS的发展史看出，DCS之所以得到广泛的应用，主要是由于它具备分散性的特点，分散性越高，单个元件或单个回路故障对整个系统造成的影响越小，其安全系数"S"越趋近于"1"，同时系统的简单化、直观化、独立化特点有利于故障的排除和维护。

五、ESD系统及SIS系统的特点分析及实际应用

（一）ESD系统与SIS系统关系及区别

ESD（Emergency Shutdown Device）：紧急停车系统，是一个独立于DCS系统的控制单元，在工艺发生危险状况时，对设备、环境等进行紧急的启挺，开关操作。配置设备以高档的PLC居多，多数处理DI/DO点，现在多数与DCS进行通讯。

SIS（Safety Instrumented System）：安全仪表系统，IEC61511将安全仪表系统SIS定义为用于执行一个或多个安全仪表功能的仪表系统。SIS是由传感器（如各类开关、变送器及附属的安全栅等）、逻辑控制器以及最终元件（如电磁阀、电动门及附属的继电器等）的组合组成。

IEC61511有进一步指出，SIS可以包括，也可以不包括软件。另外，如果在安全规格书中对人员操作动作的有效性和可靠性做出明确规定，操作人员的手动操作也视为SIS的有机组成部分，包括在SIS的绩效计算中。

SIS是安全仪表系统，ESD属于SIS的一部分。SIS包括现场仪表、ESD系统、紧急开闭阀三部分，采用HART+4---20mA通讯连线，每个SIS的功能回路均要做SIL评估。为实现SIL2 或SIL3 安全等极，采用两台电磁阀控制紧急开闭阀，三台差压变送器测量同一液位，采用雷达及超声波各一台仪表测同一液位等方法。当然系统安装完成后还要做SIL计算验证，以确保系统达到要求。

SIL （Safety Integrity Level），即安全等级，按照国际标准的规定，将安全等级分为4级，即SIL1—4。其中SIL4等级为最高。所谓SIL其全名为安全完整性等级（Safety Integrity Level），英文缩写为SIL，由每小时发生的危险失效概率来区分（SIL2为$\geq 10^{-7}$至$<10^{-6}$；SIL3为$\geq 10^{-8}$至$<10^{-7}$）。

生产过程所需要的安全等级由专门的第三方来评估确定。一般对安全要求比较高的工艺生产过程需要的安全等级为SIL3，SIL4一般应用在核工业上。

（二）SIS系统在化工装置上的应用

一个典型的化工装置为安全所设置的层层保护包括：工艺过程设计；基本调节，过程报警及操作员监视；紧急报警，操作员监视并且手动干预；自动操作安全仪表系统 SIS（Safety Instrumented System）；物理保护（泄压阀、爆破膜）；工厂紧急响应；所在区域紧急响应。

由此可见，从第二层到第四层的保护都是由仪表及自控系统来实现。而仪表系统的最后一层保护（SIS）更是至关重要。它在事故和故障状态下（包括装置事故和控制系统本身发生的故障），使装置能够安全停车并处于安全模式下，从而避免灾难的发生，即避免对装置内人员的伤害及对环境造成恶劣的影响。因而，SIS本身必须是故障安全型（Fail to Safe）的，系统的硬件和软件的可靠性都要求很高。

一个系统的安全等级是包括系统的输入、输出及系统本身硬件在内的整体等级。图4是一个基于停车检修间隔为5年，平均修复时间 MTTR 为24h等一系列假设条件下的典型的SIL2的回路结构：在SIS的输入部分，用3个变送器组成三取二（2oo3）表决。在系统输出环节，则是各带一个电磁阀的控制阀和切断阀。然而这是基于5年停车检修间隔。SIL4只在核电工业装置中出现，石油化工装置最高只需SIL3。因此，一些做总承包的工程公司在设计中考虑达到所要求的SIL的同时，也会在硬件成本上衡量一下，采用价廉物美的方案。如日本的TEC就选择去掉回路中的切断阀，用一个带双电磁阀的控制阀加一个阀位变送器来组成SIS的系统输出部分。

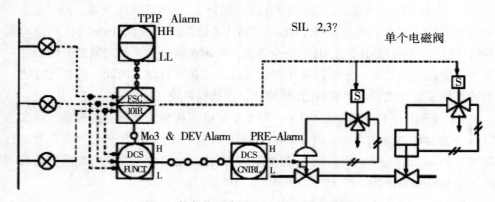

图4　某条件下典型的SIL2的回路结构图

而事实上所有软件的安全运行都是基于硬件安全运行的基础上，因此要确定一个能实现所要求的安全功能的硬件配置是一件非常复杂而重要的工作，只有经过缜密的计算，才能设计出一个相对安全可靠的系统。

六、小结

从近年来自动化安全控制系统发挥的作用来看，危险化学品企业在"安全、可靠、经济、适用原则"条件下通过建设与改造自动化安全控制系统使生产安全得到了保障，很多企业在生产过程中的一些危险情况均及时得到连锁响应和保护；同时也减少了手动操作所带来的工艺参数波动大的问题，保持了生产运行的持续、稳定，降低了生产消耗，提高了产品的质量和产量；另外还将操作人员从恶劣、危险的工作环境和重复机械的体力劳动中解放出来，改善了员工工作环境并减少了企业生产成本。

参考文献：

[1]缪煜新.石油化工装置中SIS的安全功能[J].石油化工自动化，2004，41（3）：10—12.

[2]何俊.我国石化工业联锁系统应用现状及功能安全评估[J].压力容器，2009，26（9）：50—53.

[3]梁祥民.化工生产安全联锁系统调研[J].大氮肥，1996，19（4）：280—282.

[4]朱建新，王莉君，高增梁.EC61511标准及在石化行业安全管理中的应用[J].中国安全科学学报，2007，17（12）：105—109.

[5]吴宁，卢峰.安全联锁系统设计思路及在EB/SM装置的应用[J].测控技术，2003，22（7）：14—17.

[6]冯树林，刘艳.保护联锁系统设计要点[J].鞍钢技术，2000（9）：27—30.

[7]顾祥柏.石油化工装置中安全联锁系统的设置[J].炼油化工自动化，1997（4）：8—11.

[8]邵建设.安全联锁系统的可靠性及可用性分析[J].化工自动化及仪表，2003，30（2）：34—37.

[9]孟宪明，殷福瑞.危险化学品生产过程安全联锁装置的管理[J].安全、健康和环境，2008，8（6）：45—46.

微动力抑尘技术在燃料输送系统中的应用

朱富强

（中石化镇海炼化分公司）

摘　要：阐述燃料输送系统粉尘超标的现状和原因，介绍微动力抑尘技术在电站燃料输送系统中的应用及其工作原理，对改造前后粉尘治理效果进行了对比分析，为后续除尘设施改造提供技术支撑。

关键词：微动力抑尘技术　燃料输送系统　粉尘治理

一、概述

某炼化公司电站燃料输送系统转运站的除尘系统，原设计是落料口滤筒除尘器和导料槽密闭抑尘相结合的除尘系统，但在除尘器选型时未考虑南方气候特点和石油焦等物料的特性，尤其是梅雨季节空气潮湿，再加上石油焦夹带的少量油气组分，造成除尘器内部的自击器不能有效地将吸附在过滤布上的粉尘及时清除，使得该除尘器的过滤材料常常发生堵塞，极大地影响除尘效果。再加上皮带转运过程中因垂直落差的冲击，造成导料槽内粉尘外泄，现场作业环境的粉尘严重超标。

二、粉尘超标原因

根据输送系统转运站的设备结构和运行特性，粉尘产生的原因主要有煤流下落的落差太高、落煤管和导料槽的设计不合理、过滤式除尘器除尘效果不佳和其他输煤设备的密封性能不好等。

（一）落煤管和导料槽设计不合理造成的冲击扬尘

由于该转站楼层较高，落煤管落差较大，原设计只考虑如何快速让物料通过，没有考虑如何通过控制煤流速度来减少作业环境的粉尘因素，所以落煤管设计成垂直状，在煤流转运过程中煤流分散，下降速度过快，剪切大量空气，形成诱导风，从而产生大量粉尘。而目前运行的导料槽皮带承载部件主要选用的是滚动传动的缓冲托辊，虽然运行阻力小，有一定缓冲作用，但是，在垂直落煤管煤流冲击力的作用下，容易在皮带相邻托辊之间形成波纹状。皮带的抖动导致皮带与防溢裙板密封不严，使导料槽内气压较高的含尘气流通过各个泄漏口向大气释放，造成大量的粉尘外泄。

（二）诱导风的产生造成正压扬尘

当转运站内破碎机工作时，高速旋转的转子不断剪切、扰动空气，产生大量的诱导风。许多附着在输煤设备上的粉尘被激活，飘散于空中，造成转运站内粉尘弥漫。当煤流从上一级皮带通过落煤管转运到下一级皮带时，在重力加速度的作用下，煤流加速下落携带大量的诱导风进行运动，当煤流运动到落煤管的下部并进入导料槽时，使导料槽内的空气压力不断升高，此时导料槽内正压状态的含尘空气继续与煤流中的细小粉尘相互融合、包裹形成了高压尘气，在空气压力的作用下，粉尘从各个漏点、导料槽头部和尾部向外飘逸、喷射，导致转运站内粉尘浓度超标。

（三）皮带运行中撒落和皮带跑偏引起的洒煤扬尘

当皮带正常运行时，撒落到皮带非工作面上的煤焦粉随着运行皮带进入尾部改向滚筒时，小颗粒的煤焦粉随着改向滚筒的旋转而旋转，使这部分煤焦随回传的皮带沿途飘洒。此外，皮带偏载跑偏，使得从导料槽下来的物料落料点位置不正，导致皮带上煤焦洒落，从而引起二次扬尘，造成转运站内粉尘超标。

（四）过滤式除尘器效果不佳原因

现有燃料输送系统原设计采用了过滤式滤筒除尘器，工作原理是煤尘和石油焦粉尘吸附在滤筒表面，通过内部自击器和反吹将附着在滤筒表面的粉尘脱落至回料管，但因部分石油焦粉尘黏附在滤筒表面无法排除，造成滤筒堵塞。排灰管因石油焦油气作用，部分粘在内管表面，使排灰管内径缩小，大量粉尘也无法通过排灰旋转阀排出，检修人员需频繁更换滤布，进行管道清灰作业，严重影响了除尘器的正常运行，因除尘设备频繁故障和检修，在长周期运行时，就起不到除尘作用。

三、粉尘治理工作原理

（一）粉尘的特性

该皮带转运站输送的燃料性质主要为煤和部分石油焦，石油焦的掺烧比大约为75%左右，其中25%左右是动力煤。根据历年煤尘检测数据分析，呼尘约占总尘的20%左右，也就是说小于5μm的粉尘含量占总粉尘的20%。煤的组分为灰分含量5%左右，水分含量10%左右；石油焦成分主要是碳单质，灰分含量0.33%，挥发分含量10.15%，水分含量在9.76%。

（二）微动力抑尘器的特点与工作原理

微动力抑尘器主要由尘气分离和喷雾抑尘两部分集成，主要组件有：扩容箱、尘气拦截板、微动力引风机和引风回流管、螺旋导流罩、不锈钢尘气分离滤罩、喷雾系统、阻尘帘、滤罩反冲洗装置等组成，详细结构见图1。

该设备的特点是：区别于传统无动力除尘器，在正常运行时能产生负压，从而引导尘气流向，对尘气进行分离。可通过以下部件达到良好的抑尘效果：如在导料槽顶部钢盖采用圆弧形结构，扩大导料槽流通面积，可降低诱导风风速，并具有卸压降尘功能；下部皮带承载部分采用槽型托辊和防抖动滑板结构，防止皮带抖动喷粉；导料槽中部安装抑尘帘，尾部安装尾部密封箱，防止尾部喷粉，并可以将尾部堆积煤粉随皮带一起带走，导料槽出口部位安装阻尘帘，阻尘帘为条状天然橡胶条，交错分布，可衰减诱导风。

工作原理:当煤焦流通过落料管卸载到皮带上时，含尘气体不断在导料槽内汇集，使处于密闭状态下的导料槽内的气体压力升高，含尘气体向压力较低处喷射，在尘气拦截板的作用下改变流向，尘气进入扩容箱，经过扩容箱后的含尘气体分流成三部分：一部分进入引风回流管再次进入落料管，从而形成一个旋转状的空气流，通过尘气不断与相关设备发生撞击，使细小的粉尘从含尘空气中被分离并沉降到皮带上；另一部分含尘气体在微动力风机的作用下进入尘气分离装置，首先经过螺旋导流罩，产生离心作用，促使部分粉尘凝聚成大颗粒并沉降，其次经分离后的含尘气体继续经过圆锥形不锈钢滤罩，通过滤罩顶部设置的喷嘴喷淋形成水雾，使水膜覆盖于圆锥形不锈钢滤罩的外圆锥表面上，形成一道水过滤。雾化状的水雾对粉尘有很好的亲和力，将空气中的粉尘进行包裹形成煤泥落在皮带上，处理后的洁净空气直接排入大气。剩余的极少部分含尘气体，通过导料槽内多级阻风帘的阻挡，并在导料槽出口设置喷淋系统，通过细小水珠将粉尘包裹后沉降到皮带上，可有效减少导料槽出口部位的气流和粉尘含量。经过上述综合处理后，煤焦输送过程中产生的粉尘也基本都得到了抑制。

此外，通过PLC自动控制设置的反冲洗装置与皮带运行实行联锁，在规定时间内定期对金属滤网进行冲洗，免去人工维护，可以做到全自动无人操作。

微动力抑尘器的结构和运行示意图见图1。

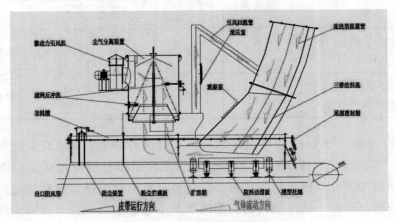

图1 微动力抑尘器示意图

四、改造措施及效果

（一）改造措施

本次改造主要是在导料槽内安装集成的微动力抑尘设施，将原来使用的缓冲托辊改成槽型托辊和防抖动滑板结构，增加落煤管与除尘器之间的引风回流管、挡尘板，并在落煤管尾部及导料槽出口部位安装水喷淋设施，中间设置疏密开槽的阻风帘。考虑到物料黏性比较大，尘气分离器及除尘入口网罩容易积料的问题，还增加了一套在线冲洗设施。

（二）改造前后运行效果对比

为考察微动力抑尘器的抑尘效果，我们还对微动力抑尘器转运站附近的作业环境粉尘进行改造前后的对比监测，监测结果见表1。

表1 作业环境粉尘监测结果（mg/m³）

监测点	改造前粉尘监测值	改造后粉尘监测值	二者差值	粉尘去除率（%）	备注
ZN-6B皮带机尾部（微动力抑尘装置的进口）	43.0	5.43	-37.57	87.4	ZN-6B皮带机处于运行状态
ZN-6B导料槽尾部沿皮带7.5米处（中间段）	8.75	4.34	-4.41	50.1	ZN-6B皮带机处于运行状态

续　表

监测点	改造前粉尘监测值	改造后粉尘监测值	二者差值	粉尘去除率（％）	备注
ZN-6B导料槽出口（微动力抑尘装置的出口）	11.5	4.52	-6.98	60.7	ZN-6B皮带机处于运行状态
ZN-6A皮带机尾部（属ZN-6B皮带机备机）	6.08	4.07	-2.01	33.1	ZN-6A皮带机处于停运状态

从表1可知，ZN-6B皮带机尾部（也是微动力抑尘装置进口）的粉尘去除率最高，其次是导料槽出口。ZN-6B皮带机尾部位置因皮带转运原因，高速下落的燃料冲击导料槽和防溢裙板，造成侧板及裙板受损，导料槽密封性能下降，部分粉尘外泄，该区域内的粉尘浓度严重超标。由于微动力抑尘器安装在落料管出口段的导料槽上，在安装时需拆除原来导料槽的盖板，重新安装防溢裙板，并将原安装的缓冲托辊改成槽型托辊和防抖动滑板结构，由于重新安装的防溢裙板密封性较好，再加上该部位微动力抑尘器的抑尘作用，使得该区域内的粉尘浓度降低较多。ZN-6B导料槽出口处的粉尘去除率较高的原因主要是原安装的滤筒式除尘器效果较差，通过改造后新装的微动力除尘器去除效果较好，已经将大部分粉尘去除，又在密闭导料内部安装了多级阻风帘和二级水喷淋设施，经抑尘器处理后的含尘气体通过阻风帘的阻挡和二级水喷淋的处理，减少了导料槽内的风速，使得出口风速基本为零甚至负压，有效地减少了粉尘的外泄，这是导料槽出口粉尘降低很多的主要原因。而在导料槽中间部位或离该导料槽较远距离的ZN-6A备用机附近的粉尘，主要是皮带机运行时扰动了周边作业环境的空气引起的。

为进一步验证微动力抑尘装置的抑尘效果，我们还邀请有职业卫生检测资质的检测机构进行现场检测，在皮带正常运行工况下的检测结果见表2。

表2　作业环境粉尘检测报告（mg/m^3）

采样地点	监测项目	监测结果			职业接触限值		
		空气中浓度 Ctwa		超限倍数	PC-TWA	超限倍数	监测结果判定
三电站细破楼皮带ZN-6B皮带机尾部	煤尘（总尘）	3.02		0.76	4	2	合格
	煤尘（呼尘）	1.13		0.51	2.5	2	合格
三电站细破楼皮带ZN-6B导料槽7.5米处	煤尘（总尘）	2.75		0.69	4	2	合格
	煤尘（呼尘）	1.20		0.48	2.5	2	合格

续 表

采样地点	监测项目	监测结果			职业接触限值		
		空气中浓度	Ctwa	超限倍数	PC-TWA	超限倍数	监测结果判定
三电站细破楼皮带ZN-6B导料槽出口	煤尘（总尘）	2.44		0.61	4	2	合格
	煤尘（呼尘）	1.13		0.45	2.5	2	合格
三电站细破楼内楼梯口	煤尘（总尘）	3.20		0.80	4	2	合格
	煤尘（呼尘）	1.40		0.56	2.5	2	合格
三电站细破楼内楼进口	煤尘（总尘）	2.58		0.65	4	2	合格
	煤尘（呼尘）	1.00		0.40	2.5	2	合格

表2可知，各作业环境采样点附近环境中煤尘（总尘和呼尘）浓度和超限倍数均低于GBZ 2.1—2007《工作场所有害因素职业接触限值 第1部分：化学有害因素》的限定，符合国家职业卫生要求。说明微动力抑尘器性能良好，改造后的导料槽也无泄漏现象，达到保护职工身体健康的目的。

五、 结束语

通过对电站燃料输送系统转运站粉尘的治理改造，解决了过滤式滤筒除尘器滤筒堵塞，转运点高落差造成除尘效果差的技术难题。微动力抑尘设施采用了先进的设计理念，针对燃料输送的特点，在湿式除尘技术的基础上，创造性地将喷雾螺旋技术嫁接到湿式除尘技术之中，达到抑尘的目的。采用封闭与分离相结合的原则，通过减少诱导风，设置螺旋导流罩、水雾型圆锥不锈钢滤罩等措施，将细小颗粒粉尘凝聚成大颗粒得以分离、沉降，既能达到除尘的目的，又可减少能源的消耗。由于采用了自动冲洗过滤设施，不需要像滤筒式除尘器那样进行定期拆卸滤筒、更换，基本上可以做到全自动无人操作，极大地减少操作人员对设备维护的工作量，深得现场操作人员的欢迎。

参考文献：

[1]谢景欣，朱宝立.职业卫生工程学［M］.南京：江苏凤凰科学技术出版社，2014.

[2]中国石化集团公司安全环保局，中国石化集团公司职业病防治中心.石油化工有害物质防护手册［M］.北京：中国石化出版社，2011.

[3]郝吉明，马广大，王书肖.大气污染控制工程［M］.北京：机械工业出版社，2010.

[4]魏亚玲.微动力尘气分离装置在电站燃料输送系统中的应用［J］.大氮肥，2016，39（2）：109—111.

发电机氢气泄漏分析与改进研究

刘 龙

（中核核电运行管理有限公司）

摘 要： 本文分析了氢气冷却型发电机氢气泄漏的危害，结合国内外经验，重点研究了发电机氢气泄漏的途径和干预措施，并提出了改进建议。

关键词： 发电机 氢气泄漏 爆炸

秦山核电厂发生过多次发电机氢气泄漏事件，由于干预及时，避免了氢爆、燃烧的严重工业安全事故。氢气泄漏可能会给电厂带来灾难性的后果，威胁人员和设备的安全。本文阐述了发电机氢气泄漏的危害，结合国内外发电机氢气泄漏事件，重点分析了发电机氢气泄漏途径，研究了紧急干预措施，并提出管理上和技术上的改进建议。

一、发电机氢气泄漏的危害

发电机氢气泄漏严重影响发电机的安全运行，并可能引发工业安全事故，主要危害有：

（1）氢气泄漏造成发电机的氢气压力下降，发电机冷却不足，内部构件局部过热，影响发电机正常运行。

（2）氢气压力低可能导致发电机氢气与定子冷却水压差降低、氢气与密封油压差增加，进而导致发电机进水、进油，发生发电机定子、转子绕组绝缘损坏的事故，严重时还会造成相间或对地短路事故。

（3）氢气属易燃易爆的气体，空气中含氢量达到4%—74%（体积比），遇明火或温度700 ℃以上时，会发生爆炸、燃烧。

（4）氢气泄漏会造成机组耗氢量增加，发电机需频繁补氢，机组运行成本提高。

二、秦山核电厂发电机氢气泄漏事件和改进措施

（一）发电机氢气泄漏事件

秦山核电发生过多起发电机氢气泄漏事件，由于干预及时，避免了发生氢气爆炸、燃烧的严重工业安全事故，以秦山核电二厂4号机组一起氢气泄漏事件为例。

2013年3月17日，汽轮发电机打闸惰转至623rpm，主控室突发氢气与密封油压差低报警，汽轮发电机9瓦处有油喷出，且伴有烟雾，立即对发电机紧急排氢。密封油压恢复正常后，停止紧急排氢。本次氢气泄漏原因为氢气密封油系统过滤器堵塞，导致密封油压降低、密封功能丧失。整个过程历时10分钟左右，大量氢气从发电机轴承处泄漏，险些酿成严重的工业安全事故。

（二）改进措施

针对历次发电机氢气泄漏事件，秦山核电采取了以下改进措施：

（1）拆除发电机排污阀的手柄，防止误碰或误操作导致氢气泄漏，并在排污管口增加管帽，防止阀门内漏。

（2）每班执行密封油系统过滤器刮污操作，避免过滤器堵塞，密封功能丧失。

（3）在值班室门口和发电机平台增加紧急排氢操作文件，确保第一时间拿到操作文件，进行紧急排氢。

（4）在原设计基础上另增加一条应急排氢管线，新增管线更便于第一时间紧急排氢。

（5）所有涉氢区域增加氢气泄漏监测装置。

三、发电机氢气泄漏分析

根据氢气冷却型发电机设计、安装情况，并结合国内外经验，本文将会分析发电机氢气泄漏易发生部位，研究干预措施，并提出管理和技术上的改进建议。

根据泄漏的途径的不同，氢气泄漏可分为内漏和外漏，氢气直接漏到环境中称为外漏，外漏部位比较直观，容易查找和处理；氢气通过其他介质或系统泄漏到环境中称为内漏，内漏不易查找和处理。

（一）氢气外漏

1.氢气外漏的部位

外漏主要发生在以下几个部位：（1）发电机端罩与机座的结合面；（2）发电

机本体的入孔门；（3）定子引出线或中性点套管；（4）氢气冷却器上、下法兰与机壳结合面处的橡胶垫；（5）设备的焊缝；（6）氢气供给系统管道、阀门、法兰。

2. 氢气外漏的干预措施。

（1）监测发动机定子和转子温度，降低发电机出力或者打闸停机，避免发生燃烧、氢爆，导致人员受伤或发电机等重要设备损坏。

（2）停止所有汽轮机厂房的检修活动，通知无关人员撤离。

（3）加强厂房通风，避免氢气积聚。

（4）确认氢气泄漏率在安全可控范围内后，展开查漏工作：①首先查看氢气泄漏监测装置，确认是否监测到氢气泄漏部位。②发电机本体查漏，一般由专业人员通过涂抹检漏液和使用氢气检测仪相结合的方法查漏。需要特别注意的是，查漏人员需严格使用防爆工具，随身不能携带电子产品，以免产生火花。③氢气供给系统管道、阀门、法兰等处查漏，可使用部分隔离与涂抹检漏液相结合的方法查漏。如氢气干燥器、湿度仪、发电机绝缘监测仪等，可以通过分步隔离的方法判断漏点。④如发电机轴承处存在氢气外漏，则检查发电机密封油系统运行情况，尽快恢复封油系统至正常运行。

（5）如漏点无法短时间确定及消除，果断打闸停机，并执行紧急排氢操作。

3. 针对氢气外漏的改进建议

（1）制定或完善氢气外漏检查及干预导则。严格按照导则处理不但有据可依，而且处理思路清晰，减少分析、查漏及干预时间，为故障处理争取宝贵的时间。

（2）制定或完善紧急排氢操作文件。完善的紧急排氢操作文件可以指导值班人员尽快采取缓解措施，如立即启动风机或开启发电机周边窗户，加快厂房内空气置换，避免氢气局部积聚、爆炸；执行紧急排氢操作，避免氢气漏入厂房内。

（3）涉氢区域配备凡士林或黄油。氢气泄漏检查、处理过程中防火花措施尤其重要，金属工具上涂抹凡士林和黄油是一种简易、快速的防火花措施。大面积查漏过程中，值班室内防火花铜质工具不够用时，金属工具上涂抹凡士林或者黄油是一个很好的安全措施。

（4）实施针对性的技术改进方案。针对氢气泄漏事件，应尽快制定、实施技术改进方案，避免相同事件重复发生。如秦山核电厂发电机氢气纯度仪的流量调节阀先后发生两次阀门开度异常开大，导致氢气外漏事件。建议在该调节阀上增设固定卡销或者阀门换型，避免由于管线震动等原因导致阀门开度异常开大的现象。

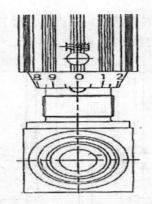

图1　氢气纯度仪取样调节阀增设固定卡销

（5）对发电机氢气管道中的易破碎仪表进行换型。田湾核电厂发生过因为玻璃流量计破碎导致氢气泄漏的事件，国内外许多发电厂的氢气纯度仪流量计和氢气湿度仪流量计均为塑料或玻璃材质，有老化、破损导致氢气泄漏的风险。建议将涉氢管道中的玻璃、塑料材质的表计更换为金属式数字指示仪。

（6）发电机区域增加专用鼓风机。总结国内外电厂的经验，氢气泄漏事故下，使用大风量风机鼓风、避免氢气积聚的方法效果较好。建议在发电机区域增加专用鼓风机，在紧急排氢操作文件中增加事故时值班人员启动鼓风机的指令。

（二）氢气内漏

1.氢气内漏的途径

发电机内氢气与闭式冷却水系统、密封油系统、定子冷却水系统相接触，氢气压力边界的密封性变差或密封面损坏都会导致氢气向上述系统泄漏，再经上述系统向环境泄漏。

2.氢气内漏的干预措施

（1）经闭式冷却水系统向环境泄漏的干预措施。闭式冷却水通过冷却盘管对发电机内氢气进行冷却，冷却盘管内壁及盘管的接口处易发生氢气泄漏，漏向闭式冷却水系统中，再经闭式冷却水系统漏向环境。冷却盘管处的氢气泄漏一般是一个缓慢且逐渐增大的过程，留有一定查漏时间。

①氢气泄漏较小且在可控范围时，可利用氢浓度检测仪在冷却盘管的水侧各个排气口检测氢浓度的方法确定漏氢的冷却盘管。上述方法无法确定漏点时，则采取逐一隔离冷却盘管的方法，比较隔离前后发电机氢气泄漏速率的变化，若氢气泄漏速率减小，则可判断为该冷却盘管泄漏。泄漏的冷却盘管在隔离状态下，发电机可通过降低功率保持长期运行。

②如泄漏速率大，或短时无法确定漏点，立即打闸停机，执行紧急排氢操作，再用压缩空气对发电机打压查漏。

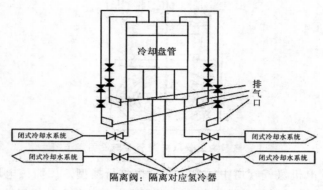

图2　冷却盘管查漏示意图

（2）经密封油系统向环境泄漏的干预措施。发电机密封油系统是提供氢气密封功能，一旦密封油系统油压下降或丧失，氢气会通过密封油并沿着发电机轴承向外泄漏。

①氢气泄漏较小且在可接受范围时，检查密封油压是否正常、调节阀和平衡阀的调节功能是否正常、过滤器是否堵塞、密封油管路是否存在漏油等。条件允许下紧急抢修，否则打闸停机后处理。

②如果密封瓦磨损或者密封油压完全丧失，此时会发生大量氢气泄漏，发电机轴承处可能发生燃烧、爆炸，应立即执行紧急排氢操作，同时打闸停机。

③如泄漏率大，且无法短时确定漏点，应立即执行紧急排氢操作，并打闸停机，再做检查、处理。

（3）经定子冷却水系统向环境泄漏的干预措施。正常运行时，定子冷却冷水压低于氢压，由于氢气渗透力特强，有微量氢气通过空心铜管管壁进入定子冷却水系统属于设计上允许的情况。一旦定子冷却冷水系统密封不良就有可能导致超设计量的氢气漏入定子冷却冷水中，再经定子冷却水系统漏向环境。根据国内外经验，空心铜管和聚四氟乙烯引水管接头处发生氢气泄漏概率较高。

①泄漏率小时，可通过取样检查定子冷却水箱上部覆盖氮气中的氢含量，氢含量有异常上涨趋势，可判断为定子冷却水系统存在氢气泄漏。密切监测氢气泄漏率变化情况，根据定子冷却水系统设计说明书控制机组运行情况。

②泄漏率较大时，定子冷却水箱上部气压会明显增加，压力达到定值时，安全阀会动作，将水箱上部氮气、氢气混合气体排至室外。氢气泄漏率一旦达到发电机运行限值，立即打闸停机，并进行冷却水管的解体、修复。

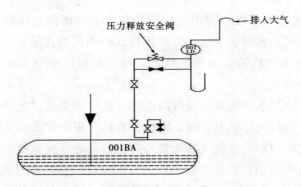

图3 定子冷却水箱示意图

3.针对氢气内漏的改进建议

（1）增加或完善氢气内漏检查及干预导则。内漏比外漏更加隐蔽，需更多时间分析、排查，尤其能体现出查漏及干预导则的优越性。导则中详细描述与发电机相连系统的查漏及干预措施，指导电厂人员条理清晰地处理发电机氢气内漏事件，避免临时忙乱，错过最佳处理时机，甚至事态恶化。

（2）改进密封油温控制系统的调节性能。国内外多次出现密封油温变化导致密封瓦损坏，进而导致发电机氢气泄漏，改善密封油温控系统的调节性能是保持油温稳定的根本方法。如：秦山核电厂的密封油的冷却水流量调节阀的自动调节性能差，冬季时基本在全关位置，流量——开度线性较差。建议增加旁路小管径冷却水管线及自动调节阀，控制回路进行相应改进（大小管径的调节阀线性叠加控制，温度低时，用小管径的调节阀控制冷却水流量，温度高时，大小管径的调节阀同时控制冷却水流量），工艺管线及调节阀函数曲线示意图如下。

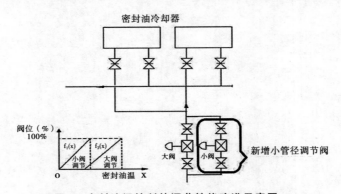

图4 密封油温控制的调节性能改进示意图

$f_1(x)$：小阀自动调节阀动作函数；$f_2(x)$：大阀自动调节阀动作函数。

小、大调节阀先后动作，设置调节重叠区域，能够实现密封油温的线性调节。

（3）闭式冷却水系统、发电机定子冷却水系统增加在线测氢表计。闭式冷却水系统发生氢气内漏时，只能在冷却器排气口用便携式氢浓度检测仪表测量，便携式便携式氢浓度检测仪表可靠性差，而且测量过程中如发生氢气燃烧、爆炸，会危及人员安全。

发电机定子冷却水系统发生氢气内漏时，电厂都是通过手动取样确定发电机定子冷却水箱上部氮气中的氢含量，同样，取样过程中有人员受伤风险。

建议在闭式冷却水系统氢气冷却盘管进出口管处、发电机定子冷却水系统水箱气体取样管处中增加在线测氢表，改进后不仅可以实时监测氢气向闭式冷却水系统、定子冷却水内漏情况，及时发现缺陷，而且降低了手动测量、取样过程中发生氢气燃烧、爆炸的工业安全风险。

四、总结

技术方面，根本上杜绝发电机氢气泄漏问题，还需从检修质量和系统设计上入手。高水平的检修质量，不仅能够处理已存缺陷，还能通过预防性检修消除潜在的缺陷。系统设计上需充分采纳国内外经验，提高系统设计安全性。并结合各厂实际状况，及时采取技术改进措施，可以避免相同事件的发生。

管理方面，为隔离发电机氢气泄漏的漏点或将后果减小到最小，需制定一套详细、可执行性强的发电机氢气泄漏干预文件，指导电厂人员条理清晰地处理发电机氢气泄漏事件。

核电厂DCS系统运行维护管理策略研讨＊

田 露

（中核核电运行管理有限公司）

摘 要： 通过分析核电厂全数字化仪控系统（DCS）对机组稳定运行的影响因素和实际案例，针对核电厂非安全级DCS提出满足单一故障准则的需求，针对核电机组不同运行工况和状态提出单点关键敏感（SPV）设备动态管理的理念，同时阐述了DCS可在线维修能力的必要性，为核电厂DCS的运行、维护和管理提供借鉴。

关键词： 非安全级全数字化仪控系统 单一故障准则 单点关键敏感设备动态管理可维修性 人因工程

一、引言

随着三代核电厂在国内的发展，全数字化仪控系统（DCS）在核电的应用已成为三代核电的一个基本特征。为保障核电机组在生命周期中各个环节和阶段的安全稳定，本文从机组的安全性和经济性两个方面，分析识别DCS系统整体可靠性提高的关键因素。同时，根据核电工艺系统的要求和DCS的特点，明确提出在非安全级DCS中，对重要控制保护信号适用单一故障准则，从而避免机组过度依赖提高单一部件可靠性的习惯性理念。根据机组不同工况提出对单点关键敏感（SPV）设备的动态管理策略，为保障在非安全级DCS中单一故障准则的满足程度，提出可维修性对机组运行的重要性。同时，为防止在维修过程中的人因失误，提出设备设计的统一性和设备外观的重要性。

二、DCS系统整体可靠性

由于核电站的特殊性，近年在二代+和三代核电的设计中开始采用全数字化仪控系统，但对DCS系统的运维管理理念较非核行业有所滞后，DCS系统的特点并未被充分发挥和利用。

随着非安全级DCS产品的成熟，单方面提高部件级可靠性的成本和技术难度越来越高。

＊本文刊登于《核动力工程》2017年第S2期，第149—151页。

仪控系统以为机组的安全和稳定运行提供可靠保障为目标，其实质是追求仪控整体系统级的可靠性，也就是设计中固有的可靠性，仪控系统的设计应通过分区、分散、独立性、冗余和其他措施使之具有充分防故障蔓延的能力。目前核电厂DCS系统已基本具备电源冗余和备用空间，为非安全级仪控信号处理满足单一故障准则提供了基本条件，而单一故障准则应用将极大的提高系统整体可靠性。

三、单设备故障准则在非安全级DCS中的应用

基于安全考虑，HAF102将单一故障准则的要求限定在安全级系统。出于对电厂建造投入成本的考虑，对于单一非安全级部件故障直接影响机组运行的情况，在目前的法规标准中还没明确要求。在美国三代轻水堆用户需求文件（ALWR-URD）中：M-MIS（仪控系统）设备与电厂系统设计必须尽可能地满足任何仪控设备或它的支持设备的单一随机故障不会引起电厂停役强迫、或危及安全系统功能、或安全系统误动作、或引起电厂处于某一应急状态的情况。如URD中的描述，用户在部分关键重要的非安全级DCS系统同样有满足单一故障准则的需求。

据不完全统计，近3年中由仪控系统单一部件故障引起多次机组停机停堆或降功率运行案例：

2015年，某核电厂2号机组（600 MWe）主给水B泵单一卡件故障导致汽轮机高压加热器解列引起停堆停机。

2015年，某核电厂1号机组（1000 MWe）因1号蒸汽发生器出现仪控故障，导致1号蒸汽发生器液位低并触发停堆。

2016年，某核电厂1号机组（1000 MWe）满功率运行时因非安全级DCS模块故障导致1#循环水泵停泵引起降功率至600 MWe。

在核电厂非安全级仪控系统中，单一故障准则的应用无强制和明确的要求，在设计和安装过程中未得到严格考虑，尤其是在汽轮发电机、主给水系统、润滑油系统、循环水泵等与机组运行直接相关的控制和保护处理过程中，已发生多起因单一仪控部件故障导致的停机、停堆和机组瞬态事件。

应用实例：

以方家山核电机组为例，在机组商运后的2个运行循环中，对直接危及机组运行的、不满足单一故障准则的非安全级DCS信号36项进行了排查和改进，除利用原有备用通道外，新增设备投入36万元。

避免2起停机事件的案例：

2017年3月17日，方家山1号机组汽轮机推力瓦工作面温度信号（GGR340MT）和汽轮机推力瓦非工作面温度信号（1GGR 341MT）闪发故障报警，经查故障原因为温度处理模块GME402CT故障，未停机。而改进前，原温度处理模块GME405CT卡件中包含GGR340MT/ GGR342MT二取二停机（汽轮机推力瓦工作面温度与汽轮机推力瓦工作面温度）；和GGR341MT/ GGR343MT二取二停机（汽轮机推力瓦非工作面温度与汽轮机推力瓦工作面温度）两路停机逻辑。改进后将GGR340MT/GGR342MT和GGR341MT/ GGR343MT两路停机逻辑关系进行分散处理，消除了单一部件故障对停机逻辑的影响。

2017年4月6日，方家山1号机组润滑油测量错误报警（GGR010KA），经查故障原因为温度处理模块GME402CT故障，未停机。原GME402CT一块卡件中包含两路二取二停机逻辑，改进后将两路二取二停机逻辑关系进行分散处理，消除了单一部件故障对停机逻辑的影响。

对于停机保护逻辑的信号共用一块处理模块，由于该模块故障后将导致参与跳机的输入信号都不可用，从而导致停机、停堆和机组瞬态，此模块部件视为不满足单一故障准则，定义为SPV设备。

因此，在非安全级DCS中合理配置影响机组稳定运行的SPV设备信号的处理，理想情况下可以实现DCS中SPV设备仪控信号完全脱敏，使DCS系统容错能力增强，至少可以抵御单一部件故障或单一人因失误对机组直接造成的影响，系统整体可靠性大幅提高，从纵深防御方面考虑，运行维护策略的关注重点转移至故障、试验状态和人因失误的叠加。

四、DCS中动态SPV设备的识别条件

SPV的定义中没有具体描述识别SPV设备的前提条件，通常是以机组正常满功率运行的理想状态为假设条件，此时称之为"静态SPV设备"。但如果机组在存在某一个设备缺陷或试验状态下，定义和识别SPV设备的初始条件已经改变，其SPV设备也随之改变。实际情况表明，机组很少处于无缺陷和无试验的理想状态，而且绝大多数事件也是在"机组正常运行满功率"这一假设初始条件改变的情况下发生的。

事件案例：

2015 年11月23日（1123事件），某核电厂1号机组（600MWe）处于满功率运行状态，并且缺陷报警"汽轮机9号瓦X方向（VB9X）振动值高"一直存在。此时，维修人员因处理其他工作开关柜门，柜门触碰延伸电缆导致"汽轮机9号

瓦Y方向振动值（VB9Y）信号瞬间失效，叠加已经存在的VB9X振动值高故障，导致机组停机。

2016年7月18日，某核电厂2号机组（600MWe）出于功率运行，核功率78%Pn，电功率496MWe，按计划执行2号机组柴油发电机组低负荷运行性能试验（PT2LHP001）。试验过程中，220 V交流应急电源配电系统（LMA）因6.6 kV交流应急配电系统（LHA）电源倒换时出现失电1.5 s，同时DCS机柜电源供电的切换刀闸存在接触不良的缺陷，二者叠加导致事件发生。

两起事件表明机组在存在某一个设备缺陷或试验状态下，其SPV设备范围是动态的，而且实际情况是部分SPV设备始终处于动态变化中。因此，根据机组的报警、缺陷、维修、试验状态动态识别SPV设备（信号）是保障机组稳定运行的重要手段。

动态识别的原则应考虑其他在外部条件转变后，原非SPV设备转为SPV设备。

动态识别方法可以通过人工即时排查；或在充分利用DCS数据基础上，开发一套SPV设备动态识别的软件工具，实时动态比较分析设备缺陷和系统状态信息，实现动态SPV预警（提示），降低机组的运行风险。动态SPV设备识别可采用故障树方法或贝叶斯理论方法进行定量分析。

五、DCS系统可在线维修的必要性

核电机组一个循环周期通常按年计，在运行循环周期中，如果一个部件或设备缺陷得不到及时消除，根据上述分析，关键重要系统可能已处于不满足单一故障准则状态，静态SPV设备的初始条件已经改变，此时抵御叠加另一个设备缺陷或试验状态或人因失误的能力丧失。因此，缩短缺陷存在的生命周期变得至关重要。这就要求DCS系统在装配设计阶段保留足够的在线维修空间和在线更换的能力，最大限度地维持静态SPV设备的初始状态。目前市场上绝大多数DCS产品具备在线更换卡件的能力，但在DCS系统集成阶段可在线维修的需求容易被忽视。

六、结论

通过在非安全级DCS中对关键重要设备相关的信号应用单一故障准则，可以以较低的投入成本获得较高的系统整体可靠性，使DCS系统抗单一部件故障的能力极大提高。通过SPV临时设备动态管理，可以有效防范故障叠加、试验叠加和人因失误叠加的可能。通过提高DCS系统可在线维修能力，缩短了单一缺陷存在的生命周期，减少了各种叠加概率。通过统一DCS在各个环节的设计理念，优化设备外观、布局等，重视人因工程的设计将大大减少维修过程中人因失误。

核电厂海水循环泵修后试验控制与优化

翟建松　李宏强　刘金华

（中核核电运行管理有限公司）

摘　要： 核电厂机组大修后启动阶段，海水循环泵修后试验是一个重大节点。本文以秦二厂3/4号机组为例，介绍核电厂机组大修后海水循环泵修后试验过程及风险，针对海水循环泵修后试验过程、风险控制提出合理优化建议。

关键词： 海水循环泵　修后试验　启动

核电厂大修后二回路启动阶段，水回路启动顺序为SRI–CRF–SEN，即闭式冷却水系统（SRI）启动，利用系统热容量为海水循环泵电机及润滑油系统（CGR）提供冷源满足其修后试验启动条件；海水循环泵修后试验合格后保持运行，为辅助冷却水系统（SEN）提供海水以满足其修后试验条件； 而SEN为SRI冷却器提供冷却海水，最终使SRI系统对常规岛设备提供冷源，为二回路系统启动奠定基础。安全厂用水系统（SEC）出水走的是循环水系统的出水通道（在CC2跌落井处汇合），因循环水系统出水通道截面积较大，而SEC出水流量较低，为防止泥沙淤积必须在海水循环泵至少运行一台的情况下，SEC出水才能通过正常排水管道排出。综上，海水循环泵修后试验合格并启动就成为二回路启动的关键节点。

大修期间很多工作相互交叉，同一系统的不同设备修后试验也有先有后，且往往系统状态不完全具备设备启动条件，需做一些临时措施，并需多方配合，以保证人身、设备安全。循环水系统包含设备众多，且将大量海水引入，其修后试验过程较烦琐、安全隐患多，若修后试验流程不合理或风险分析不到位，不仅导致大修进度滞后，而且会有威胁人身安全、设备损坏风险。

一、循环水系统功能及组成

循环水系统功能：为主汽轮机冷凝器（CEX）及常规岛辅助冷却水系统（SEN）的冷源，向其提供冷却海水，保证凝汽器真空；CC2跌落井收集SEC和

GC沟的水一起带走，防止通道泥沙淤积。

循环水通过取水头部、输水隧道、闸门、格栅除污机、鼓形滤网、经海水循环泵加压后由GD沟供给凝汽器和辅助冷却水系统，循环水排水通过GD阀门井、排水管渠排入CC2跌落井，并通过已建好的排水管渠、跌落井、排出口闸门井排入大海。系统简图如图1。

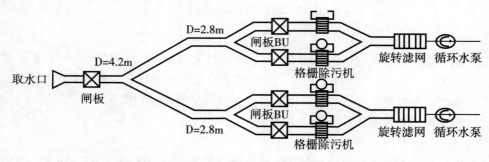

图1　循环水系统流程简图

二、海水循环泵修后试验流程

核电厂大修期间，循环水系统分阶段实施主隔离以满足不同设备检修要求。以A列为例实施主隔离如图2，ADT CGR01/CRF 01主隔离可覆盖海平面以上维修工作；海水以下的工作须A列闸板放入，并用潜水泵排水后与ADT CRF 03主隔离共同覆盖。

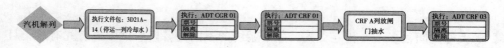

图2　循环水系统A列停运主隔离

循环水系统包含设备众多，如格栅除污机、鼓形滤网、二次滤网、反冲洗水泵、海水循环泵等。海水循环泵修后试验前要求单体设备修后试验合格并投运后，再对系统整体在线进行泵修后试验。结合该系统大修主隔离实施及投运的实际要求，总结出修后试验流程如图3。

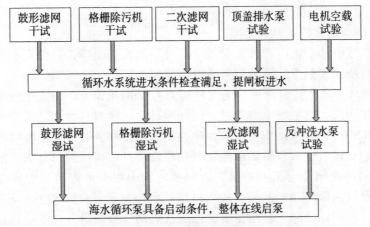

图3　循环水系统修后试验流程

（一）循环水系统进水前设备修后试验

进水前修后试验工作包括：鼓形滤网、格栅除污机干试、电机空载修后试验、顶盖排水泵修后试验等。修后试验经理召集运行、机械、电气、仪控及性能、设备管理人员召开工前会，明确各部门工作职责，分工明确责任分明，汇总以往修后试验经验，讨论风险分析并制定风险预案及防护措施。对于大型转动设备现场要设置良好的隔离区。由于一张主隔离下挂有很多子票对不同设备进行维修，在对某设备修后试验前，要求工作负责人清点该主隔离下的所有工作票已归还或中止进行中的工作票并收回，修后试验负责人清理现场，确认无人工作，根据事先编好的修后试验规程进行试验。

海水循环泵电机修后试验空载启动与系统投运海水循环泵启动逻辑相同，有很多逻辑闭锁信号，而电机空载启动又不同于泵的启动，启动之前要对逻辑信号逐个分析排查，有些信号需仪控闭锁，但有些必须真实存在。所有逻辑信号都存在才满足启动条件。电机启动闭锁逻辑如下：

（1）无维修密封充气压力信号（CRF103SP：0.2MPa）；

（2）鼓网已低速运行；

（3）无泵轴承冷却水流量低信号（CRF125SD：0.42m^3/h）；

（4）无电机冷却水流量低信号（CRF117SD：27.4m^3/h）；

（5）对应列真空破坏阀已关闭；

（6）润滑油温度>10℃（CGR045ST）；

（7）润滑油压力>0.16MPa（CGR035SP）；

（8）泵无反转信号；

（9）6KV正常进线开关合闸。

上述信号中"电机冷却水流量低"信号不能模拟闭锁，需要真实有供水以带走电机运行绕组发热量。其余信号均可由仪控人员模拟闭锁。

海水循环泵电气控制回路在电气厂房+11.5m的机架上，由大量继电器和印刷电路板搭建而成，这些继电器经过长时间运行后，须对其性能进行周期性校验，如每隔四年进行一次清洁检查，以保证控制回路良好。工作中需将继电器拔下，用继电保护测试仪进行校验后回装；对相应端子排和接线进行紧固。继电器通过一个个薄薄的金属片与机架连接，在回插过程中很有可能插歪虚接或处于断路状态，导致控制回路功能缺失。故电机空载启动前，需将6KV电源开关置于"试验"位置，主控手动分、合闸正常，以确认启动信号满足并确保电机控制回路正常，以免泵运行过程中若出现异常情况需停泵时无法及时停运，导致设备损坏。

（二）循环水系统提闸板进水

循环水系统检修工作完成后ADT CRF 03主隔离解除，联系维修支持相关人员现场就位，在做好安全防护措施前提下进行提闸门进水工作；修后试验人员组织进行鼓网、格栅除污机湿试及反冲洗水泵修后试验。

循环水系统准备提闸板进水前，首先要确认格栅除污机、鼓网、电机空载等单体干试修后试验已完成并合格，以免进水后上述设备干试不合格需重新维修而无法进行海平面以下相关工作；其次确认海水循环泵顶盖排水泵可以投入运行。因系统进水前海水循环泵为防止泥沙进入盘根，泵轴封已供给SEA或SEP提供的轴封水，轴封泄露水在顶盖上逐渐积累，若顶盖排水泵不可运行，则水位上升淹没顶盖水位高液位开关，会导致其供电电源LCA绝缘降低，严重影响机组的安全运行。若水位继续上升，在泵轴的旋转作用下沿泵轴向上，通过下部油箱"舌型密封"进入下部油箱内（图4中虚线所示），使下部油箱油质乳化变差，影响到海水循环泵的运行。

秦二厂海水循环泵轴封注水管初始为金属

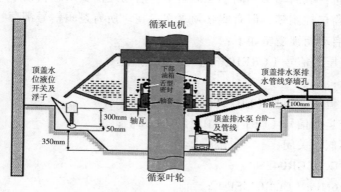

图4　循泵顶盖排水示意图

管，经常发生因管道内部锈蚀堵塞，使海水循环泵盘根失去轴封注水，导致盘根异常磨损，进而引起盘根泄露增大，泥沙向上进入盘根腔室增加盘根磨损形成恶性循环，对海水循环泵安全稳定运行造成隐患。

针对上述缺陷提出技改（见图5）：（1）将轴封注水金属管改为高压橡胶软管；（2）盘根腔室布置两个对称轴封注入口，各安装一隔离阀，上游分别连接一路轴封注入管，即将现场轴封注入管由一路改为并联两路，正常运行期间两路同时投用，保证轴封注入可靠运行。

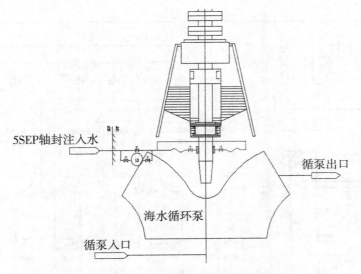

图5 技改后轴封注入布置图

（三）海水循环泵启动修后试验

循环水系统闸板提出、单体设备湿试完成并投运后，进行循环水系统整体在线启动，即海水循环泵修后试验。启动前的准备工作与电机空载修后试验相似，但所有的逻辑闭锁信号必须真实消失，以保证海水循环泵启动后正常运行。

对单列启动检修列返水（302大修启动B列造成A列鼓网坑水淹）做好风险分析及防范措施。因凝汽器进出口电动阀每次大修都有一定的检修工作，修后有动作检查试验，故一般不作为主隔离边界，而将CRF121/122VC作为主隔离边界。但SEN排水出口连接在CRF A列出口，为后续SEN启动可通过CRF A列排水，故单列启动优先启动A列（CRF001PO）。而SEN 001/002FI自动排污管线和凝汽器C的CRF505/506FI自动排污管线连在一起，CRF505FI或SEN001/002FI的自动排污启动，排污水均会导致A列向B列串水，甚至导致B鼓网管坑水位上涨，如此时B列检修工作仍在继续，对现场作业人员有很大的安全隐患。若此时关闭凝汽器B列入口电动阀，则水会从开启的虹吸破坏阀处喷出，若虹吸破坏阀由于检修关闭则会导致凝汽器超压损坏、凝汽器人孔密封处泄漏；如关闭凝汽器B列出口电动阀，则会导致CRF505FI和SEN001、002FI的自动排污管线失效，过滤器差压高但无法通过反洗功能减少堵塞情况，还可能导致凝汽器 B列出口阀和CRF122VC间的管段超压。对此风险后文提出防范措施。

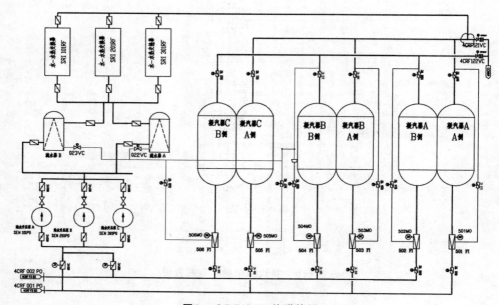

图6　CRF/SEN关联简图

海水循环泵启动前，要在MX厂房GD连接井处设置安全隔离区，以防过往人员受惊吓或受伤。因循环泵启动将海水充满管道，并在凝汽器处建立虹吸后排往GD阀门井，此处与排水管渠流道连接处为90度转角，大量海水汇集于此会从GD连接井处喷出5米高水柱，当水流速稳定后恢复正常。

泵启动后主控操纵员密切监视KIT画面中的电机及泵相关参数变化趋势，现场人员对海水循环泵进行检查，机械确认泵的运行稳定及泵轴封盘根泄漏情况，必要时进行调整、性能人员进行测振。如有异常随时联系主控停泵后检查。同时联系现场人员再次确认润滑油压及过滤器压差满足要求，防止电动辅助油泵自动运行10分钟后停运，若此时机带油泵出力不足或过滤器堵塞，将触发油压低而辅助油泵再次自动启动，甚至导致海水循环泵跳闸。对此风险提出，提前对油回路打循环的优化建议。

运行人员按典操对管路排气，同时对启动列的二次滤网进行湿试并投入运行，保证进入凝汽器水质以防止凝汽器水管堵塞。泵及电机运行参数稳定，系统单体设备运行正常，机械、电气、仪控及性能检查均正常，宣布海水循环泵修后试验合格。

三、修后试验优化

（一）启动顺序及防跑水优化

启动顺序优化：为节省大修工期，鉴于SEN排水连接在CRF A列排水管道，为后续SEN修后试验可通过CRF A列排水，故单列启动时优先启动CRF A列。系统停运检修时建议优先停运A列，以确保A列尽快检修完成后进行修后试验。

防跑水优化：CRF A列启动前增加隔离措施（ADT CRF 05）：将B列排出管线隔离阀CRF122VC置于开启状态，凝汽器B侧进、出口阀关闭，并将凝汽器B侧二次滤网疏水阀开启，这样即便CRF505FI或SEN001、002FI自动排污启动，排污水会经循环水B列排出管道CRF122VC排出，即便排污水因凝汽器B列出口隔离阀关闭隔离不严而返回到凝汽器，二次滤网疏水阀也可将水疏走，从而减缓串水后的风险。同时提出管道变更的技改方案：将电动滤水器排污管线A/B列完全分离，从而彻底消除串水隐患。

（二）循环水系统提闸板进水优化

秦二厂3/4号机组循环水系统闸板为平行式液压上止水钢闸板，在放、提时都需潜水员配合且耗时较长，顺利情况下每个闸板提起需要6个小时，每列两个闸板至少12小时。进水后要进行单体设备湿试修后试验，工作量大、耗时长。为节省大修工期，隔离解除后对两个进水闸板油压密封泄压，使海水通过闸板缝隙进入管网，当鼓网水位与海平面持平后即可进行鼓网、格栅除污机湿试及反冲洗水泵的修后试验，同时进行系统启动前在线。进水闸板提起后，单体设备的湿试及系统在线也已完成，节省海水循环泵修后试验工期。

（三）海水循环泵修后试验优化

针对"润滑油温度低"信号，总结大修经验。此温度开关回差较大（10℃左右），一旦触发温度低，需将温度提高到20℃左右才能消报。如大修在冬季进行，环境温度较低，电加热器投运后，润滑油温度低报警短时无法消报，则无法对海水循环泵进行修后试验，影响大修进度。

优化方案：泵的检修工作结束后，对CGR油回路冲洗。运行人员临时解除隔离并用试验盒启动CGR油泵，修后试验人员可以对检修项目进行跟踪提前介入，借此项工作投运电加热器，提前对润滑油打循环加热。提前打循环加热好处：（1）提早打循环加热，避免冬季因油温低闭锁海水循环泵启动；（2）检查油回路有无破损，确保回路完整；（3）对两个油过滤器充油排气，检查两个过滤器状态并减少润滑油中的杂质，避免出现备用过滤器未排气或堵塞，导致运行期间正常运行过滤器堵塞需切换时，实际备用过滤器不可用，循环水因油压低跳闸，影响机组正常运行。

四、总结

核电厂大修后二回路启动阶段，海水循环泵修后试验启动是二回路启动的关键节点。本文根据秦二厂实际情况，针对海水循环泵修后试验，重点介绍了修后试验的过程和风险控制，并根据大修反馈情况，进行了合理的优化建议。一方面可以有效节省海水循环泵修后试验的时间，为大修机组二回路启动奠定了坚实的基础，也为大修工期顺利实现贡献了力量；另一方面对修后试验的风险进行了合理的规避，为后续大修修后试验提供了指导意见，并提出了技改方案以期彻底解决列间串水风险。

参考文献：

[1]刘明.秦山第二核电厂3#机组循环水系统的调试[J].机电信息，2016（12）：93—94.

秦山第二核电厂主蒸汽隔离阀故障关闭的事故后果及处理策略

胡 委

（中核核电运行管理有限公司）

摘 要： 本文以秦山第二核电厂3号机组为例分析了单个主蒸汽隔离阀故障关闭的事故后果，通过CP660仿真模拟机进行测试，发现主蒸汽隔离阀故障关闭后反应堆自动紧急停堆，在某些工况下还可能会触发自动安注。通过分析事故后果的成因提出快速降负荷、切换蒸汽凝汽器排放系统控制模式、降低故障环路蒸发器压力等事故处理策略，可以有效避免反应堆自动安注，在低功率水平下通过简单操作甚至可以避免反应堆紧急停堆。

关键词： 反应堆 主蒸汽隔离阀 紧急停堆 自动安注 仿真模拟

一、引言

2013年8月11日国内某核电厂1号主蒸汽隔离阀驱动油回路发生泄漏，所幸运行人员和维修人员及时抢修，避免了机组紧急停堆。

2014年8月5日，美国LaSalle核电厂2号机组在正常运行期间1台主蒸汽隔离阀意外关闭，之后反应堆由于高功率通量而自动紧急停堆。

2017年7月，国内某核电厂运行人员现场汇报2号主蒸汽隔离阀阀体保温层处发现明火，当班值长宣布电站启动应急待命，随后主控室操纵员执行停机停堆操作。

主蒸汽隔离阀（MSIV）位于压水堆核电厂主蒸汽系统管道上，其设计依据是在单一故障的假设下，当在安全壳内的或在径向限位器下游的蒸汽管线破裂后，把失控的蒸汽排放限制到不超过一台蒸汽发生器的水装量。事故工况下它能在收到主蒸汽管线隔离信号后5秒内快速关闭。

尽管主蒸汽隔离阀是核安全重要设备，但目前国内核电机组普遍没有针对主蒸汽隔离阀故障关闭情况下适用的规程，为了在主蒸汽隔离阀故障关闭事故时给主控室操纵员提供一个清晰的处理思路，因此有必要分析主蒸汽隔离阀故障关闭的事故后果。

本文以秦山第二核电厂（以下简称秦二厂）3号机组为例进行分析和研究。秦二厂3号机组是双环路的压水堆核电机组，每条环路上设置一台蒸汽发生器和一台主蒸汽隔离阀，两个主蒸汽隔离阀下游合并成一根公共的主蒸汽管道通向汽轮机。主蒸汽隔离阀为平行双闸板阀门，设计压力为8.6MPa，额定功率下运行压力为6.66MPa，正常运行工况下阀门全开。

二、主蒸汽隔离阀故障关闭的事故后果

由于两个环路的主蒸汽隔离阀同时故障关闭的概率极低，同时设计上两台主蒸汽隔离阀同时关闭后反应堆紧急停堆，事故后果有限。但单个主蒸汽隔离阀故障关闭情况下随着反应堆所处工况不同所引发的事故后果也不相同，因此有必要进行深入研究，下文所述均是针对单个主蒸汽隔离阀故障关闭的讨论。

（一）主蒸汽隔离阀故障关闭对反应堆两个环路的影响

故障主蒸汽隔离阀开始关闭以后，故障环路平均温度逐渐升高，而完好环路平均温度逐渐降低，两个环路平均温度逐渐偏离整定值，呈现出一个环路"偏热"，另一个环路"偏冷"的现象。由于核电厂控制核功率的手段之一是控制一回路平均温度（次高选的平均温度），因此单个主蒸汽隔离阀故障关闭，次高选的一回路平均温度持续上涨，这将对反应堆的控制方式产生巨大影响。

（二）主蒸汽隔离阀故障关闭对棒控系统的影响

由于棒控系统采集一回路次高选平均温度，因此控制棒一直接收到下插指令，控制棒连续下插直至以最大棒速下插，核功率逐渐下降，这对事故影响是积极的。但由于控制棒最大棒速仅为72步/分钟，同时平均温度变化是个相对缓慢过程，尤其在主蒸汽隔离阀关闭的前半程一回路平均温度变化并不大，因此在事故进程中因控制棒自动下插导致核功率降低的情况并不多。

（三）主蒸汽隔离阀故障关闭对蒸汽旁路系统（GCT-c）的影响

正常情况下蒸汽凝汽器排放系统（GCT-c）处于温度模式（T模式）控制，GCT-c开度正比于次高选平均温度与平均温度整定值之偏差。在故障主蒸汽隔离阀开始关闭以后，送到GCT-c控制系统的平均温度并不能代表两个环路真实的运

行情况，GCT-c系统一直接收到正向的开度信号。出现甩负荷或者停机等允许信号后GCT-c阀门立即开启，导致蒸汽流量瞬间上涨，而此时排放的蒸汽实际上主要来自完好环路蒸发器，进一步加剧完好环路蒸发器的"冷却"效果，导致完好环路蒸发器的温度和压力迅速降低直至平均温度低低（284℃）信号出现。虽然平均温度低低信号连锁关闭GCT-c阀门，但关闭GCT-c阀门需要一定时间，很可能因蒸汽流量高叠加平均温度低低或者蒸汽压力低信号触发自动安注。

（四）主蒸汽隔离阀故障关闭对主给水控制系统的影响

在故障主蒸汽隔离阀关闭过程中，故障环路蒸发器压力持续上涨，完好环路蒸发器的压力在逐步降低。由于主给水转速控制系统中汽水压差采集信号为主给水母管与主蒸汽母管的压差，该设计导致在故障主蒸汽隔离阀接近关闭或关闭之后主给水母管与主蒸汽母管的压差明显高于整定值，电动主给水泵转速和出口压力将急剧下降，最终主给水泵出口压力低于故障环路蒸发器压力，故障环路蒸发器供水严重不足触发蒸发器低低水位紧急停堆。此外故障主蒸汽隔离阀关闭之后故障环路蒸发器压力上涨也会"压缩"蒸发器水位，但同时故障环路的平均温度也在快速上涨，对蒸发器水位起到一定的"膨胀"作用，但这两者相对于主给水泵压头降低来讲都是次要因素。

三、主蒸汽隔离阀故障关闭的仿真模拟

为了更全面地研究单个主蒸汽隔离阀故障关闭的事故后果，我们利用秦二厂CP660仿真模拟机分析秦二厂3号机组主蒸汽隔离阀故障关闭的事故后果，CP660仿真模拟机是根据秦二厂3号机组1∶1比例仿真制作。试验中选取夏季工况，对应海水温度32℃，选取电功率为640MWe（夏季工况满发水平）、350MWe和200MWe三个平台进行分析研究。试验中假定1号主蒸汽隔离阀完好，2号主蒸汽隔离阀故障关闭，试验过程中假定自动控制系统全部动作正常。分别选取6分钟、30秒和3秒关闭时间进行测试，其中6分钟对应正常情况下的关阀时间，3秒对应阀门快关时间，降负荷速率（5%Pn/min）对应反应堆设计最大降负荷速率。测试结果见表1。从测试结果可以看出，在选取的各个功率平台主蒸汽隔离阀直接关闭都触发自动紧急停堆，高功率水平下由超功率ΔT产生停堆信号，中、低功率水平下由对应蒸发器低低水位信号停堆。

表1 2号主蒸汽隔离阀故障关闭测试结果

测试序号	初始功率水平	阀门关闭时间	降负荷速率	是否停堆	是否安注
1	640MW	6分钟	N/A	是，超功率ΔT停堆	否
2	640MW	6分钟	5%Pn/min速降	是，SG2水位低低停堆	是，蒸汽流量高安注
3	640MW	30秒	N/A	是，SG2水位低低停堆	是，蒸汽流量高安注
4	640MW	30秒	5%Pn/min速降	是，SG2水位低低停堆	是，蒸汽流量高安注
5	640MW	3秒	N/A	是，SG2水位低低停堆	是，蒸汽流量高安注
6	350MW	6分钟	N/A	是，SG2水位低低停堆	是，蒸汽流量高安注
7	350MW	6分钟	5%Pn/min速降	是，SG2水位低低停堆	否
8	350MW	30秒	N/A	是，SG2水位低低停堆	否
9	350MW	30秒	5%Pn/min速降	是，SG2水位低低停堆	否
10	350MW	3秒	N/A	是，SG2水位低低停堆	否
11	200MW	6分钟	N/A	是，SG2水位低低停堆	否
12	200MW	6分钟	5%Pn/min速降	是，SG2水位低低停堆	否
13	200MW	30秒	N/A	是，SG2水位低低停堆	否
14	200MW	30秒	5%Pn/min速降	是，SG2水位低低停堆	否

在超功率ΔT计算公式中当平均温度升高时其整定值降低，平均温度增加过快时也会导致整定值降低，因此当超功率ΔT整定值下降至与实际值一致时将触发紧急停堆。此外在超功率ΔT触发停堆之前会触发汽轮机RUNBACK信号，但由于超功率ΔT整定值下降过多同时受限于控制棒棒速，反应堆很快自动紧急停堆。而在中、低功率水平下超功率ΔT整定值和实际值偏差很大，即使故障主蒸汽隔离阀全关时也很难上涨到对应停堆定值，因此对于此种功率水平首发停堆信号是蒸发器水位低低。

对于上表测试结果，值得关注的是在多个工况下均会触发自动安注，安注动作的原因均是蒸汽流量高叠加平均温度低低信号。由于仅有一个主蒸汽隔离阀处于开启状态，反应堆停堆后通过蒸汽凝汽器排放系统（GCT-c）排放的蒸汽流量比正常情况下要小得多。同时GCT-c选取的是次高选平均温度，其开启信号与故障主蒸汽隔离阀所在环路的平均温度有关，因此会造成完好环路"过冷"的现象。当完好环路触发平均温度低低信号以后才会闭锁GCT-c的开启信号，但如果此时GCT-c阀门开度过大，则很有可能造成蒸汽流量高信号持续存在。以测试2为例，当反应堆紧急停堆时故障蒸发器所在环路和完好蒸发器所在环路的平均温度偏差接近10℃（从零功率到满功率一回路平均温度仅变化约20℃），在停堆瞬间GCT-c要求开度过大，当平均温度低低信号（284℃）出现时记录到的蒸汽流量仍高达900t/h以上，超过安注动作定值。在测试5中，当完好环路平均温度降至低低定值时对应的蒸汽流量高达1100t/h。在CP660仿真模拟机上通过适当延长GCT-c关闭时间，在200MW及以上功率水平时很容易触发安注动作，而正常情况下200MW功率平台不会发生安注动作，因此GCT-c系统对事故的进程起到关键的作用。

此外在350MW平台下仍然有发生自动安注的可能（测试6），主要是因为此时一回路平均温度本身较低，在降负荷过程中实际上完好环路平均温度更接近低低定值284℃。

然而在测试1中却并未发生自动安注，其原因在于主蒸汽隔离阀完全关闭之前已经由超功率ΔT触发停堆，完好环路平均温度降低幅度不是很大，紧急停堆后在同样的GCT-c开启的时间下不会导致平均温度低低信号出现。

四、主蒸汽隔离阀故障关闭的处理策略

通过以上的分析可知，如果发生单个主蒸汽隔离阀故障关闭，在200MWe以上的功率水平除了触发反应堆紧急停堆外还有可能触发自动安注使事故升级。为了有效避免自动安注，同时尽可能避免紧急停堆，可以从以下几个方面进行考虑。

（一）快速降负荷

当发现主蒸汽隔离阀故障以后（可能这种故障不是立即生效的，比如发生火情），立即以5%Pn/min速率降负荷直至汽轮机打闸，然后手动降低核功率至热停堆状态，关闭主蒸汽隔离阀（建议两个主蒸汽隔离阀都关闭，以减少两个环路的平均温度偏差），维持反应堆在长期热停堆状态下运行。如果在降负荷期间主蒸汽隔离阀故障全关或者尚未开始降负荷时就发生主蒸汽隔离正在缓慢关闭情况，应当避免将机组维持在较高的核功率水平，当班操纵员和值长应立即将汽机打闸，核功率将很快下降到20%Pn左右，然后按照上述指导原则进行操作。从表1中测试6、7对比可以看出降功率运行对事故处理是有效的，但在满功率水平下仅靠降功率这个单一手段还是不能避免自动安注的发生。

（二）将蒸汽凝汽器排放系统切至压力模式控制

正常情况下蒸汽凝汽器排放系统（GCT-c）处于温度模式（T模式）控制。在主蒸汽隔离阀故障关闭时两个环路的平均温度偏差很大，可以考虑将GCT-c切

至压力模式（P模式）进行控制，切断与一回路平均温度的联系，让GCT-c系统直接控制主蒸汽母管的压力，防止GCT-c系统过度排放蒸汽造成完好环路平均温度低低或者蒸汽管道压力低低信号触发从而消除安注风险。根据表1中各个测试序列在主蒸汽隔离阀故障关闭前将GCT-c切至压力模式（远方整定值）进行控制，发现各个测试序列中均没有发生自动安注，证明将GCT-c置于压力模式确实可以有效避免自动安注的发生。

（三）降低故障环路蒸发器压力

根据前述分析结果，一旦故障主蒸汽隔离阀全关之后，其对应的蒸发器压力将迅速上涨，如果不及时干预蒸发器将丧失给水从而触发停堆，同时蒸发器也有超压的风险，通过主动降低故障环路蒸发器压力可以有效缓解上述风险。在故障主蒸汽隔离阀尚未完全关闭之前开启对应的大气排放系统（简称GCT-a）阀门可以降低故障环路蒸发器压力，开启GCT-a阀门可以手动直接开启或者调低整定值方式让其提前开启。同时必要情况下对主给水控制系统进行手动干预，调高主给水泵出口压力，避免故障环路蒸发器因供水不足导致低低水位停堆。

通过CP660仿真模拟机在200MW功率水平进行测试（此时故障主蒸汽隔离阀已经关闭），一方面以5%Pn/min速率快速降负荷，一方面逐步降低故障环路蒸发器压力，同时调高主给水泵出口压力，实现仅单个主蒸汽隔离阀开启情况下将机组过渡到热停堆状态，避免反应堆紧急停堆和自动安注的发生。

（四）加强指导和培训

编写主蒸汽隔离阀故障关闭情况下的操作规程或指导文件，针对主蒸汽隔离阀故障关闭事件开展主控室操纵员的专项模拟机培训，提高其对该事件的应急处理能力等。

五、结语

主蒸汽隔离阀是核安全重要设备，在发生漏油、火灾等故障情况下，需要主控室操纵员及时采取措施进行干预，否则反应堆将会自动停堆，甚至发生自动安注。

本文以秦二厂3号机组为例，分析了主蒸汽隔离阀故障关闭的事故后果，提出快速降负荷、切换蒸汽凝汽器排放系统控制模式、降低故障环路蒸发器压力等处理策略，通过仿真模拟机验证该方法可以有效避免反应堆自动安注，在低功率水平下通过简单操作甚至可以避免反应堆紧急停堆，为主控室操纵员在处理类似事故时提供了良好的处理思路。

核电站大件吊装工程施工安全管理

徐 晖

（中核核电运行管理有限公司）

摘 要： 大件设备吊装作业对核电站的建造进度具有决定性的影响，随着核电站建设期间的模块化施工等新型施工方法的普遍应用，大件吊装工程在核电站的建造过程中起着举足轻重的作用，它的安全与否直接关系到对整个项目的建造进度和成本控制。本文结合方家山核电工程的成功实践经验，对核电站大件吊装工程施工安全管理进行总结和阐述，以期给后续第三代核电项目大模块化施工的安全管理提供一些借鉴经验。

关键词： 大件设备 吊装 安全管理

一、引言

考虑到吊装作业的特殊性和核电设备（特别是大件设备）的唯一性，在核电大件吊装过程中不允许有任何的失误，对一次吊装的成功率要求是100%，否则将对施工安全、工程进度等造成严重的损失。目前核电站大件设备吊装一般都采用大型履带吊车、全路面液压吊车、液压提升机构等先进的吊装设备以及标准化和工厂化的吊装机索具，多工种交叉作业，施工难度大，危险性大，需要通过成熟可靠的吊装技术支持、安全管理来保证大型设备吊装工作的安全，任何一个环节的疏忽都将导致恶性事故发生。随着核电不断深入发展，大件设备的单件重量、尺寸不断增加，导致吊装难度大、施工风险高，因此确保大件设备吊装工程的安全生产，已经成为核电建设施工面临的一个新课题。

二、大件设备吊装工程特点

（一）工程概况

根据功能将核电站大致分为3个部分，即核岛部分、常规岛部分和辅助配套厂房部分，而大件吊装活动主要发生在核岛和常规岛部分。其中核岛大件设备主要包括安全壳穹顶、环形桥式起重机、反应堆压力容器、蒸汽发生器等；常规岛大件设备主要包括汽机房桥式起重机、汽轮发电机模块、除氧器、凝汽器、汽水分离再热器等。

方家山核电工程是两台百万千瓦级三环路压水堆核电机组，建造期间大件吊装任务主要包括以下两种：需吊装的设备重量重、体积大，如反应堆厂房穹顶、龙门架380吨吊车、主变、厂变等；需吊装的设备距离安装位置跨度较大，现场塔吊布置不能满足吊装要求，如常规岛的屋顶风机、泵房的行车梁、烟囱等。

（二）工程特点

为满足方家山核电工程的厂房建造和大件吊装，在土建施工中布置了13台塔式起重机，起重能力在100—210t·m之间；针对大件吊装要求，工程建造场地布置了1台SCC10000型1000t履带起重机和1台LR1400型400t履带起重机，大件运输码头安装有1台400t桅杆起重机，用于大件卸船以及间或进场用于定子吊装的GYT-200C型钢索式液压提升装置。方家山核电工程大件设备吊装工程呈现以下特点：（1）通常采用单台或几台吊车联合提升抬吊法，吊装工艺技术越来越成熟；（2）吊车普遍采用重型吊车和大型液压提升设备，起吊能力大幅提高；（3）吊具设计和制造走向专业化，安全性能有保障；（4）采用计算机软件设计、计算、绘图，可靠性增强；（5）方案编制工作规范化，方案校对审核制度化；（6）标准行业规范和标准及时修订，对吊装技术发展起到指导和推动作用；（7）管理工程项目统筹规划，对大型结构物吊装进行一体化管理，加强吊装时间点的把握和吊装过程的控制，减少并控制项目建设总投资。

三、大件设备吊装施工安全管理

鉴于核电站大件吊装工程的安全性、重要性和复杂性，在大件设备吊装施工中，吊装作业涉及面广，包括高空立体和低空立体作业。其施工环境复杂，危险性较大，稍有不慎就会发生安全事故，因此，要做好人、机、料、法、环等环节的安全管理工作。

（一）人的安全管理

人是安全生产的主体，是安全管理工作的核心要素。吊装作业现场的工作人员包括管理人员、吊车司机、司索工、提料员等。

（1）坚持作业人员持证上岗。

（2）作业人员严格按规程操作。

（3）培养现场管理人员责任心。

（二）吊装设备（机）的安全管理

（1）选择适宜的吊装设备。

（2）做好吊装设备的维护保养工作。

（3）做好吊装前的安全检查工作。

（三）吊装的安全技术管理

（1）施工前实测吊装机具、构件吊重、吊装半径、现场位置等参数编制施工方案，明确吊装工程安全技术重点和保证安全的技术措施。

（2）重点审核吊装工程的技术可靠性以及审查吊车选型、吊车站位、地基处理等吊装工程的技术措施。

（3）同时还要重点审核吊装方案中的组织措施、吊装平面布置（吊车位置、设备构件的摆放位置）、吊车的组装和拆除等内容。

（四）吊装现场准备工作安全管理

（1）做好吊装作业的风险识别与消除工作。管理人员需要对吊装作业过程进行危险辨识，制定可靠的消除措施，确保大型设备吊装安装工作的安全。

（2）对吊装场地实施三通一平，设备的场内运输、吊装路线、吊车位置及地基处理等对照施工方案进行安全检查确认，确保其满足方案要求。

（3）吊装所用工器具齐全并就位，吊车、卷扬机等特殊设备应有相应的检验记录，其技术性能符合安全质量要求，必要时应要求施工方出示安全部门的检测认定书，尤其在吊装过程中使用的1000t、400t吊车等大型机具。在吊装前起重设备应进行试运转；重要构件吊装前应进行试吊。

（4）检查控制设备构件吊装的作业半径、吊车站位等平面布置参数，保证同施工方案一致。牵涉到多台设备构件的吊装还应考虑到设备的吊装顺序。

（5）施工作业区应设置安全警示标志，作业区与安全区区分明显；检查吊装环境（天气、风力等情况），满足作业要求。

（6）吊装前安排专职安全人员及方案编制人员对参与吊装的所有人员进行安全技术教育和安全技术交底，并签字确认。

（五）吊装过程安全控制

（1）检查作业、指挥、技术人员到位情况及其分工。

（2）试吊中仔细检查确认设备构件，在试吊各项条件经确认具备吊装后方可正式吊装。

（3）设备吊装过程中，管理、指挥、作业各类人员应遵守各自职责，紧密配合，严格执行操作规程，安全员全过程旁站管理。

（4）牵涉到两台或多台吊车联合作业时，主吊吊车起升和溜尾速度应督促施工方设专人指挥协调。

（六）吊装退场的安全管理

设备或构件吊装完成后，重点加强吊装机具的退场管理。对塔吊、桅杆起重机等组装式的吊装设备应现场督促有资格的施工人员进行拆除，并及时组织吊装机具安全退场。

四、经验反馈

大件吊装工程在核电站的建造过程中起着举足轻重的作用，它的安全与否直接关系到对整个项目的建造进度和成本控制。在方家山核电工程建造期间，1、2号机组所有大件吊装工作均顺利完成，期间未发生施工安全事故或事件，为我国的核电工程建设积累了丰富的大件吊装施工安全管理经验。结合工程实践经验，本文就如何做好核电站施工安全管理工作提出以下几点经验和体会：

（一）在大件设备吊装过程中，起重机械的选择应有足够的裕度

一般最大负荷率应不超过85%，双机抬吊各起重机最大负荷率不超过80%为宜（这对于动臂式起重机尤为重要）。而且对于使用双机抬吊要特别注意观察各机负荷率，控制速度，使其在作业过程中负荷始终处于安全状态。如：在吊装汽水分离再热器时，2台起重机负荷率分配已经较高，在行走过程中各起重机速度是很难控制相同的，若某台起重机稍稍快一点就会造成载荷急剧上升，甚至过载，所以各机构运行不宜快，还要注意观察随时调整。

（二）重视地基处理

对于履带起重机、汽车起重机等移动起重机的站位区域的地面承载度均需特别注意。在核电厂建造中，一般大件设备的吊装区域往往空间都比较有限，这就要求在制定前期方案时，应考虑细致周密，要进行充分的模拟和计算，还要加强吊装过程中的监护。同时由于站位点地基处理费时费工，建议考虑加工一套专供大吊车使用的环形路基箱，减少地基处理工作量。

例如，在发电机定子吊装时，采用GYT-200C型门架及液压提升装置进行吊装，这就要求门架柱脚地基需满足20t/m²的承载力。考虑到此区域为开挖区域，恐地面承载强度不够，因而在回填完成后，对每个框架柱脚基础点做了300t的承压检验，以确保地面承载力达到要求。

在反应堆穹顶吊装期间，吊机站位点地基承载力要求达到30t/m²，根据前期大吊车站位点试验过程中标记的站位点位置现场实际放样出大吊车站位点17m×19m的区域。按照现场实际放样大吊车站位点位置进行负挖后对地基进行压实处理。

（三）合理规划吊装场地和吊机行进道路

吊机行走道路和吊装站位点尽可能避开管廊等地下设施，降低对地下设施的保护措施费用；尽可能一个站位点满足一定范围内多台设备的吊装要求，以降低对吊装站位点的地基处理费用；吊机行走道路应满足履带吊到达核岛和常规岛所有设备吊装站位点，并能快速从吊装位置撤离，为后续施工创造场地条件。

例如，在核岛和常规岛周围划出20米宽的场地作为大型吊机行走道路和现场施工的交通通道，对作为交通道路的场地进行平整、回填区域进行分层碾压，与道路垂直交叉的大型管廊内侧进行必要的支撑加固，使整个道路满足20t/㎡的承载要求；在核岛和常规岛周边定出10个吊装站位点用于核岛常规岛所有大件吊装的吊机站位场地。

履带吊机进出场需要占用较大的场地进行组装和拆卸，并且场地必须平整、压实，无空中障碍，场地面积约150m×20m，现场需根据吊机的组装工期（一般需时2—7天）来组织场地清理。根据大件吊装场地道路规划，可选择现场起重机行走道路作为组装拆卸场地。

（四）合理选择吊装方式

设备吊装方案的确定应综合考虑现场各种因素进行选择，一般采用塔吊吊装和大型履带式吊车吊装两种方式，考虑到两种吊装方式的吊装成本，对于塔吊可吊的设备应优先考虑使用塔吊。塔吊吊装方式主要考虑设备的重量和吊装半径，对于吊装半径需结合设备基础中心坐标和现场塔吊中心坐标进行核算，只有吊装半径小于塔吊臂长且在吊装位置塔吊吊装重量大于设备重量的情况才可使用塔吊进行吊装。对于设备重量的问题，除设备本身重量之外，还需考虑吊装索具和吊钩及专用吊具（如有）的重量。

塔吊吊装方式具体又可分为塔吊单体吊装和塔吊联合吊装。塔吊单体吊装是指现场只用一台塔吊即可将设备直接吊装就位的吊装方式，塔吊联合吊装是指二台或二台以上塔吊通过设备转运平台，以接力的形式将设备吊装就位。此方法适用于现场设备运输路径困难复杂的情况，通过两台塔吊相互配合方式可以避开单台塔吊臂长和性能的瓶颈，将单台塔吊无法完成的工作得以实现。

（五）加强新工法、新技术、新设备首次使用的安全管理

吊装新工艺充分利用现代化机械，能够大幅降低劳动强度，有效提高作业效率。但首次采用新的吊装工艺对施工技术的可靠性提出了更高的要求，因此在施工前必须进行详细的安全稳定性核算，并现场进行模拟试验，并针对施工过程中存在的一系列安全问题制定相应的应急预案。

例如，方家山核电工程汽轮机厂房降标高设计，使凝汽器主要模块的吊装方式不同于以往。在凝汽器吊装时，摒弃了以前常规的通过制作拖运轨道来进行凝汽器就位的方案，改用多台不同类型的起重机，不断地变换吊装吊点，来完成设备的吊装就位。最终通过设计制作了专用的吊装扁担，使用4台吊车协调作业并进行7次空中换钩和2次悬挂临抛，完成凝汽器模块的吊装就位。

（六）重视施工过程中的安全管理

使用大型履带式吊车吊装前，一定要根据吊车的载荷特性性能表现和现场情况确定大吊车站位，还要注意吊车的吊臂在空中回转时是否被土建塔吊挡碍，必要时需土建单位的塔吊配合转动，大吊车工作时，附近塔吊一般应暂停作业。吊装施工现场的杂物和障碍物需清理，确保起重机回转区域没有障碍物。起吊前应检查起重设备及其安全装置；重物吊离地面约10cm时应暂停起吊并进行全面检查，确认良好后方可正式起吊。

五、结束语

成功的工程实践证明，通过方家山核电工程各参建单位的不懈努力，在坚持"安全第一，预防为主，综合治理"的方针下，方家山核电站建设期间实行风险预控管理、过程管理、闭环管理的有机统一，其大件吊装工程的安全管理措施是有效的，确保了整个项目的施工活动安全、保质、高效地展开。随着我国核电建设的不断深入，AP1000、高温气冷堆以及快中子增殖堆等新型反应堆，都将是高度集成化的模块式建设，其大型设备组件的单件重量、吊装的难度将超过现有的压水堆核电站技术，将是核电建设者要面临的重要课题。本文在此对成熟的施工安全管理经验进行总结和阐述，给后续核电项目大件吊装工程的施工管理水平提升提供了积极的借鉴意义。

核电厂带压堵漏作业的安全风险控制

叶佳阳

（中核核电运行管理有限公司）

摘　要：本文根据核电厂带压堵漏作业的安全监督经验，介绍了带压堵漏作业过程中的安全风险控制及典型问题。从风险分析、许可证和方案准备、现场基本安全措施确认、现场作业监督等方面，使安全管理人员全面了解掌握带压堵漏作业安全监督的关键环节和典型问题，对电厂带压堵漏作业的安全风险控制，具有指导意义。

关键词：带压堵漏　风险控制　安全管理

一、引言

核电厂高温高压管道、容器较多，由于制造、安装、材质等问题，在生产过程中受到介质的腐蚀、冲击、振动、温度和压力的变化，设备、管道阀门和法兰处等出现泄漏的现象，无法完全杜绝。一旦重要设备出现泄漏，则会严重影响机组安全运行，甚至需要停机处理。而采用带压堵漏技术，可以在不影响电厂正常生产运行的前提下，对带温、带压的泄漏设备进行封堵、修复，能迅速消除设备的跑、冒、滴、漏等问题，避免了常规检修方法可能导致的机组降负荷、停机而带来的巨大经济损失。然而，带压堵漏作业又存在着较高的安全风险，一旦操作失误，可能引发恶性的人员及设备事故。

二、带压堵漏技术介绍

带压堵漏是指在不停机、不改变工艺系统的运行方式、介质运行温度和压力的情况下，通过使用专用夹具并注入密封剂等手段，使泄漏点消除的检修方法，捆扎、捻缝等方法也属于带压堵漏的范畴。

每年电厂涉及带压堵漏工作上百项，制定了专门的管理要求，将压力大于0.7MPa（表压）或温度高于50℃的水介质的带压作业纳入二级高风险作业范围，从而提高带压堵漏作业的质量和效率，有效控制并降低作业风险，保障作业人员安全、机组安全稳定运行。

三、带压堵漏作业的风险控制

针对带压堵漏这种特殊的检修作业，要制定专门的安全管理规定来规范和指导，其至少包括系统运行状态、维修情况、工业安全风险等内容。其中工业安全风险控制至少应包含以下内容：风险分析、工作准备、现场基本安全措施确认、现场作业监督、工完料尽终结工作等。带压堵漏作业人员应熟知该规定内容。

（一）风险分析

由于现场厂房设备设施等因素的限制，工作负责人开展带压堵漏工作时，须根据作业场所实际情况、管道阀门设备状态及以往控制经验，全面分析可能存在的风险及产生的后果，并制定相应的防护措施，除带压堵漏本身涉及的高温高压气体泄漏伤人风险，还需考虑如涉及高处作业时的人员高空坠落、工器具等高空坠物等风险，涉及受限空间作业时的缺氧窒息、有毒有害气体、触电等风险。

（二）许可证办理和方案编制

带压堵漏作业按照电厂高风险作业分级要求，为二级高风险作业（ISP2），需办理相应许可证和专项安全技术措施方案，明确工作中的各个环节，从而使高风险作业许可控制有效可行。方案至少应包括作业内容过程（作业内容中应明确是否需要制作夹具、系统温度压力情况、破口状况等）、风险分析、安全防护及应急措施等，须经电厂领导审批生效才可开展工作。

（三）人员资格要求

由于带压堵漏施工是在没有隔离措施的情况下带温带压作业，具有一定的危险性，所以对操作人员资格应做相应要求。（1）现场作业的人员必须是经过带压堵漏专业培训并取得带压堵漏资格证的操作人员。（2）要有丰富的带压堵漏操作经验。（3）身体素质和心理素质良好，责任心强，防范风险意识强。高风险作业许可管理主要通过控制流程中的关键点开展，从而实现对高风险作业的全面风险控制。

（四）现场确认防护措施和工作准备

1.现场环境确认

涉及的作业区已隔离、设置警示、张挂作业隔离区标识牌；确认工作许可证隔离措施和安全措施已实施且完整有效；在有易燃、易爆、有毒介质的带压堵漏作业现场环境中，其介质浓度不得超过危险浓度，必须采取有效通风排气措施，并配备气体测量装置；特殊情况需在夜间作业，必须有良好的照明设备；若作业中需使用在线系统中的惰性气体、压缩空气、蒸汽、水对泄漏部位或注枪剂进行稀释、降温、加热时，必须征得运行部门同意。

2. 个人防护用品确认

除基本劳动用品（安全鞋、安全帽等）外，带压堵漏作业还应佩戴防护面罩、防烫服等。

3. 人员准备确认

带压堵漏作业人员需持有有效的特种设备作业操作证方可上岗；在作业期间至少安排一名作业人员承担监护工作。

4. 工器具准备确认

使用的安全器具以及相关的设备防护装置安全条件满足要求；通信工具及设备处于可用状态；做好现场通风、稀释工作（蒸汽过多时，增加临时通风设施，防止缺氧），提供作业现场必备的专用安全防护器材或消防器材。

5. 文件确认

工作负责人应事先将工作期间所需的作业规程、高风险作业工业安全许可证、专项安全技术措施方案等文件资料准备妥当。现场作业时，工作负责人应随身携带以上文件；在带压堵漏过程中采用局部焊接辅助方法消除泄漏时必须符合焊接安全作业的现场条件，办理动火证，方可进行焊接作业；若不满足相关规定，需制订专项安全技术方案，经相关部门评估并批准后方可实施。

6. 风险告知和安全技术措施交底

确认作业班组所有人员熟知以下作业要求：当进行高处带压堵漏检修作业时，需架设安全可靠带防护围栏的操作平台和至少两条安全逃生通道，必要时设置安全网，带压堵漏检修操作时不宜佩戴安全带；检查确认带压堵漏夹具的安装位置正确、安全、合理；工作中注意操作方法的正确性（如螺丝紧度要均匀，注意操作位置，不宜正对泄漏部位，防止汽、水烫伤等），尽量避开热流体喷射方向，防止灼伤；当处置易燃介质泄漏时，作业器具必须符合国家相关标准规定，严禁施工时产生静电或火花，并配备灭火器；施焊部位应在无泄漏的情况下进行，在泄漏部位表面进行焊接时，严格控制焊接电流强度和熔深，严禁出现焊接穿孔的现象。

7. 基本应急措施

工业班组人员熟悉工作位置，并规划好合理可行的应急撤离通道；明确掌握应急救援电话和主控室电话；发生烫伤、烧伤时，迅速除去伤者衣服，并立即就近用大量清水长时间冲洗受伤部位后，用干净的纱布对受伤创面进行包扎。若为化学品烧伤，保留化学烧伤物样本，以提供进一步治疗的依据。

（五）作业过程监督

作业过程中，安全管理部门人员应到现场对作业全过程进行监督，确认以下安全措施都已落实到位。工业安全管理人员和工作负责人按照高风险作业现场安全监督控制项目见证单要求，共同见证、释放停工待检点。高风险作业期间，工作负责人或其委托人必须在现场进行全程安全监护，以保证工作按照作业规程以及许可证、打压堵漏《专项安全技术措施方案》中安全防护措施的要求执行，并且工作人员严格执行了工业安全管理程序的要求；工作负责人（准备人）应服从工业安全现场监督人员的管理，在现场情况发生变化时采用"停—思—行—审"的"STAR"工作方法，及时指挥协调，确保现场安全。安全监督人员重点关注作业过程中的人员行为，及时纠正不安全的行为，保证工作的安全有序开展，完成工作项目的终结。

四、带压堵漏作业项目安全监督的关键环节及典型问题

整个带压堵漏作业项目监督过程中，《专项安全技术措施方案》和现场安全措施确认是安全监督的关键。方案的编制至少包括以下内容：（1）明确的作业内容，包括设备编号，系统压力、温度，工作步骤流程等；（2）全面的安全风险分析，包括现场的作业环境（照明是否充足、环境温度是否合适等），使用的安全工器具（安全带、电动工器具等）是否合格有效，所处工作区域是否为受限空间作业、高处作业等；（3）到位的安全防护措施，针对存在的风险制定合适的安全措施（如烫伤风险，佩戴防护面罩、穿防烫服等）。

现场安全措施确认是对带压堵漏工作方案的现场实施时的关键步骤，完善的前期准备工作，能够确保工作的顺利开展。

带压堵漏作业过程中也存在一些典型问题，如高处进行带压堵漏作业过程中安全带是否系挂、系统破口是否在检修过程中扩大等。当带压堵漏作业在高处开展时，若系挂安全带，一旦发生破口扩大，高温蒸汽泄漏，作业人员根本无法解开安全带，安全撤离，这时，安全带可能就会变成一根"要命带"；但不系安全带，在需要较长时间处于高处作业的情况下，人员坠落风险又得不到有效控制。建议涉及高处作业的带压堵漏工作，安全管理人员一定要对系统蒸汽泄漏和现场高处坠落风险进行评估，提出比较合理的解决方法。

五、结束语

带压堵漏作业作为核电厂典型的高风险作业，对其开展有针对性的评估活动，既有利于现场作业风险的有效控制，也对提高安全管理水平十分有效。由于需要进行带压堵漏工作项目，往往存在临时性、紧迫性等情况，针对以往带压堵漏项目进行分析，就显得尤为重要了。做好规范的带压堵漏安全监督标准流程和规范，对于安全管理人员而言，很大程度上提高了风险控制的效率，使现场安全监督更具有针对性。最近几年，电厂工作人员风险意识辨识能力明显提高，防人因失误工具运用更加熟练，如能更好地固化带压堵漏等高风险作业项目的安全管理模式，在保障电厂员工生命安全，防范工业安全事故发生方面，必将取得长足的进步。

参考文献：

[1]徐志胜.安全系统工程[M].北京：机械工业出版社，2007.

[2]编委会.最新安全评价技术、方法及典型实例分析[M].北京：煤炭工业出版社，2008.

[3]李建军.带压堵漏安全操作技术问题探讨[J].冶金动力，2009（6）：61—63.

浅谈企业内部开展职业危害因素
监测的重要性

陈志杰

（中化蓝天集团有限公司）

摘　要：职业病已日益成为影响社会稳定的群体性事件，一旦发生职业病，都将会是员工和企业无法承受之殇，而企业对于职业危害因素的检测与监测工作，是对企业作业现场的一个量化评估，直接关系到作业员工的职业健康。本文从监测的各环节、采样方法、数据运用等多个方面，介绍了化工企业开展内部职业危害监测工作的一些要点，以期给企业的职业危害监测工作带来指导。

关键词：职业危害辨识　监测周期　采样方法

一、职业危害内部监测的意义

国家越来越重视员工的安全健康，但我国职业健康形势仍十分严峻，截至2016年，我国从事有毒有害生产的企业数量约1900万家，接触职业危害因素的人数约2亿人左右，每年全国新增职业病患者约3万人。虽然企业每年都会委托外部机构开展职业危害因素检测工作，但外部检测往往只会持续几天时间，无法全面反映企业职业危害的真实情况。而内部监测或在线监测，可连续地反映企业现场职业危害的强度水平，发现其变化趋势以便及时采取防控措施，因此，规范职业危害内部监测，培养具有一定专业性的内部监测人员，对于开展并持续提高我们的职业危害内部监测工作就显得尤为重要。

本文旨在充分利用HSE管理要素及各项规范、标准，来解决目前企业职业危害因素监测过程中存在的各项问题，努力使这项工作日趋规范化与标准化。

二、职业危害因素辨识

我们开展职业危害监测工作应当充分利用职业危害因素辨识与评估的结果，同时做好计划性工作。职业危害因素的辨识与评估是开展检测与监测工作的重要前提，存在职业危害的企业至少每年需要开展一次职业病危害辨识、评估。此外，当原料、产品、设备、工艺流程等发生变化时，也应当及时开展辨识、评估。

当职业危害辨识、评估完成取得结果后，便应当以此作为依据来确定日常监测的种类和周期。其中高危粉尘、高毒物质的日常检测频次应至少不低于一月一次（应实时监测的除外）。工作场所劳动者人数较多、化学有害因素浓度或物理危害因素强度较高的，应加大检测频次，确保及时发现并处置工作场所存在的职业病危害。

三、职业危害内部监测各环节

职业危害监测工作要想取得预期的效果，监测仪器、监测人员、档案管理等要素均需落到实处。

（一）监测仪器

根据职业危害辨识的结果，可有针对性地配备职业危害因素日常监测所需仪器。同时需要做好使用、维护以及监测人员的培训工作，设备和耗材的购置及购买监测技术服务费用，应纳入企业年度预算予以保障。

（二）监测人员

职业危害监测人员应培训合格后上岗。同时，监测人员的培训应纳入岗位培训的需求，对于初次培训及继续教育的时间、内容做出明确规定。

（三）监测数据管理档案

现场职业危害的监测数据是员工职业病鉴定的重要依据之一，因此，对于日常监测取得的结果应建立职业病危害因素日常监测档案（含纸质档案和电子档案），并纳入职业健康管理档案体系。日常监测的纸质档案应至少保存5年，日常监测电子档案应永久性保存。同时，应将日常监测结果及时在工作场所公告栏或告知牌上进行公布。

四、内部监测采样方法

关于内部监测采样的方法，应当依据采样的四大原则，制定相应的程序及执行标准，并做好培训工作。采样的原则为：采样点应该选择有代表性的工作地点，其中应包括空气中有害因素浓度/强度最高、劳动者接触时间最长的工作地点；在不影响劳动者工作的情况下，采样点尽可能靠近劳动者；在评价工作场所防护设备或措施的防护效果时，应根据设备的情况选定采样点；采样点应设在工作地点的下风向，并远离排气口和可能产生涡流的地点。

（一）采样点数目确定

工作场所按产品的生产工艺流程，凡逸散或存在有害因素的工作地点，至少应设置1个采样点。一个有代表性的工作场所内有多台同类生产设备时，1—3台设置1个采样点；4—10台设置2个采样点；10台以上，至少设置3个采样点。一个有代表性的工作场所内，有2台以上不同类型的生产设备，逸散同一种有害因素时，采样点应设置在逸散有害因素浓度/强度大的设备附近的工作地点；逸散不同种有害因素时，将采样点设置在逸散待测有害因素设备的工作地点。劳动者在多个工作地点工作时，在每个工作地点设置1个采样点。劳动者工作是流动工作时，在流动的范围内，一般每10米设置1个采样点。仪表控制室和劳动者休息室，至少设置1个采样点。

（二）采样时段的选择

采样必须在正常工作状态和环境下进行，避免人为因素的影响。空气中有害因素浓度/强度随季节或工期发生变化的工作场所，应将空气中有害因素浓度/强度最高的季节或工期选择为重点采样时节。在工作周内，应将空气中有害因素浓度/强度最高的工作日选择为重点采样日。在工作日内，应将空气中有害因素浓度/强度最高的时段选择为重点采样时段。

（三）采样方式的确定

根据《工作场所有害因素职业接触限值　化学因素》（GBZ 2.1—2007）和《工作场所有害因素职业接触限值　物理因素》（GBZ 2.2—2007）中规定，职业接触限值分为最高容许浓度（MAC）、短时间接触容许浓度（STEL）和时间加权平均容许浓度（TWA）三类。在选择采样方式时，应当依照自身的职业危害辨识结果，并查询出该类物质的接触限值，再采取不同的方式来进行采样。

1.职业接触限值为最高容许浓度的有害物质的采样（MAC）

采用定点、短时间方法进行采样，选定有代表性的、空气中有害物质浓度最高的工作地点作为重点采样点，同时将空气收集器的进气口尽量安装在劳动者工作时的呼吸带。采样时，需选择空气中有害物质浓度最高的时段进行采样，采样时间一般不超过15min，当劳动者实际接触时间不足15min时，按实际接触时间进行采样。

2.职业接触限值为短时间接触容许浓度的有害物质的采样（STEL）

与最高容许浓度的有害物质的采样方式一样，也采用定点的、短时间采样方法进行采样，同时选择有害物质浓度最高的工作地点为重点采样点并在空气中有害物质浓度最高的时段进行采样。采样时间一般为15min，采样时间不足15min时，可进行1次以上的采样。

3.职业接触限值为时间加权平均容许浓度的有害物质的采样（TWA）

当时间加权平均容许浓度的有害物质的采样时，宜以个体采样和长时间采样为主，同时选择有代表性的、接触空气中有害物质浓度最高的劳动者作为重点采样对象，并按照采样对象的数目采样，可按总劳动者数的40%—60%作为采样对象。对于劳动者在一个以上工作地点工作或移动工作的情况，应当在劳动者的每个工作地点或移动范围内设立采样点，分别进行采样，并记录每个采样点劳动者的工作时间。

五、采样结果分析

根据《工作场所空气有毒物质测定方法汇总》（GBZ/T 160）中的方法介绍，我们可以采取不同的测定方法，来针对性地测定现场存在的职业危害因素浓度（强度）。

（一）环境空气中有害物浓度分析

假设现场检测的职业危害因素为丙酮，应当先将溶剂吸附剂管的前段倒入解吸瓶中解吸并测定，如果测定结果显示未超出吸附剂的穿透容量时，后段可以不用解吸和测定；当测定结果显示超出吸附剂的穿透容量时，再将后段吸附剂倒入解吸瓶中解吸并测定，测定结果计算时将前后段的结果相加后作相应处理。

在样品处理时，需要将采过样的活性炭管中前后段活性炭分别倒入溶剂解吸瓶中，各加入1.0ml二硫化碳，封闭后，振摇1min，解吸30min并摇匀，解吸液供测定。

在样品测定时，应用测定标准系列的操作条件测定样品和样品空白的解吸液；测得峰面积值后，由标准曲线得丙酮的浓度（μg/ml）。若解吸液中待测物浓度超过测定范围，可用二硫化碳稀释后测定，计算时乘以稀释倍数。

（二）环境空气中有害物浓度计算

仍假设现场检测的职业危害因素为丙酮，那么可以利用以下公式来计算空气中丙酮的浓度：

$$C = c_1 + c_2 v / V_0 \cdot D$$

式中：C为空气中丙酮的浓度，mg/m^3；c_1，c_2为测得前后段活性炭解吸液中丙酮的浓度（减去样品空白），μg/ml；v为解吸液的体积，ml；V_0为标准采样体积，L；D为解吸效率，%。此外，针对每批次取样用的活性炭管，需要分别测定其解析效率。

（三）职业接触值计算

与采样方式一样，根据接触限值的不同，企业也应当通过不同的公式分别来开展职业接触限值为最高容许浓度的空气中有害物质浓度计算、职业接触限值为短时间接触容许浓度的空气中有害物质浓度计算以及职业接触限值为时间加权平均容许浓度的空气中有害物质浓度计算。

1.最高容许浓度的空气中有害物浓度计算

空气中MAC职业危害物的浓度计算可采用以下的计算方法：

$$MAC = c \cdot v / F \cdot t$$

式中：c为测得样品溶液中有害物质的浓度，μg/ml；F为采样流量，L/min；v为样品溶液体积，ml；t为采样时间，min。

2.短时间接触容许浓度的空气中有害物浓度计算

空气中STEL职业危害物的浓度计算应当根据采样时长或劳动者接触的时间来确定计算方法。

当采样时间为15min时，计算公式为：$STEL = c \cdot v / F \cdot 15$；当采样时间不足15min时，计算公式为：$STEL = C_1T_1 + C_2T_2 + \cdots + C_nT_n / 15$；当劳动者接触时间不足15min时，计算公式为：$STEL = C \cdot T / 15$。

式中：STEL为短时间接触浓度，mg/m^3；c为测得样品溶液中有害物质的浓度，μg/ml；C_1、C_2、C_n为测得空气中有害物质浓度，mg/m^3；T_1、T_2、T_n为劳动者在相应的有害物质浓度下的工作时间，min；v为样品溶液体积，ml；F为采样流量，L/min；15即采样时间，min。

3.时间加权平均容许浓度的空气中有害物浓度计算

当采样仪器能够满足全工作日连续一次性采样时，空气中有害物质8小时时间加权平均浓度计算应当为：

$$TWA = c \cdot vF \cdot 480 \times 1000$$

式中：TWA为空气中有害物质8h时间加权平均浓度，mg/m^3；c为测得的样品溶液中有害物质的浓度，mg/ml；v为样品溶液的总体积，ml；F为采样流量，ml/min；480为时间加权平均容许浓度规定的以每日工作时间8h计，min。

当采样仪器不能满足全工作日连续一次性采样时，可根据采样仪器的操作时间，在全工作日内进行2次或2次以上的采样。此时，空气中有害物质8h时间加权平均浓度计算应当为：

$$TWA=C_1T_1+C_2T_2+\cdots+C_nT_n8$$

式中：TWA为空气中有害物质8h时间加权平均浓度，mg/m^3；C_1、C_2、C_n为测得空气中有害物质浓度，mg/m^3；T_1、T_2、T_n为劳动者在相应的有害物质浓度下的工作时间，h；8即时间加权平均容许浓度规定的8h。

（四）监测结果的应用

对于获得的监测结果，除了应当及时在工作场所公告栏或告知牌上进行公布，让员工知晓之外，还需定期对职业病危害因素日常监测结果进行分析，以指导下一阶段的职业危害防治工作，并根据之前制定程序和执行标准以及监测结果，来编制分析报告。对于监测结果远低于国家职业卫生标准的，企业可以维持目前的管控措施；而对于监测结果平均值已接近职业卫生标准限值的，且有部分监测结果已超出标准限值，企业就应对此岗位采用如：局部吸风净化、增设隔音中控室等等一系列整治措施，有条件更换设备时，应选用产生职业危害较低的设备；而对于监测结果平均值已超过国家职业卫生标准限值的，应当立即停产整改，从而将职业危害因素控制在合理的范围之内。

六、结论与建议

根据之前的论述，现将本文的结论和建议总结如下，供各企业参照。职业危害因素辨识大纲是开展职业危害监测的前提，监测的种类需与辨识的结果相吻合，并根据危害物浓度等因素制定监测计划；监测人员必须经过专业的培训，同时针对性选择专业的检测根据；对于企业需要监测的危害物，因按照"采样方法"一章中的原则，确定采样点数目、采样时段和方式；质量部等专业机构应参与企业的职业危害监测工作，完成分析、计算等工作；对于监测结果，应根据"PDCA"原则，统计分析。根据结果分析造成浓度偏高的本质性原因，通过相应措施从源头开展治理。

参考文献：

[1]黄诘，贾智广.职业危害检测现状对策及重要性分析[J].城乡建设，2012，19（9）：250—252.

[2]徐伯洪，闫慧芳.工作场所有害物质检验方法[M].北京：中国人民公安大学出版社，2003.

浅谈负压氨水管补焊安全技术

熊小平

（宁波钢铁有限公司）

　　摘　要： 辨识负压氨水管道补焊的危险因素，通过采用管内通氮气、管外打抱箍通蒸汽等作业方法，有效控制管内 $O_2 < 0.5\%$，确保具备在线补焊的安全作业条件，介绍施工过程中安全控制要点和技术优点。

　　关键词： 氨水　负压管道　打抱箍　在线补焊　安全措施　技术优点

　　宁波钢铁有限公司是杭钢集团公司下属杭州钢铁股份有限公司的全资子公司。是一家从炼焦到炼铁、炼钢、连铸、热轧等工序配套齐全、生产装备水平国内领先的大型钢铁联合企业。其中在炼焦工序中，原料煤经过配合后，进入炼焦炉，在炉内高温炭化，对干煤而言，约75%左右变成焦炭，另25%左右生成各种化学物质（煤气净化后的副产品），以荒煤气的形式自上升管逸出。此外，通常炼焦过程中还有化合水生成，这些水都成为蒸汽随荒煤气一起逸出焦炉。

　　由于荒煤气从焦炉里出来后有700℃左右，在进入煤气净化前必须将荒煤气冷却至80℃左右，而用来冷却荒煤气的水经过循环喷洒后称为氨水，它吸收了煤气中的各种有毒有害物质，具有一定的腐蚀作用，经过长时间运行，碳钢管就易被腐蚀。目前炼焦工艺中，通往槽区DN800的负压氨水管道，腐蚀性大，漏点多，给生产和安全带来很大的隐患。

一、氨水工艺简介

　　来自焦炉约82℃的荒煤气与焦油和氨水沿吸煤气管道至气液分离器，将煤气和氨水初步分离，气液分离器为圆柱形，煤气和氨水混合液可从气液分离器中部进入，根据气轻水重原理，煤气经气液分离上部出来，进入横管初冷器和后序设备。而由气液分离器下部来的焦油和氨水首先经过焦油氨水管进入焦油渣预分离器，在此进行焦油渣的预处理。从预分离器底部出来的焦油渣经过稠物过滤器后进入焦油渣压榨泵，在焦油渣压榨泵的作用下使较大颗粒的焦油渣得以粉碎，然后又返回到焦油氨水预分离器内；从焦油渣预分离器上部出来的焦油、氨水自流至焦油氨水分离槽的分离段。

　　焦油氨水分离槽分为上、下两段，上段是分离段，下段是储槽段。焦油、氨水在分离段内沉降分离。从分离段上部引出的氨水自流至储槽段；当氨水量过大时，氨水可以通过溢流口自流到剩余氨水槽。从分离段中部引出的乳浊液一方面作为初冷器上段的循环喷洒液，另一方面可用于初冷器下段循环喷洒液的更换。从分离段锥部引出的焦油经焦油泵送至超级离心机，焦油在超级离心机的作用下分离出焦油、焦油渣和分离水。焦油进入焦油中间槽，然后定期抽送至油库的焦油贮槽；焦油渣进入焦油渣小车送往煤场配煤；而分离水则自流至地下放空槽。

　　从焦油氨水分离槽的储槽段底部引出循环氨水，由循环氨水泵送至焦炉的集气管和桥管循环喷洒冷却煤气。循环氨水泵的出口有五个分支，分别用于：焦炉、高压氨水泵入口、初冷器及电捕的热氨水喷洒、超级离心机的清洗、预冷塔循环喷洒液的换液。从储槽段的中上部引出剩余氨水，剩余氨水自流至剩余氨水中间槽。

　　剩余氨水中间槽的剩余氨水用剩余氨水中间泵送入过滤器，脱除大部分的焦油后自流到除焦油器进一步脱除剩余氨水中的焦油，然后进入剩余氨水槽，最后用剩余氨水泵送至硫酸铵工段进行蒸氨操作。脱除的焦油自流到地下放空槽，由液下泵送到焦油氨水分离槽。

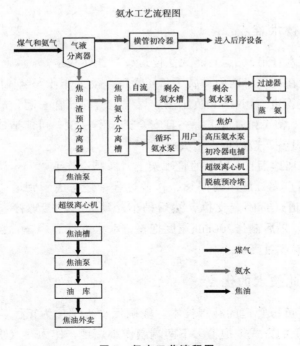

图1　氨水工艺流程图

二、负压氨水管状态

宁钢炼焦工艺氨水生产线于2009年11月份投入使用，氨水有强烈的刺激性气味，受热或见光易分解，极易挥发出氨气，浓氨水对呼吸道和皮肤有刺激作用，并能损伤中枢神经系统，具有弱碱性，氨水有一定的腐蚀作用，碳化氨水的腐蚀性更加严重。目前炼焦工艺使用的氨水管道材质为普通碳钢，它与大气中的氧气进行反应，在表面会形成氧化膜，普通碳钢上形成的氧化铁继续进行氧化，使锈蚀不断扩大，最终形成孔洞。在建设施工过程中，管道接口焊缝多，焊工技术又参差不齐，投产后由于管内氨水腐蚀性强。因此，多个焊缝处出现渗漏现象，随着运行时间的延长，漏点越来越大，若不及时处理，氨水管随时有拉断的可能，不仅影响炼焦工艺的生产和安全，也影响整个公司运行。

三、负压氨水管补焊技术

（一）补焊技术

采用管内通氮气、管外抱箍通蒸汽的作业方法。抱箍：成环型、200mm宽度、两侧开吹扫孔。

（二）补焊技术难点

（1）由于氨水管道24h运行，无法停运，只能在线检修。

（2）氨水管在鼓风机前面，属于负压管道，动火作业安全风险系数高。

（3）由于该管道与DN1600负压焦炉煤气主管连接在一起，故管内上部有易燃易爆混合气体（煤气和氨气），一旦安全措施不到位，可能造成连锁燃烧及爆炸，伤及人员和设备，造成重大损失。

（4）管道在离地面10m以上的管廊架上，属高空作业。

（5）管道漏点多，施工时间长，作业过程中还考虑了管道应力问题，首先对每个补焊点管道进行固定支撑，然后稍稍松动原管廊架螺栓，使管道不固定死，能弹性伸缩。最后制作200mm宽度抱箍，动火点远离焊缝，且两个焊工对角焊接，防止局部温度过高。

（三）采用此技术的优点

（1）开辟了负压管道的补焊技术。能确保动火部位为正压状态，管道外采用打抱箍（盒子）的方式，抱箍上下两端制作小短接，作为蒸汽吹扫进出口，施工前通入少量蒸汽，保证微正压。

（2）不影响生产，不需要停工检修。

（3）安全风险系数大大降低。采用打抱箍方式，避免直接对焊缝进行补焊，减少了焊穿或焊裂的风险；氨水管内通氮气，控制管内$O_2<0.5\%$。

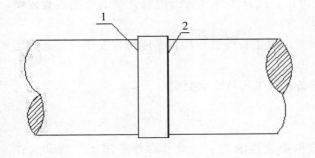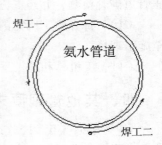

图2　焊接流程图

（四）施工注意事项

（1）焊接顺序：2个焊工同时施焊，焊缝1、2对角交错焊接，如图2所示。

（2）焊条采用3.2焊条，小电流进行施焊（防焊穿、焊裂）。焊接电流应在110—130A之间。

（3）焊接抱箍：接好蒸汽管，往抱箍内通蒸汽，焊接时先在管道圆周上平均固定4个点（点焊），尽量做到抱箍两侧焊接点与管道原焊缝距离平均。拆除预制的抱箍底部盲板，接临时放空管（主要考虑原焊缝如果裂开，氨水泄露量大，以便排水使用）；然后对角花焊（两个焊工同时施焊），每段焊缝50mm顺序焊接，直至管道一圈满焊结束（此操作主要防止长时间焊接一个点，导致原管道焊缝拉裂）。

（4）施工前需要在施工点搭设脚手架及应急疏散通道，防止意外事故发生时，人员能及时逃离现场。搭设脚手架高度最高面与管道上方齐平，脚手架上安装跳板，在脚手架两侧搭设安全应急通道，严格按照国家要求规范施工。

（5）用测厚仪提前检测管道的壁厚，然后在焊缝处涂抹耐高温修补剂再缠绕矿质防腐带。

（6）动火30分钟前开启，在保证生产稳定情况下开大氮气量，稀释管内混合气体。

（7）为确保安全，不对焊缝直接进行补焊，先对焊缝进行处理，用耐高温修补剂进行涂抹，再用100mm矿质防腐带进行缠绕紧固，最后用自制200mm环形碳钢抱箍固定在管道上，向抱箍内充蒸汽，带蒸汽补焊。

（8）针对作业中可能发生的事故，讨论并制定应急预案，组织参与人员学习。

（9）施工前做好各项安全确认，做好主煤气管道内氧含量的检测实验或负压管道满管检测，并经三方确认、签字。

（10）备齐施工所需的工机具，对工具等进行检查，应符合安全规定，并运至施工现场。

（11）工机具和施工手续准备，施工人员安全交底。

四、其他管理要求

（1）根据《宁钢公司危险作业管理细则》，此补焊作业属于一级动火作业，由区域作业长、安全工程师、厂长到场签字确认方能动火，主要确认氮气、蒸汽的开启情况、氧气的含量、工具器符合性以及作业人员精神状态等。

（2）由于漏点较多，施工时间跨度大，在高温季节，为了防止作业人员中暑，现场准备防暑降温药品，并错开高温时段，作业时间定为上午（5：30至10：30），下午（15：30至18：00）。

（3）专人监护：根据一级危险作业的监护要求，由点检方、检修方、操作方派人现场进行监护，主要关注作业环境的变化、关注作业人员精神状态的变化、作业过程中安全措施的落实、监督防护器材的完好及正确使用、指导应急的疏散、准备抢险、救援等。

（4）检修区域内设置安全警戒线，禁止无关人员进入作业区域，检修人员进入现场必须穿戴好劳防用品。

（5）施工作业点离地面约15m左右，属于高处作业，作业前搭设脚手架并设有上下逃生通道。从事高处作业的施工人员随身携带登高作业证，高处作业使用的安全带，各种部件不得任意拆除，有损坏的不得使用。安全带拴挂，要在垂直的上方无尖锐、锋利棱角的钩件上，不能低挂高用。不准用绳子代替。在6级以上强风或其他恶劣气候条件下，禁止登高作业，室外雷雨天气禁止登高作业。高处作业必须设有现场安全监护人，作业前，作业人员、安全监护人应先认真检查和清理好现场使其符合安全要求，通道要保持通畅，不得堆放与作业无关的物料，动火时清理下方易燃物。

五、总结

经过三个多月时间，完成了长约80米的负压区氨水管补焊工作，补焊共计44个抱箍。通过采用打抱箍的方法，降低了负压区域管道动火的安全风险，在不停产的前提下，用高温密封修补处理后，采用管内外通气保压的方法，顺利解决了重大安全隐患，为生产运行稳定提供了保障，同时也降低了负压区管道的补焊作业安全风险，为负压管道动火作业提供了借鉴。

参考文献：

[1] 中华人民共和国国家质量监督检验检疫总局，中国国家标准化管理委员会.气焊焊接工艺规程（GB/T 19867.2—2008）[S].中国标准出版社，2008.

[2] 中华人民共和国国家质量监督检验检疫总局，中国国家标准化管理委员会.焦化安全规程（GB 12710—2008）[S].中国标准出版社，2009.

对于危险气体报警器设定值的建议

周军仁

（宁波钢铁有限公司）

摘　要： 本文针对宁钢公司计量专业人员在现场工作中所遇到的"缺少权威部门发布的关于各种危险气体报警器的设定值"这一具体问题，查阅了相关文件，引用了相关数据，经分析、论证，给出了个人的建议；对于其他企业的计量专业人员从事相关的业务工作，具有一定的指导意义。

关键词： 危险气体　气体报警器　报警设定值

一、现状及问题的提出

在宁钢公司的一些作业场所中，不可避免地（或当出现意外泄漏时）存在着某些有毒有害气体和可燃气体，例如一氧化碳（煤气）、硫化氢、苯、氨气，以及氢气、氧气、某些VOC（挥发性有机化合物）等有毒、易燃气体，本文统称为危险气体。

为了防止危险气体对作业人员造成伤害，本公司遵从政府的法规要求或行业的技术规范，在现场配备了许多（种类和数量）的气体检测报警器，当危险气体超过预设的报警限值时，由报警器发出声、光报警信号，提示作业人员采取相应的防范措施。

这些报警器均交由计量专业或仪电专业（以下统称为计量专业）人员负责维护和管理。但是，计量专业人员在实际工作中遇到了一个问题，即对于各种报警器，究竟应当设置哪几个报警点？每个报警点的具体数据又是多少呢？此前并没有哪个权威部门明文发布过有关上述问题的全面的、明确的、具体的规定。

众所周知，计量专业虽然负责计量器具（仪器仪表）的维护、管理工作，但是，根据有关规定，所有计量器具的配置参数，却不是由计量人员说了算，而是要由生产工艺专业以设计蓝图或工艺规范，职能管理部门以管理制度或细则规定来确定的，计量专业无权也不得有权来确定这些参数，他们只是执行这些参数。

那么，问题来了：对于各种危险气体报警器，究竟应当设置哪几个报警点？每个报警点的具体数据又是多少呢？

二、对问题的进一步分析

此事之所以成为一个问题，是因为相关部门给出的答复往往是，请按政府的法规或行业的技术规范的规定办理。

事情就又回到了原点。

那么，政府的法规或行业的技术规范，对此到底有何规定呢？

笔者查阅了与此相关的一些文件，结论仍然是：计量专业想要的那些关于报警点设置的具体规定并不齐全，即使有，要么很模糊，要么与现场实际情况有所不符，不便执行。

这样说，似乎有些太绝对了，但事实的确如此。政府的法规只有原则性的规定而没有具体的数值，这是可以理解的，因为这是技术层面的事；技术层面上，与此有关的国家标准，最直接相关的就是《国家职业卫生标准 工作场所有毒气体检测报警装置设置规范》（GBZ/T 223—2009）。

解读此文可知：它规定了至少要设置两级报警，却又说可在"预报、警报、高报"三级中任选两级；它只规定了"预报"和"警报"的具体数值，却没有规定"高报"的具体数值，又允许企业自定。这样的规定，在给企业赋予自主权的同时，却给计量专业带来了困扰。

直接解读国标条文，较为抽象；我们不妨以现场配备数量最多、大家最为熟悉的一氧化碳（煤气）报警器为例，进一步说明这个问题。

笔者将与一氧化碳（煤气）报警器相关的文件进行了梳理，结果发现，政府或行业有关的管理文件，或其他的国标，所依据的关于配备、设定等原则，均是《国家职业卫生标准 工作场所有毒气体检测报警装置设置规范》（GBZ/T 223—2009），而该国标引用的数据则取自《国家职业卫生标准 工作场所有害因素职业接触限值 化学有害因素》（GBZ 2.1—2007）。在《国家标准 工业企业煤气安全规程》（GB 6222—2005）中也只有如下条文："4.10煤气危险区（如地下室、加压站、热风炉及各种煤气发生设施附近）的一氧化碳浓度应定期测定，在关键部位应设置一氧化碳监测装置。作业环境一氧化碳最高允许浓度为30mg/m³（24ppm）。"这个数值，其实就是作为取数依据的《国家职业卫生标准 工作场所有害因素职业接触限值 化学有害因素》（GBZ 2.1—2007）中一氧化碳的PC-STEL这个值，并没有哪个权威部门发布过关于一氧化碳（煤气）报警器的"高报"的设定值。

读者可能觉得，安全管理部门或煤气防护站对于煤气安全管理方面所出具的数据很多啊，但笔者在此需要说明的是，您见到的可能是表1中的数据，这是按照《国家标准 工业企业煤气安全规程》（GB 6222—2005）之10.2.2整理出来的，它并非是计量专业想要的关于"预报、警报、高报"三级报警点设定值的规定。

表1 环境中的一氧化碳在不同浓度时的可工作时间列表

一氧化碳含量C	连续工作时间	备注
C≤30mg/m³ （C≤24ppm）	可较长时间工作	该点即为国标规定的"警报"设定点
30<C≤50mg/m³ （24ppm<C≤40ppm）	不应超过1h	"高报"设定点应取那个值？ ——由企业自定
50<C≤100mg/m³ （40ppm<C≤80ppm）	不应超过0.5h	
100<C≤200mg/m³ （80ppm<C≤160ppm）	不应超过15—20min	

前文已经述及，《国家职业卫生标准 工作场所有害因素职业接触限值 化学有害因素》（GBZ2.1-2007）中一氧化碳的PC-STEL值是30mg/m³（24ppm），计量专业可以据此设定"警报"这一个点，也能据此算出"预报"点的数值，但另一个报警点是设置为"预报、高报"中的哪一个或两个都设呢？若是需要设为"高报"，则其具体数值是多少呢？由谁来决定这些事宜呢？

这才是真正困扰计量专业的问题。

三、为了下文叙述方便而先叙述的计量单位及其换算关系

在政府、行业的有关管理文件或国标中所采用的计量单位，目前一般采用的是"体积—质量单位"（mg/m³），而现场配备的报警器上所用的却往往是体积浓度单位或摩尔浓度单位，例如μmol/mol、mL/m³、$\times 10^{-6}$或ppm（ppm是非法定计量单位，应废止），这两者是完全不同的概念。

先说体积浓度或摩尔浓度单位，它是以微量物质的体积或摩尔与物质总量的体积或摩尔相比的值来表示的，它有多个计量单位，其换算关系为：

$$1\mu mol/mol = 1mL/m^3 = 1\times 10^{-6}mol/mol = 1\times 10^{-6}m3/m^3 = 1ppm$$

【注1】：以上换算关系的理论依据，是在标准状况下（0℃，101.3kPa），1摩尔任何理想气体所占的体积都为22.4141升。

【注2】："ppm"是非法定计量单位，应予废止。原来以"ppm"为计量单位的报警器，其读数可以直接标以μmol/mol、mL/m³、$\times 10^{-6}$mol/mol、$\times 10^{-6}$m³/m³或$\times 10^{-6}$这5个单位中的任一单位。

质量—体积浓度，是以每立方米大气中的微量物质的质量数来表示的，单位是mg/m³。

质量—体积浓度，与体积浓度或摩尔浓度两者之间的换算关系（速算公式）是：

X=M·C/22.4，或C=22.4X/M

式中，X——以mg/m³表示的浓度值，C——以μmol/mol表示的浓度值，M——微量物质的分子量。

例1：30mg/m³的一氧化碳＝22.4×30/28.01＝23.99≈24μmol/mol（一氧化碳的分子量=28.01）

例2：24μmol/mol的一氧化碳＝28.01×24/22.4＝30.01≈30mg/m³（一氧化碳的分子量=28.01）

四、各种报警器相关数据的收集

现将宁钢公司在用的各种气体报警器的相关数据收集在表2、表3中。

为了便于列表，将报警器按其检测对象，分为"有毒气体"和"可燃气体"两类；既是有毒气体又是可燃气体的，按国标的规定列入"有毒气体"一类；氧气虽不属于"可燃气体"，但本文为了便于比较，暂将其放在"可燃气体"一表中一并列出。

《作业场所环境气体检测报警仪通用技术要求》（GB 12358—2006）对于报警器准确度的要求是：有毒气体、可燃气体均为±10%（显示值）以内，或±5%（满量程）以内，两者中取大者；对于氧气报警器要求在±0.7%（体积比）以内，对于氧气检漏报警器则要求在±5%（体积比）以内。但是，《国家计量检定规程》是针对某一种特定的仪器的，其对准确度的要求，与GB 12358—2006的要求不一样。

（一）有毒气体的数据收集

以mg/m³为单位的PC-STEL、MAC和警报值取自《工作场所有毒气体检测报警装置设置规范》（GBZ/T 223—2009），以mg/m³为单位的PC-TWA、IDLH取自《石油化工企业可燃气体和有毒气体检测报警设计规范》（GB 50493—2009），其他数据则取自相关标准或由笔者收集、换算而来，见表2与表4。

表4"警报值"一列，计量专业可以按照GBZ/T 223—2009的规定来确定，但最右侧的一列的"另一报警值预报或高报值？"是空白的，为笔者建议，见下文所述。

表2

序	物质名称	计量单位换算	国家计量检定规程名号及要求		
			规程名号	最大量程	允许误差
1	硫化氢 (H_2S)	$1mg/m^3 = 0.657$ $\mu mol/mol$	《硫化氢气体检测仪》 (JJG 695—2003)	$(0—150)mg/m^3$, 或 $(0—100)\mu mol/mol$	量程$\leq 100\mu mol/mol$时 $\pm 5\mu mol/mol$, 量程>100时$\pm 5\%FS$
2	一氧化碳 (CO)	$1mg/m^3 = 0.800$ $\mu mol/mol$	《一氧化碳检测报警器》(JJG 915—2008)	$(0—2500)mg/m^3$, 或 $(0—2000)\mu mol/mol$	$\pm 5\mu mol/mol$, 或 $\pm 10\%$
3	二氧化硫 (SO_2)	$1mg/m^3 = 0.350$ $\mu mol/mol$	《二氧化硫气体检测器》(JJG 551—2003)	SO_2气体报警器: $(0—1430)mg/m^3$, 或 $(0—500)\mu mol/mol$; SO_2气体检测仪: $(0—100)\%(SO_2)$	均为$\pm 5\%FS$
4	苯 (C_6H_6)	$1mg/m^3 = 0.287$ $\mu mol/mol$	无	$(0—1750)mg/m^3$, 或 $(0—500)\mu mol/mol$	量程X$\leq 10\mu mol/mol$时 $\pm 0.5\mu mol/mol$, $10<X\leq 50$时$\pm 5\%FS$, >50时$\pm 10\%FS$
5	氨 (NH_3)	$1mg/m^3 = 1.315$ $\mu mol/mol$	《氨气检测仪》 (JJG 1105—2015)	$(0—760)mg/m^3$, 或 $(0—1000)\mu mol/mol$	$\pm 10\%FS$

（二）可燃气体的数据收集

表3中，可燃气体的爆炸下限（V%）取自《石油化工企业可燃气体和有毒气体检测报警设计规范》（GB 50493—2009），其他数据由笔者摘录于相关资料。

由表3可见，计量专业可以根据GB 50493—2009的下述规定来确定第一、第二这两个报警点。

5.3.3 报警设定值应根据下列规定确定：

（1）可燃气体的一级报警设定值小于或等于25%爆炸下限。

（2）可燃气体的二级报警设定值小于或等于50%爆炸下限。

氧气报警器的主要作用，在于监视作业环境中的氧气含量是否严重偏离了正常值（20.9%），因此计量专业可根据以往在现场的使用经验，确定其报警设定值如表3。在此需提请注意：现实中，若某一环境中的氧气含量要么是只有超过正常值的可能，要么是只有低于正常值的可能，那就不必如表3所示设置，而是在19.5%以下或23%以上再设置另一个报警点。

表3　可燃气体报警器的相关技术参数及报警设定值

序	气体种类	爆炸下限（V%）	第一报警点	第二报警点	国家计量检定规程名号及要求		
					规程名号	最大量程	允许误差
1	可燃气体	代表性气体：异丁烷1.8　丙烷2.2	25%LEL	50%LEL	《可燃气体检测报警器》（JJG 693—2011）规定，校准时一般以"异丁烷或丙烷"作为标准气体，附录C为常见可燃性气体爆炸限	（0—100）%LEL	±5%FS
2	VOC（挥发性有机化合物）	代表性气体：异丁烯1.8	25%LEL	50%LEL	《挥发性有机化合物光离子化检测仪》（JJF 1172—2007）规定，校准时一般以"空气中异丁烯"作为标准气体，特定气体需有专门针对的标准气，它可能既有毒性，又有可燃性	作为有毒气体检测时（0—2000）μmol/mol，作为可燃气体检测时（0—100）%LEL	±10%FS
3	氢气	4.0	25%LEL（1%H₂）	50%LEL（2%H₂）	原《催化燃烧型氢气检测仪》（JJG 940—1998），已被JJG 693—2011代替	（0—100）%LEL，对应（0—4）%（H₂）	±5%FS
4	氧气	无	低报：19.5%O₂	高报：23%O₂	《电化学氧测定仪》（JJG 365—2008）（宁波计量院采用的是此项规程）	（0—30）%（O₂）	量程≤25%O₂时±2%FS，量程>25%O₂时±3%FS

五、解决问题的思路和建议

　　针对企业的计量专业想要的各种报警器各应设置"预报、警报、高报"这三级中的哪二级或三级都要以及各个报警点的设定值各是多少的问题，以下仍分为有毒气体、可燃气体两部分，分别介绍。

（一）关于有毒气体的另一个报警设置点的建议

　　表2中，计量专业已能根据国标，确定"警报"这一个点，也可据此算出"预报"点的数值，取其1/2即可，但这样设置能否满足现场的需要呢？

　　例如：一氧化碳报警器，国标规定其在$C \leqslant 30mg/m^3$（24ppm）即应发出"警报"级的报警，而我们已知其浓度有警报点以下时作业人员"可较长时间工作"（即使在$100 < C \leqslant 200mg/m^3$仍可工作15min），意味着在$C \leqslant 30mg/m^3$（24ppm）

并没有报警的必要；若取其1/2，在C≤15mg/m^3（12ppm）即发出"预报"级的报警，则可能出现因报警器长时间报警而作业人员麻痹后不再注意已有报警的情况，反面不利于报警作用的发挥；其他种类的报警器，大多也都存在同样的情况。

由此，笔者建议：企业的计量部门可与安全管理部门联名出具一个关于各种报警器均设置"警报、高报"这二级的规定；至于各报警点的设定值，笔者建议如表4右侧一列，取值为"警报"值的2倍。

之所以取"高报"而不取"预报"，且设置其值为"警报"值的2倍，是笔者考虑了宁钢的具体应用情况，并参考了钢铁企业既往的使用情况而拟定的，也为了防范如前述的若报警值设置过低反而容易导致作业者麻痹的问题；当达到"高报值"时，报警器将发出更加急促的报警声，提示该场所的有毒气体已有大量释放，已达危险程度，需要采取立即撤离或启动应急预案等措施。

当然，有关的这一切，都需要与相关的安全管理规定相结合，通过发布管理制度、对员工进行培训、强化监督检查等措施，广而告之，使其真正得以贯彻执行。

表4 笔者建议的有毒气体报警器的高报值

序	物质名称	时间加权平均容许浓度（PC—TWA）		短时间接触容许浓度（PC—STEL）		最高容许浓度（MAC）		直接致害浓度（IDLH）		警报值（GBZ/T 223—2009）		另一报警值（笔者的建议）	
		mg/m^3	μmol/mol	mg/m^3	μmol/mol	mg/m^3	μmol/mol	mg/m^3	μmol/mol	mg/m^3	μmol/mol	mg/m^3	μmol/mol
1	硫化氢（H$_2$S）	–	–	–	–	10	6.57	430	282.7	10	6.57	20	13.14
2	一氧化碳（CO）	20	16	30	24			1700	1360	30	24	60	48
3	二氧化硫（SO$_2$）	5	1.75	10	3.5			286	100	10	3.5	20	7
4	苯（C$_6$H$_6$）	6	1.72	10	2.87			9800	2810	10	2.87	20	5.74
5	氨（NH$_3$）	20	26.3	30	39.5			360	473.5	30	39.5	60	79

（二）关于可燃气体的报警设置点的确定

对于可燃气体报警器，企业的计量专业可以依据《石油化工企业可燃气体和有毒气体检测报警设计规范》（GB 50493—2009）的相关规定来设置表3中的"第一报警点、第二报警点"，这是完全确定、毋庸置疑的，但此处需要加以说明的是：

（1）有些"三合一报警器"或"四合一报警器"，若是将"氧气、可燃气体、二氧化硫"等的检测作为基本功能，再与"一氧化碳、硫化氢"这些有毒有害气体之一或二组合在一起时，由于一氧化碳、硫化氢既是有毒气体又是可燃气体，其爆炸极限（体积比，一氧化碳为12.5%，硫化氢为4.3%）已远超其直接致害浓度值，按照GB 50493—2009的有关规定，其检测功能和报警点均应按有毒气体来对待，而不应按照可燃气体来对待。

（2）名为"可燃气体"和"VOC（挥发性有机化合物）"的报警器，在送交政府计量技术机构检定时，政府计量技术机构往往是以《中华人民共和国国家计量检定规程》所指定的气体作为标准样气的。如果该标准样气与现场的实际情况相差较大时，需要在检定前向政府计量检定机构加以说明。作为一个特例，VOC（挥发性有机化合物）是既有毒性又有可燃性的，因此对它既可以按照"可燃气体"来校准（计量单位为%LEL，以该标准样气的爆炸下限作为100%LEL），也可以按照"有毒气体"来校准（计量单位为μmol/mol），但这两者的差异非常大，必须在送检、设置报警点时予以明确。

六、结语

综上所述，笔者认为危险气体报警器的设定点及其设定值，事关人身安全，应当慎重对待、严格执行。企业的计量管理专业和安全管理部门应密切合作，更好地做好此项工作。

管道内检测器皮碗过盈量对其力学行为的影响研究

姚子麟[1]　涂　庆[2]　季寿宏[3]

（1.浙江省能源集团有限公司　2.西南石油大学机电工程学院

3.浙江浙能天然气运行有限公司）

摘　要： 管道内检测器皮碗是管道内检测器的重要组成部分，其力学行为对管道内检测器的运行有着重要的影响。为了探究管道内检测器皮碗过盈量对皮碗力学行为的影响，本文以DN800的管道皮碗为研究对象，分析了聚氨酯材料的力学特性，建立了用于分析管道内检测器皮碗过盈量的二维轴对称有限元模型。通过计算分析，得到了皮碗过盈量在0%—10%的过程中，唇缘应力、唇缘接触长度、夹持端角度、唇缘角度、折点内外侧应力的变化趋势。同时通过拟合，得到了过盈量与上述参数之间的关系。

关键词： 管道内检测器　皮碗过盈量　力学行为　有限元分析

一、引言

石油与天然气需求的快速增长，促进了管道输气业的快速发展。管道输气具有安全性好、运输周期短、运输能耗小、人力成本低等优点，但随着管道使用年限的增加，管道常常会出现污物沉积、管道腐蚀、变形等问题，这些问题将对管道的正常工作有严重影响。因此，需要定期清除管道内的杂物、检测管道腐蚀以确保管道运行安全高效。

管道内检测器是最常用的管道检测设备，它包括动力单元和检测单元。动力单元通常由两组皮碗和本体组成，检测单元通常包括测径、漏磁等管道测量设备。在管道中，管道内检测器皮碗与管道内壁密封，从而在管道内检测器前后形成压差推动其向前运动。由于皮碗具有一定的弹性，皮碗和管道的相互作用与皮碗的过盈量有着极大的关系，将影响管道内检测器的运动特性。

国内外的学者对于管道内检测器的研究工作主要集中在内检测器速度控制、

地面定位、检测技术、皮碗性能、动力学模型等方面。就皮碗性能而言，戴斌等人分析了影响内检测器皮碗的特性、磨损因素，通过研究提出了不同管道内皮碗过盈量的建议。綦耀光等人建立了皮碗式无源管道机器人受力模型，并分析了压紧力与皮碗厚度等的关系曲线。张仕民等人对直板皮碗刚度、厚度、材料特性、振动特性等进行了理论和实验研究。陈浩等人利用有限元的方法对四种不同形式皮碗的接触应力进行了分析。目前对皮碗特性的研究主要集中在分析不同形式下管道皮碗的应力应变特性，对于DN800管道内检测设备而言，没有专门的文献进行相应的研究。为此，本文以DN800的管道内检测器皮碗为研究对象，通过对皮碗材料学特性分析、管道与皮碗接触的有限元模型的建立与分析研究不同过盈量下的皮碗力学行为，从而为管道内检测器的皮碗选型和动力学建模提供理论依据。

二、皮碗模型建立与仿真

（一）受力分析

管道内检测器的皮碗有一定的过盈量，因此密封皮碗会发生一定的变形。管道内检测器在管道内运动（如图1所示），其受到前后推力和摩擦阻力的影响，可以表达为：

$$m\frac{dV}{dt} = PS - F_f \qquad (1)$$

其中：

m——管道机器人的质量；

V——管道机器人的速度；

P——管道内检测器前后的压力差；

S——管道内截面积；

F_f——管道内检测器的摩擦力。

其中管道内检测器的皮碗变形会增大管道内检测器的前后压差和摩擦力，从而影响管道内检测器的运动情况。

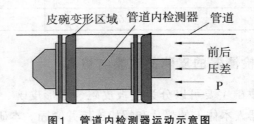

图1　管道内检测器运动示意图

（二）皮碗材料的本构模型

橡胶是不可压缩的各向同性的超弹性材料，通常使用应变能密度方程来描述他的本构模型。管道内检测器皮碗采用具有超弹性的聚氨酯材料，在施加的载荷卸载后可以自动恢复，因此也可以采用Mooney-Rivlin模型和Yeoh模型来描述。

对于应变能密度方程，各向同性超弹性材料可以表示成Cauchy-Green变形张量C的三个不变量的函数，即：

$$W = W(Ic, IIc, IIIc) \tag{2}$$

Rivlin将应变能密度函数表示成Ic和IIc的级数展开式：

$$W = \sum_{i,j=0}^{\infty} C_{ij}(I_C - 3)^i (II_C - 3)^j, C_{00} = 0 \tag{3}$$

式中，C_{ij}是力学性能常数。

尽管高阶的多项式模型可以精确地模拟超弹性材料的应力-应变关系，但需要确定多个常数，这些常数的确定往往比较困难。特别是在实验数据有限的情况下，很难得到有效的高阶常数。

当保留式（3）中的前两项，得到不可压缩橡胶材料的Mooney-Rivlin模型的表达式为：

$$W_{MR} = C_{10}(I_C - 3) + C_{01}(II_C - 3) \tag{4}$$

式中，C_{10}和C_{01}为力学性能常数。

当舍弃IIc项并只保留小于等于三阶的项，得到Yeoh模型的表达式为：

$$W_{Yeoh} = C_{10}(I_C - 3) + C_{20}(I_C - 3)^2 + C_{30}(I_C - 3)^3 \tag{5}$$

通过实验测试得到聚氨酯的本构特性，用Yeoh模型拟合可以得到较为精确的曲线，得到的拟合参数如表1所示。

表1 聚氨酯皮碗材料参数

C_{10}	C_{20}	C_{30}
2.15550733	−1.14361456	0.61642827

（三）管道内检测器的皮碗的建模与仿真

管道内检测器皮碗主要可以分为直板皮碗、圆形皮碗、锥形皮碗和蝶形皮碗。皮碗由管道机器人本体上的垫片和螺栓连接并紧固。本研究主要针对DN800

管道内检测器皮碗进行研究。

建立的管道内检测器皮碗仿真计算模型如图2所示，其主要包括夹持部分、皮碗部分和管道部分。管道公称直径为800mm，管道壁厚7mm。管道内检测器皮碗的唇缘角度为20°，皮碗厚度为30mm，皮碗内径为246mm，夹持位置距管道内检测器中心306mm。由于管道内检测器皮碗的刚度比管道和夹持部分小很多，因此可以将管道和夹持部分视为刚体。在ABAQUS中建立二维轴对称模型，管道入口增加了一个倒角方便皮碗进入管道。皮碗和夹持部分的单元形状均为四边形，皮碗网格为CAX4RH单元，其余部分划分为CAX4R单元。管道采用解析刚体。按照实际运动情况施加边界条件和载荷。

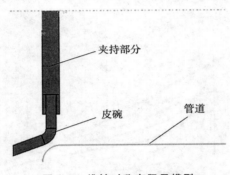

图2　二维轴对称有限元模型

（四）皮碗计算的仿真计算

研究皮碗的力学行为，选择皮碗的过盈量为0%—10%，提取管道内壁与皮碗的接触长度l，唇缘接触应力σ_C，唇缘偏角θ，夹持段偏角δ，折点外侧A的应力σ_A，折点内侧B的应力为σ_B，如图3所示。

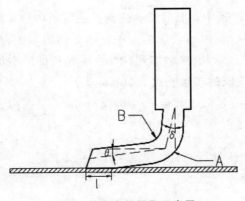

图3　仿真参数提取示意图

三、皮碗力学特性仿真研究

（一）唇缘应力

唇缘与管道的接触应力大小展现了皮碗的密封性能，同时皮碗的磨损、动力学特性也和皮碗的接触应力有很大的关系。图4为皮碗唇缘应力分析结果。图中，随着皮碗过盈量的增大，皮碗唇缘的最大应力也逐渐增大。当皮碗过盈量较小时，皮碗唇缘的尖端与管道内壁接触形成应力集中，越靠近尖端，应力减小的速率越快。随着过盈量增加，最大应力逐渐增大并向夹持端移动。当超过8%过盈以后，皮碗唇缘应力基本呈线性分布，从尖端向夹持端线性减小，但唇缘根部的应力基本保持不变。

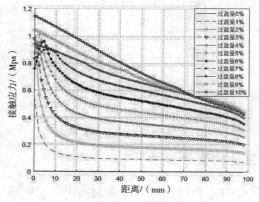

图4　唇缘应力与过盈量的关系

（二）唇缘接触长度

在皮碗进入管道过程中，其唇缘会逐渐接触管道内壁。唇缘的接触长度将会影响皮碗的密封性能，同时也会影响皮碗整体受到的摩擦力和皮碗形态。从图5可以看出，当随着过盈量从0%增加到10%，接触长度的增加率不断增加。当过盈量在7%以下时，皮碗的接触长度在10mm以下，超过7%时皮碗接触长度迅速增加，当达到10%过盈量时，接触长度达到71mm。根据拟合可以得到过盈量与接触长度的表达式为：

$$l = 0.2x^3 - 1.717x^2 + 4.372x - 1.025 \qquad (6)$$

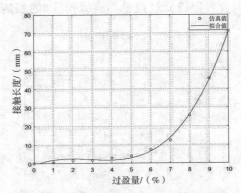

图5 唇缘接触长度与过盈量的关系

（三）夹持端角度δ

皮碗夹持端的角度δ受到皮碗周向载荷和切向载荷的共同影响。如图6所示，当随着皮碗过盈量的增加，夹持端角度δ逐渐增大且增大速率也逐渐加快。当皮碗过盈量为10%时，皮碗夹持端角度δ达到8.4°。根据拟合可以得到过盈量与夹持端角度δ的表达式为：

$$\delta = 0.002131x^4 - 0.03427x^3 + 0.2252x^2 - 0.1391x + 0.26 \tag{7}$$

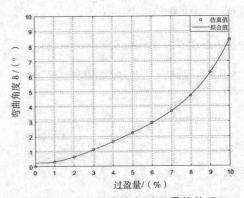

图6 夹持端角度与过盈量的关系

（四）唇缘角度θ

唇缘的弯曲角度θ反映了皮碗接触部分的弯曲变形。如图7所示，随着皮碗过盈量的增加，弯曲角度呈线性减小。当过盈量达到一定程度，弯曲角度减小幅度将会急剧减小。根据拟合可以得到过盈量与唇缘角度 θ 的表达式为：

$$\theta = -2.04x + 19.07 \tag{8}$$

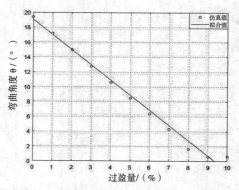

图7　唇缘角度与过盈量的关系

（五）折点内外侧应力

如图8、图9所示，皮碗折点内外侧的应力随着过盈量的增加逐渐增大，皮碗外侧的应力增长速度比皮碗折点内侧的增长速度快。皮碗折点外侧折点A的应力由0增长到0.57MPa，内侧折点B的应力由0增长到0.37MPa。拟合得到过盈量与折点内外侧的应力关系分别为式（9）和式（10）。

$$\sigma_A = -0.003891x^2 + 0.09552x + 0.005411 \tag{9}$$

$$\sigma_B = -0.002725x^2 + 0.06463x + 0.000277 \tag{10}$$

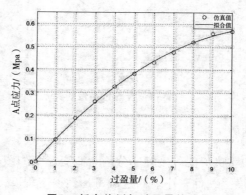

图8　折点外侧与过盈量的关系

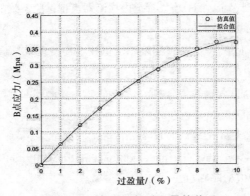

图9 折点内侧与过盈量的关系

四、结论

通过对管道内检测器皮碗的建模与分析，得到了DN800管道内检测器皮碗过盈量与皮碗唇缘应力、唇缘接触长度、夹持端角度、唇缘角度、折点内外侧应力的关系。

（1）皮碗唇缘应力在过盈量较小时先快速下降后逐渐小幅下降，当过盈量较大时，唇缘应力呈线性下降。

（2）皮碗唇缘接触长度随着过盈量的增大先增长缓慢后快速增长且符合三次多项式的变化规律。

（3）夹持端角度随着过盈量的增加呈四次多项式增加，唇缘角度随着过盈量的增加线性减小。

（4）折点内外侧应力与过盈量符合二次多项式的关系且随着过盈量增加应力增长速率不断降低。

在进行管道内检测器设计与皮碗选择的过程中，需要综合考虑上述因素的影响，确定最合适的皮碗形状和尺寸，以确保管道内检测器安全有效运行。

参考文献：

[1]申彤.天然气长输管道的安全隐患及对策分析[J].化工管理，2016（14）：287.

[2]朱霄霄，张仕民，李晓龙，等.可调速清管器速度控制装置设计与研究进展[J].油气储运，2014，33（9）：922—927.

[3]杨理践，赵洋，高松巍.输气管道内检测器压力——速度模型及速度调整策略[J].仪器仪表学报，2012（11）：2407—2413.

［4］张立军，綦耀光，刘保余，等.输气管道内检测器模型试验系统的设计［J］.管道技术与设备，2010（2）：28—30.

［5］邱红辉，王海明，孙巍，等.清管器跟踪定位技术发展现状与趋势［J］.油气储运，2015（10）：1033—1037.

［6］单少卿，陈世利，靳世久，等.高清晰度三轴管道内检测器漏磁数据采集系统［J］.传感器与微系统，2012（5）：118—121.

［7］Zhang H，Zhang S，Liu S，et al. Measurement and analysis of friction and dynamic characteristics of PIG's sealing disc passing through girth weld in oil and gas pipeline［J］. MEASUREMENT，2015，64：112—122.

［8］Mirshamsi M，Rafeeyan M. Dynamic analysis and simulation of long pig in gas pipeline［J］. JOURNAL OF NATURAL GAS SCIENCE AND ENGINEERING，2015，23：294—303.

［9］Mirshamsi M，Rafeeyan M. Dynamic Analysis of Pig through Two and Three Dimensional Gas Pipeline［J］. JOURNAL OF APPLIED FLUID MECHANICS，2015，8（1）：43—54.

［10］戴斌，陶志钧.皮碗式清管器的磨损和长度特性研究［J］.上海煤气，2008（2）：6—9.

［11］李娜，綦耀光，刘保余，等.无源管道机器人推进系统的摩擦阻力计算［J］.现代制造技术与装备，2010（1）：30—32.

［12］陈浩，刘小明.清管器皮碗在不同过盈量下的接触应力分析［J］.管道技术与设备，2015（6）：43—46.

［13］李雪冰，危银涛.一种改进的Yeoh超弹性材料本构模型［J］.工程力学，2016（12）：38—43.

新型可升降式可燃气体检测报警器改造实践

胡瑞颖　杨照林

（浙江浙能天然气运行有限公司）

摘　要： 本文分析了传统天然气输气站室内固定式可燃气体检测报警器（以下简称"报警器"）安装方式带来的拆检烦琐、耗时耗功等弊端，提出一种新型可升降式报警器解决方案，通过可升降式报警器安装方式改造，解决了原先固定式报警器存在的弊端，且有效规避了高空作业的风险，降低了拆装费用。该项改造的成效已在实践中得到验证，并应用于我公司天然气站场报警器安装现场。

关键词： 可燃气体检测报警器　天然气　可升降

一、引言

在生产或使用可燃气体工艺装置和储运设施的区域内，对可能发生可燃气体泄漏进行检测时，应按规定设置报警器。在天然气发生泄漏时，探测器将首先检测到并将信号传输到SCADA系统（自动监控系统），SCADA系统发出报警，提醒值班人员第一时间发现泄漏并采取应急措施，避免泄漏引起后续事故。天然气输气站一般会在室外工艺区、天然气发电机房和阀室工艺间等具有泄漏可能性的区域安装报警器。

规范对于报警器的安装位置也做出规定：比空气轻的可燃气体或有毒气体释放源处于封闭或局部通风不良的半敞开房内，除应在释放源上方设置报警器外，还应在厂房内最高点气体易于积聚处设置可燃气体或有毒气体报警器。释放源处于露天的设备区域内，检测比重小于空气的可燃气体或有毒气体的报警器，其安装高度应高出释放源0.5—2米。

《中华人民共和国计量法》规定，报警器作为安全防护类计量器具，实行强制检定。依据《可燃气体检测报警器》JJG 693—2011规定：报警器的检定周期一般不超过1年。我公司每年需定期对报警器拆装后送检。

一般安装在天然气发电机房、阀室工艺间顶部的报警器距离地面约4—5米之间，安装在室外工艺区内报警器距离地面约1.5—2米之间。根据《高处作业分级》GB/T 3068—2008规定：凡在坠落高度基准面2米以上（含2米）有可能坠落的高处进行的作业，均称为高处作业。

二、现状分析

我公司目前需定期对100多台安装在室内约5米高度的报警器拆卸送检，预计在未来三年内随着公司运营站场、阀室数量增加，安装在高处的报警器数量会达到约300台，大量的高处作业成倍地增加了人员坠落的风险，与公司安全管理理念不符，按照"安全第一、预防为主、综合治理"的方针，从以人为本的角度出发，如何有效规避坠落风险是本课题研究的目标，为此特意提出"新型可升降式可燃气体检测报警器改造实践"课题，拟通过改变安装方式和作业方法，来彻底排除坠落风险，从而实现安全目标。

图1所示为目前行业内典型的安装图，报警器主要通过固定支架安装在顶部位置：

图1　报警器的安装位置

传统室内报警器的拆装作业流程、风险因素、耗时分析：

表1　报警器拆装工序

步骤	作业内容	风险因素	耗时（分钟）
第一步	对报警器进行断电操作	触电	5
第二步	由3名检修工搭建脚手架	坠落	25
第三步	对报警器进行拆线操作	坠落、物体打击	15

步骤	作业内容	风险因素	耗时（分钟）
第四步	对报警器进行更换操作	坠落、物体打击	20
第五步	对报警器进行接线操作	坠落、物体打击	15
第六步	对报警器进行上电操作，检查其是否性能完好	触电	5
第七步	拆卸脚手架，打扫现场	坠落、物体打击	35
合计			120

通过对传统室内报警器安装方式及作业过程从人、机、料、法、环五个方面分析、研究，得出结论如下：

人的因素：为满足作业要求，从事本作业人员需同时满足熟练掌握脚手架搭建、高处作业和报警器更换三项技能，作业过程至少需要2人作业，1人监护，合计3人工作，同时在攀爬和高处作业时人员存在较大坠落风险。

机的因素：脚手架在转运、搭建过程中存在物体打击风险，可能引起天然气发电机损坏和人员伤亡等事件，尤其在阀室搭建脚手架时可能会引起主管网截断阀引压管破损，误碰压力传感器等事件，从而导致主管网截断阀误动后中断供气。

料的因素：为满足作业要求，必须使用2层脚手架，单层脚手架高度1.8米，常规抢修车后备厢无法放置，需要使用卡车搬运，极大限制了公司卡车的使用。

法的因素：在报警器的作业过程中，需要先将报警器面盖螺栓拆卸，松开内部接线端子螺栓，拆除线缆后更换报警器，再对新换上的报警器进行接线并紧固接线端子螺栓，紧固面盖螺栓。因整个过程在高处进行，极大地限制了人员的活动性，同时本拆卸方法需要打开面盖，会破坏设备的密封性，可能会引起设备密封不严，降低设备可靠性；即便在平地上操作，整个更换过程也较为复杂，无法再显著提高作业速度。

环的因素：室内报警器均安装在设备正上方，在操作过程中若扳手、螺丝刀等工具掉落会导致设备损坏，严重情况下还会导致设备误动。

根据上述分析，本方案需解决以下两个主要矛盾：解决设备更换与高处作业时潜在坠落风险导致检修人员伤亡的矛盾；解决设备更换与作业时间长、使用工具复杂导致检修成本较高的矛盾。

三、方案设计及应用

对上述主要矛盾进行分析，提出一种升降式报警器快速拆装方案，其方案主要应用原理为：（1）利用自锁式绞盘通过滑轮、钢丝绳、防爆挠性管等部件组成一个升降系统，解决高处作业引发的问题；（2）利用防爆插接头解决作业时间长、工具复杂的问题。

方案详细说明：手摇绞盘固定于墙壁合适位置，定滑轮分别固定于转角处和报警器正上方处，绞盘钢丝绳通过两个定滑轮将报警器固定在高处，其供电一端由防爆挠性管及防爆快速插接头构成。报警器拆装作业时，可利用自锁式绞盘改变钢丝绳行程，以墙边挠性管固定点为圆心，以镀锌管为半径，将报警器降至地面高度进行拆装作业。改造原理示意图如下：

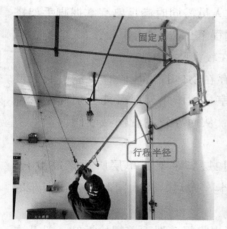 

图2 改造原理示意图　　　　图3 改造后报警器的连接方式图

系统连接方式为：自锁式绞车→滑轮→报警器→防爆快速插接头→镀锌管→防爆挠性管（如图3所示）。

主要部件功能及使用方法介绍：

（1）自锁式绞车：利用手摇绞车方式改变钢丝绳行程，从而达到对报警器升降的目的，将报警器升至最高点时，可通过自锁功能固定位置。

（2）防爆挠性管：用以满足电缆对转弯半径的要求，在报警器下降时不会对电缆造成损伤。

（3）防爆快速插接头：将电源线、信号线接入左端插销处，将报警器的线缆接入右端插销处，再将防爆插接头两端插好，本装置具有极强的防水功能，同时符合现场防爆要求，其内部连接方式如图4所示。

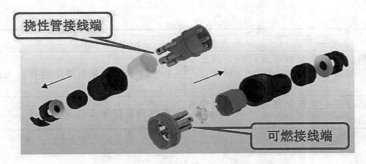

图4 防爆快速插接头内部组成图

四、应用及效果对比

2017年9月，对某天然气站场发电机房报警器安装方式根据本方案内容实施整改，通过实践验证了本方案的优越性，改造前后现场示意图如下。

图5 报警器安装方式改造前后对比图

1.安全风险分析

表2 改造前后安全风险对比图

改造前风险	改造后风险
脚手架在搬运、搭建过程中存在物体打击风险会导致人员伤亡、设备损坏	不存在脚手架使用，无此风险
人员在攀爬脚手架、脚手架上作业时存在坠落风险会导致人员伤亡、设备损坏	不存在人员攀爬脚手架和在脚手架上作业的过程，无此风险

改造前风险	改造后风险
在报警器更换过程中会导致面盖跌落、扳手等工器具摔落等物体打击风险会导致人员伤亡、设备损坏	不存在报警器面盖打开的过程，无此风险
在报警器更换过程中存在面盖打开会导致设备可靠性下降的风险	不存在报警器面盖打开的过程，无此风险

2.作业效率分析

表3　改造前后作业效率对比图

改造前效率分析	改造后效率分析
脚手架需要转运	无须脚手架转运
单台设备作业时间120分钟	单台设备作业时间15分钟
单台设备作业3人	单台设备作业1人
在报警器更换过程中存在面盖打开会导致设备可靠性下降的风险	不存在报警器面盖打开的过程，无此风险

3.经济性分析

表4　改造前后经济性对比图

改造前经济性分析	改造后经济性分析
（1）拆装单台设备需具备脚手架搭建、高处作业、报警器更换技能的3名检修人员，人工成本500元/人，合计1500元。每日可完成两台拆装，完成300台作业合计人工成本225000元（2）车辆使用费、油费、驾驶员综合费用约120000元	需具备报警器更换技能的1名运行人员，因作业技能要求大大降低，作业过程极大简化，单台作业时间15分钟，可由当地运行人员自行操作，无须外地检修人员实施，人工成本大大降低，不需要额外车辆使用成本

五、改造成本分析

单个设备改造仅需要一些通用材料，合计成本500元，现场实施改造方便快捷。

六、结语

本文通过分析传统固定式报警器安装方式的各类弊端，针对性提出一种升降式报警器快速拆装方案，并通过现场实际应用证实其具有较高的安全性与经济性，规避了因高处作业引起的坠落、物体打击等人员伤亡、设备损坏等风险，同时通过防爆插接头极大缩短更换时间，具有很好的经济性，因此本方案具有较好的推广价值。

漓铁集团兰亭尾矿库副坝综合治理及内置式弧形顶管的排渗应用

劳力军　陈　惠

（浙江漓铁集团有限公司）

摘　要： 结合兰亭尾矿库副坝历史、现状及其排渗难点，采用内置式弧形顶管排渗技术进行综合治理，介绍了内置式弧形顶管排渗工艺及技术特点，通过对施工前后排渗水量、浸润线埋深的对比均符合治理需求。实践表明，采用内置式弧形顶管排渗技术能够有效满足积层复杂多变的尾矿库的排渗治理需求，为同类尾矿库排渗治理提供一定的借鉴依据。

关键词： 尾矿库　弧形顶管　排渗

排渗构筑物是降低尾矿库浸润线的工程措施。其作用是降低堆积坝的浸润线，缩小堆积坝坡的饱和区，扩大疏干区，促进尾矿的排水固结，从而提高堆积坝的稳定性。浙江漓铁集团有限公司兰亭尾矿库为山谷型尾矿库，采用上游式筑坝方式。1988年标高80.0m时由长沙有色冶金设计院进行加固改造扩容设计至标高130m，2003年在尾矿堆积坝标高114.0m时再由鞍山冶金设计院进设计扩容，至坝顶标高150m，相应总坝高129.0m，总库容1850万m³。针对浙江漓铁集团兰亭尾矿库副坝的尾矿构成、排渗情况及扩容加高的稳定性需求，现采用内置式弧形顶管排渗技术对兰亭库副坝排渗进行综合治理，效果显著。

一、尾矿库现状情况及副坝排渗系统组成

漓铁集团兰亭尾矿库尾矿库由主坝和副坝组成，副坝位于库内东南侧豁口处，坝基标高103m，初期坝为浆砌块石重力坝，坝高10m，后期采用尾砂侧面向库内收缩堆积，堆积坡比1∶5，坝体在平面上呈"L"形展布。目前主坝堆积坝标高为132.2m，坝高111.1m，坝长为215m，副坝堆积坝高131.9m，坝高28.9m，坝长为382m，干滩长度大于250m，库容约为1435万m³，属二等库。

副坝原采用的排渗设施有108.5m贯穿式弧形顶管排渗、110m褥垫式排渗、124m无砂混凝土管井排渗、125m排渗盲沟排渗。其中，110m褥垫式排渗是2003

年施工完成，125m排渗盲沟是2011年施工完成的，无砂混凝土管井和108.5m标高贯穿式弧形顶管排渗是2013年施工完成的。

二、主要存在的问题

副坝为浆砌块石坝体，为不透水坝，且坝体建在山脊处，原地形较高，尾矿堆积坝在此基础上加高，堆积坝下没有有效的排渗通道。

副坝为103m标高开始堆积，坝基正对主坝细泥区，区内尾矿泥层很厚，109m标高处坝坡趾前尾轻亚粘及尾矿淤积达80cm，固结程度较差，又存在不均匀性，总体强度及透水性较低。

随着坝体堆高，现副坝长度明显长于主坝，受到粒径大小、尾矿排放量大小、放矿时间长短及上游法堆筑方法等的影响，副坝尾矿沉积层复杂多变，在微观上常见局部夹薄层透镜体或粗细尾矿层频繁相变交互成层，总体看库内各子坝坝体水平方向渗透系数大于垂直方向渗透系数，副坝渗透系数小于主坝渗透系数。

图1　探井断面所见尾矿土薄夹层

表1　副坝坝体物理力学性质指标表

	天然密度(t/m³)	饱和密度(t/m³)	Φ（°）	C(kg/m²)
尾粉砂	2.21	2.25	28.9	0.50
尾轻亚粘	2.06	2.07	15.1	0.10
尾矿泥	1.96	2.00	12.0	0.15

表2　2011年以后副坝浸润线数据表（单位：m）

年份	G-1	H-1	I-1	F-2	G-2	H-2	I-2	J-2	F-3	G-3	H-3	I-3	J-3
2011	8.97	7.31	8.27	5.78	6.65	6.04	3.48	7.24	7.46		10	10.89	
2012	8.6	6.18	7.81	5.1	6.3	6.11	3.48	6.19		4.33	7.81	7.01	6.6
2013	8.41	4.75	7.54	4.44	5.77	5.28	2.95	6.06	11.7	4.31	5.26	5.78	5.57
2014	8.8	5.62	7.58	8.17	4.55	4.58	5.43	6.45	12.17	4.01	5.1	5.91	5.85
2015	8.51	5.15	7.13	6.46	4.44	4.04	5.16	6.46	12.1	4.6	5.21	5.77	5.53

注：2003年12月完成副坝110m标高褥垫式排渗施工；2011年12月完成主副坝125m标高排渗盲沟施工；2012年12月完成副坝124m标高无砂混凝土管井施工；1线标高110m、2线标高117m、3线标高124m。

由上表可见，随着坝高的增加及110m标高褥垫式排渗使用年限增加出现的不同程度的堵塞，导致排渗效果不佳，部分点浸润线水位偏高（G-2，G-3，H-1，H-2）。降低了坝体稳定性验算最小安全系数。

三、2016年前副坝采取的治理措施及其效果

（一）110m标高褥垫式排渗设施铺设

副坝坝基内尾矿砂有尾粉砂、尾轻亚粘、尾矿泥组成，虽有一定程度固结，但固结程度较差，又存在不均匀性，总体强度低。副坝矿泥层厚，抗剪强度低，副坝坝基排渗既要有排渗作用又要有利于其下尾矿排水固结，故2003年12月在副坝110m标高处铺设褥垫式排渗设施。同期完成副坝1、2、3线浸润线观测点的设置施工。

（二）125m标高排渗盲沟铺设

根据2003年兰亭库150m加高扩容设计，随着坝体的增高，即使下游的排渗全部有效，浸润线仍将从坝坡溢出，至2011年副坝I2线浸润线埋深已升高到4m以下，另考虑到后期一旦排渗效果不佳时需增设垂直排渗的需要，2011年12月完成主副坝125m标高排渗盲沟施工。副坝125m标高排渗盲沟（滩顶至库内80m）及引出纵沟，共计直沟5根，总计排渗盲沟长1270m。水平排渗盲沟为顶宽2.6m，深0.6m梯形，内填透水料外包土工布，坡度1：00。

（三）124m标高无砂混凝土管井和108.5m标高贯穿式弧形顶管排渗

2011年副坝浸润线实测数据，副坝排渗褥垫以上至125.0m标高的浸润线较

高，第2排至第3排的观测点，浸润线最小埋深2.0m，主、副坝交界处坝坡有极少渗水，2012年由中冶北方工程技术有限公司设计在副坝124m标高无砂混凝土管井。

表3 2011年副坝实测浸润线结果（单位：m）

时间 孔号	2011年 9月	2011年 10月	2011年 11月	2011年 12月	2012年 2月	2012年 3月	2012年 4月	2012年 5月	2012年 6月	2012年 6月20日 暴雨天	最小值
G-1	7.70	9.20	9.48	9.48	10.23	9.82	9.60	7.20	7.90	6.30	6.30
H-1	5.20	8.10	7.95	8.00	7.35	7.85	7.90	4.85	4.40	3.80	3.80
I-1	8.10	8.30	8.33	8.33	8.46	8.65	8.20	7.13	6.70	6.75	6.70
G-2	6.50	7.20	6.38	6.50	6.15	6.27	6.00	6.40	6.20	6.24	6.00
H-2	5.20	6.85	5.95	6.15	6.40	6.25	5.90	6.25	5.85	5.84	5.20
I-2	3.50	3.20	3.32	3.90	3.35	3.20	3.10	2.42	2.00	2.65	2.00
F-2	5.38		5.48	6.48	5.94	6.13		4.78	4.28	3.50	3.50
J-2		6.80	7.88	7.05	6.65	6.80	6.60	5.65	5.70	3.68	3.68
H-3			12.20	7.80	10.44	10.64	10.20	7.50	7.50		7.50
I-3			12.10	9.67	8.25	8.45	8.50	7.45	7.50		7.45
f-3			7.52	7.40	7.35	7.25	7.00	6.00	5.70	5.30	5.30

设计在副坝第3排浸润线观测井的124.2—124.5m标高平台上前布置无砂混凝土管井垂直排渗，管井间距4.0m，直径660mm，共60个。无砂混凝土底标高为110.0m，褥垫范围内的无砂混凝土管施工时不得破坏原排渗褥垫。2013年实际从副坝山脚至主副坝向施工至24个井时，由于原排渗褥垫周边范围由于矿泥堵塞，井内水位并无明显下降而停止施工，后改用电子阀定时自动虹吸来排除井内积水。

由于无砂混凝土管井排渗效果甚微，同期借主坝实施弧形顶管排渗施工之便，故在副坝也试验了贯穿式弧形顶管排渗施工。弧形顶管顶进点标高108.5m，顶出点标高129.5m，共2根弧形顶管排渗管，总长度为236m。同样由于坝内泥化和贯穿式内压不足且顶管仰角较小，有效降水深度较小，排渗效果一般。

四、2016年副坝内置式弧形顶管排渗治理

（一）2015年副坝浸润线现状及其分析

2013年副坝无砂混凝土管井垂直排渗施工采用用电子阀定时自动虹吸来排除井内积水，2014年浸润线埋深略有降低，但随着坝高的增加，2015年后副坝多数浸润线埋深又持续升高。

表4 2015年副坝实测浸润线结果（单位：m）

时间 孔号	观测方法	2015年 4月	2015年 5月	2015年 6月	2015年 7月	2015年 8月	2015年 9月	平均值	最小值
G1	人工	7.1	9.2	8.55	8.65	8.25	8	8.29	7.10
G2	人工	3.7	6.2	3.65	3.75	3.55	3.4	4.04	3.40
G3	人工	4.5	4.5	4.7	4.5	4.6	4.6	4.57	4.50
H1	人工	4.05	8.05	3.9	4.05	4.15	3.9	4.68	3.90
H2	人工	3.45	3.95	3.55	3.65	3.55	3.35	3.58	3.35
H3	人工	5.5	5.3	5	5.3	5	4.7	5.13	4.70
I1	人工	7.5	7.7	7.3	7.3	7.1	6.3	7.20	6.30
I2	人工	5	6.9	4.4	4.6	3.6	3.1	4.60	3.10
I3	人工	6.4	6.5	5.6	5.7	5.4	5.1	5.78	5.10
F2	人工	6.08		6.18	6.18	7.28	7.48	6.64	6.08
F3	人工	13.1		13.3	13.2	13.1	12.1	12.96	12.10
J2	人工	6.2	7.1	6.7	6.5	6.5	5.8	6.52	5.80
J3	人工	5.6	6.2	5.6	5.6	5.3	4.6	5.48	4.60

由上表可见副坝浸润线较高处仍是第2排至第3排的观测点，浸润线最小埋深3.1m，标高为110.0—125.0m。尾矿堆积到132.0m标高时，副坝尾矿坝高度为29.0m，根据规范要求，副坝尾矿堆积坝的浸润线最小埋深应大于2.0m，目前副坝处的浸润线埋深均满足规范的要求。由于副坝为浆砌石坝，为不透水坝，为防止后期坝体加高造成浸润线升高而从坝坡逸出，设计在副坝浸润线较高处第2排至第3排的观测点增设排渗设施。

（二）内置式弧形顶管自流排渗管治理

2016年公司委托中冶北方工程技术有限公司设计，采用内置式弧形顶管自流排渗管进行副坝浸润线治理。

弧形顶管排渗兼具垂直排渗和水平排渗的功能，具有透水性好，渗流量大，施工方便等特点。弧形顶管采用槽孔排渗管，其开槽渗流开孔导流，采用不锈钢网作为过滤网，根据尾矿砂粒级分析确定滤网孔径，细尾砂易透管流出、粗尾砂则在滤网四周形成过滤层，提高透水性，其相同孔径渗流面积为孔氏渗流管的20倍以上。且随着顶进弧度的上升，一管能打穿水平夹层，施工方便。内置式弧形顶管相比贯穿式能够将排渗管全部放置在浸润线内同时确保渗流压力，排渗深度深、浸润线降低速度更快。

根据2015年副坝浸润线的高度，设计顶进点标高在浆砌块石重力坝坝前约为111.0m标高处，由于浆砌块石重力坝以上尾矿堆积坝高度只有22.0m，高差小坡面短，弧形顶管顶出点如果在坡面上顶出将造成有效降水深度减小，因此设计采用内置式弧形顶管，顶管终点标高为120.0m。2016年6月30日吉林省文堂排渗工程有限公司完成副坝110m标高顶管施工，顶管上端距现坝面8m左右，管长150m，基于107m平台宽度限制，经设计单位论证副坝顶管数变更为21孔，累计3150m。

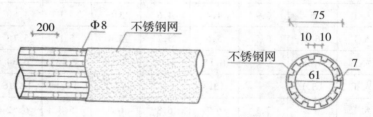

图2　弧形顶管槽孔排渗管构造图（单位：mm）

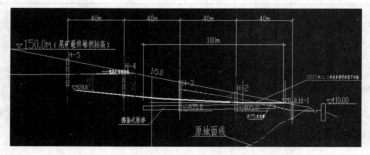

图3　110m标高弧形顶管顶进断面图

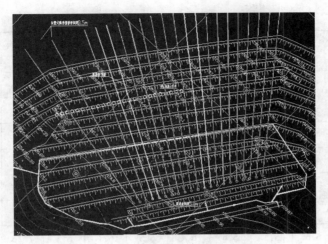

图4 110m标高弧形顶管平面布置图

表5 副坝弧形顶管治理排渗管长度、深度表（单位：m）

编号		1	2	3	4	5	6	7	8	9	10	11
长度m		150	150	150	150	150	150	150	150	150	150	150
深度 m	h1	7.7	8.2	7.2	7.9	7.7	5.8	7.3	7.2	7.5	7.0	6.8
	h2	16.6	16.7	16.7	17.2	17.1	17.1	16.9	17.2	15.9	17.2	17.9
	h3	9.2	9.5	8.5	9.2	8.9	8.8	8.5	8.8	8.8	8.5	7.9
编号		12	13	14	15	16	17	18	19	20	21	
长度m		150	150	150	150	150	150	150	150	150	150	
深度 m	h1	6.8	6.7	6.7	6.5	6.9	6.5	6.7	6.2	6.5	6.9	
	h2	17.5	17.3	17.2	17.5	17.3	17.6	17.6	17.5	17.5	17.7	
	h3	8.5	8.6	8.1	8.8	8.8	8.6	8.9	7.8	8.7	8.4	

（三）治理效果

表6 副坝110m标高弧形顶管施工前后排渗水对比表（吨/天）

日期	2016年3月31日	2016年5月10日	2016年7月7日
副坝底一排排渗孔	48.8	36.7	39.4
副坝底二排排渗孔	35	37.3	49.8
副坝13年弧形顶管排渗孔	1.8	1.5	2.7
副坝110m新增弧形顶管排渗孔			85.5
副坝虹吸排水	20	20	
副坝出水量	105.6	95.5	177.4
总出水量	329.6	384.5	478.6

表7 施工前后副坝浸润线对比表（单位：m）

孔号	2016年4月	2016年5月	2016年6月	2016年7月	2016年8月	2016年9月	2016年10月	2016年11月	2016年12月	2017年1月	2017年2月
G1	8.6	8.5	7	7.6	8.1	8.2	8.49	8.55	8.7	8.7	8.7
G2	3.7	3.6	3.6	3.7	7.8	7.9	7.8	7.9	8.2	8.3	8.4
G3	5	4.9	4.8	4.2	7.5	7.3	7.2	7.3	7.3		
H1	4.1	4.1	4	4	4.4	4.2	4.3	4.6	6.9	7.8	7.8
H2	3.35	3.35	3.5	3.85	7.25	7.35	7.25	7.35	7.75	7.95	7.95
H3	5.2	5.2	5.25	6.15	6.55	6.65	7.3	7.2	8.8	10.6	10.6
I1	6.6	6.6	5.5	5.5	6.4	6.5	6.1	6.3	7.25	7.4	6.8
I2	4.8	4.7	4.5	6.6	7.2	7.3	7.2	7.4	7.3	7.2	7.2
I3	5.9	5.9	5.95	6.6	8.1	8	9.2	9.2	8.8	10.5	10.4
F2	5.68	3.68	3.28	3.28	3.08	3.28	2.88	3.08	8.28	12.48	12.38
F3	10.6	11.1	12	12.7	13.2	13.3	13	13.3	13.6	12.2	12.2
J2	7.1	7	5.4	5.9	6.9	7.1	7	7	6.6	7.3	7.3
J3	4.8	4.8	4.4	5.3	5.8	6.7	5.9	6.1	6	8	8.1

注：2015年12月和2016年1、2、3月份漓铁选矿厂基本停产。

表8 施工后副坝无砂混凝土井水位变化

副坝无砂混凝土管井埋深（单位：m）								
2016年	7月21日	8月17日	2016年	7月21日	8月17日	2016年	7月21日	8月17日
1	7.3	8	9	6.8	7.8	18	9.1	10.1
2	6.9	7.8	10	6.7	7.9	19	7.8	8.7
3	6.8	7.6	11	7	7.8	20	7.8	9
4	6.8	7.6	12	7	9	21	8.7	9.7
5	7	7.7	13	8.5	9.4	22	8.3	9.3
6	7.3	8.1	14	9.3	9.4	23	8.9	9.85
7	7.6	8.4	15	8.4	9.3	24	8.4	9.15
8	8.1	8.9	17	9.4	10.2			

实施弧形顶管排渗工程后，副坝几乎所有浸润线观测点水位下降明显，均下降到6m以下，124m标高处无砂混凝土井水位下降明显，副坝累计日出水量比施工前多75吨/天左右，说明副坝排渗工程效果明显。

五、结论

根据综合对比，公司认为兰亭尾矿库副坝排渗治理采取内置式弧形顶管方案经济、有效，阶段性解决了由于兰亭库副坝浸润线偏高的问题，确保了我副坝坝体稳定。

参考文献：

［1］李书涛，余洪明.尾矿坝排渗方法对比分析与研究［J］.矿业工程，2004，2（4）：33—35.

露天矿山开采事故研究与预防

柯金龙

（浙江省高能爆破工程有限公司）

摘　要： 露天矿山开采事故及死亡人数每年占所有生产事故及死亡人数相当大的比重，一直被列为5种高危生产行业之一。近期，国家针对矿山重特大事故的预防提出了事故灾害机理与防治理论研究、加强基础理论创新的意见要求。本文基于浙江省露天矿山近年来发生的事故与死亡人数进行统计、分析，筛选出常发事故种类，根据事故死亡数据变化梳理出事故的类型转化；通过关联常发事故真实案例分析，得出事故发生致因与常发种类；基于事故发生的原因，提出了采场常见开采事故的技术防范对策。

关键词： 露天矿山　开采事故　案例分析　防范对策

一、引言

科技创新是安全生产的重要保障，是遏制重特大事故的重要支撑。十八大以来，党中央、国务院把安全生产科技创新驱动发展作为战略新目标，强调"坚持以人为本、生命至上；坚持问题导向，着力补齐短板、堵塞漏洞、消除隐患，着力抓重点、抓关键、抓薄弱环节"。目前，《关于推动安全生产科技创新的若干意见》围绕遏制重特大生产安全事故，从六个方面部署了多项重大任务。其中，着力推进重特大事故灾害机理与防治理论研究，加强基础理论创新。要求矿山企业围绕典型重大事故风险辨识、致灾机理、演化过程、多灾耦合等要素，开展矿山完整性安全开采理论研究和推进同类多发和典型重特大生产安全事故技术分析，攻克安全生产急需破解的技术难题，主动预防、超前预测、综合防治，推进作业环境和技术装备更新、改善，从根本上防范和遏制重特大事故。

笔者以浙江省近年来露天矿山开采事故真实数据为例，契合国家安全生产科技创新指导要求，深入事故发生、人员伤害机理分析，揭示各类事故发展、发生规律，强调技术防范，提高安全生产科技保障水平。

二、近年来全省矿山事故死亡人数分析

2009年以来，随着《国务院安委会办公室关于进一步做好金属非金属矿山整顿关闭工作的意见》的发布，全国开展了安全生产"三项行动"，以"治乱、治散、治差"为重点，着力打击矿山领域非法违法建设和开采活动，取缔无证开采，提高准入门槛，关停零散小、产能落后、不具备安全生产条件的矿山，整合矿产资源规划，优化开采方案，不断改善安全生产条件，有效落实防范措施，从根本上遏制重特大事故发生。使生产安全事故大幅度下降，实现矿山安全生产形势持续稳定好转。

浙江省作为经济大省，在国家矿山整治总目标要求下，积极率先响应，大力推进矿山整治、科学发展，安全生产与事故预防走在前列。2009年关闭矿山107家（露天矿山102家），"乱、散、差"矿山的减少，有效遏制了重特大事故发生。重组资源，创建规模样板矿山，随着科学生产力的不断提高，生态环境恢复大幅提升，矿山事故遏制得到成效，灾害伤亡人数持续下降，人民生活指数不断提高，为创建平安浙江营造和谐环境，为经济建设提供了安全保障。

（一）全省露天矿山数量

20世纪90年代随着改革开放不断深入的建设需求，全省露天矿山超过1万多家。在2000年以后，通过国家一系列管理措施的落实，关停了部分小矿山，特别是2009年国家对矿山的集中整治与关闭，全省矿山有了规模化、规范化的提高。全省露天矿山数量由20世纪90年代中期的近10000家，降至2015年的399家左右。

（二）全省矿山事故死亡人数

随着2009年全省矿山整治与关闭，矿山数量大幅度降低，矿山质量才有了规模化、规范化的提高，全省矿山事故死亡人数也随之下降至2015年的13人。

（三）近13年矿山事故死亡人数数据

1.矿山事故持续快速下降

（1）随着国家法律法规的健全，安全管理机构的设立，矿山集中整治，安全意识持续提高，特别是2009年以来，按国家安监总局计划目标开展"三项行动"，着力整顿、关闭"乱、散、差"，全省矿山事故明显快速下降。

（2）矿山事故取得持续快速下降原因。

①矿山数量大幅度减少。

②采矿技术的进步。a.爆破技术的进步：浅孔（药壶、排炮）爆破$\Longrightarrow$中深孔爆破；二次爆破$\Longrightarrow$机械破大块；导火线火雷管起爆$\Longrightarrow$塑料导爆管非电起爆。b.采矿方法的进步：掏采$\Longrightarrow$一面坡开采$\Longrightarrow$分层开采$\Longrightarrow$分台阶开采。c.装备的进步：人工装载$\Longrightarrow$机械装载；小型凿岩机$\Longrightarrow$轻型浅孔钻$\Longrightarrow$自行式潜孔钻车等。

③管理水平的提高。a.施工准入条件提高；b.技术标准、规范健全；c.施工机具、挖运设备升级；d.施工方案与工艺改进等。

2.近几年矿山事故下降趋缓

（1）矿山事故死亡人数与露天矿山事故死亡人数比较，如表1。

表1　矿山事故死亡人数

年份	矿山事故死亡人数	露天矿山事故死亡人数
2010	40	29
2011	29	16
2012	23	10
2013	20	14
2014	14	6
2015	13	4

（2）矿山事故下降趋缓原因。

①客观上，安全状况改善碰到瓶颈。a.安全状况=物的安全状态（安全条件基本改善）+人的安全行为（较之前有所提高）；b.近年来，安全条件改进不明显，特别是采场外部；c.矿山安全技术水平、安全管理水平、职工安全意识等"软实力"，没有进一步提高，违法开采、违章现象依然很多。如2013年全省露天矿山14起事故，8起主要是人的不安全行为造成的。

②主观上，思想懈怠。矿山企业，包括部分安全监管人员，认为目前的矿山安全生产条件可以了，事故也少了。诸多方面体现了安全技术与安全管理的改进意愿不强。

3.露天矿山事故发生的主要场所变化

2008—2015年露天矿山采场外事故死亡人数比例有所提高。场内、场外事故死亡人数比较如表2。

表2 场内、场外事故死亡人数

年份	采场内事故死亡人数	采场外事故死亡人数	采场外事故所占比例
2008	25	12	33.3%
2009	19	11	36.7%
2010	16	13	44.8%
2011	10	6	37.5%
2012	5	5	50%
2013	4	10	71.4%
2014	3	3	50%
2015	1	3	75%

4.露天矿山事故主要类别发生变化

根据《企业职工伤亡事故分类》事故类别的界定,对全省露天矿山采场内、外各类事故死亡人数进行梳理统计,得出露天矿山事故主要类别发生了变化。采场外事故比例增加,采场内事故以坍塌、物体打击、高处坠落、爆破为主,而采场外事故以机械伤害、车辆伤害、高处坠落、物体打击为主。

5.露天矿山采场事故各类别所占比例

根据2008—2015年露天矿山采场常发事故报备案例的事故类别与事故死亡人数的比较、分析,发生事故原因以坍塌、物体打击、高处坠落、爆破为主。采场常发事故比较如表3。

表3 采场常发事故比较

事故类别	死亡人数	所占比例（%）
坍塌	26	31.3
物体打击	24	28.9
高处坠落	18	21.7
爆破	9	10.8
车辆伤害	3	3.6
机械伤害	2	2.4
其他伤害	1	1.2

三、基于常发事故采取的技术对策

（一）事故致灾机理与应用技术

1.事故系统因素

保障安全生产要通过有效的事故预防来实现。事故系统涉及的要素是人、机、环境和管理，人的不安全行为是事故的最直接的因素，机的不安全状态也是事故的最直接因素，生产环境的不良影响人的行为和对机械设备产生不良作用，管理的欠缺是事故发生的间接因素。认识事故系统因素，使我们对防范事故有了基本目标和对象。

2.事故发生轨迹

事故都是由外因存在不利条件与内因存在不利行为因素对接，通过量变积累到质变的结果。事故各因素转化、矛盾激化、演化过程如图1。

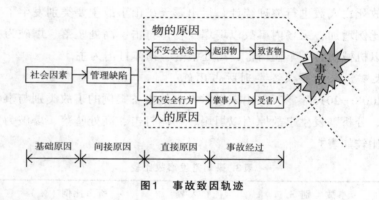

图1　事故致因轨迹

3.边坡坍塌和物体打击致灾机理

矿山开采的主要事故类别是坍塌与物体打击，而这几类事故发生与环境状况和地质构造密切相关。因此，控制开采采场事故就必须要控制好开采技术工艺。边坡事故致灾机理如图2。

4.事故预防技术应用

事故发生具有因果性、随机性、潜伏性。如果采取事故预防对策是有效预防措施的关键。事故预防包括安全管理措施、安全技术措施、安全教育措施3种，依据安全系统原理，安全技术措施优先应用是事故预防的重要保障，也是十分有效的。技术措施应用（程序）如图3。

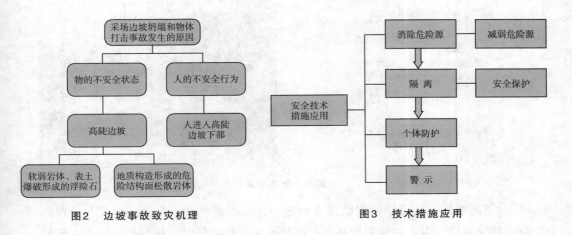

图2 边坡事故致灾机理 　　　　　　　图3 技术措施应用

（二）开采技术条件控制与事故预防

1.严控开采技术条件，消除或减少造成坍塌的危险源

（1）分台阶开采：严格实施台阶式开采，限制并规范分层开采，尽量降低台阶高度、加大平台宽度，减轻高陡边坡的危害。分台阶开采如图4。

图4 分台阶开采

（2）分层开采：分层高度不得超过20m，分层层数不得超过3个，最大开采高度不得超过60m，控制推进方向，避免顺层推进；分层开采的凿岩平台宽度不得小于4m。分层开采如图5。

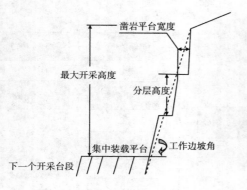 

图5 分层开采

（3）爆破工艺控制：爆破设计与施工，应控制爆堆、台阶高度及台阶坡面角，减少对爆区附近岩体的破坏；挖掘机或装载机铲装时，爆堆高度应不大于机械最大挖掘高度的1.5倍。

（4）最终边坡控制：按照设计确定边坡，最终边坡角一般50°左右（由设计确定）；边坡形式、安全平台、清扫平台、排水沟，边坡防护工程、预加固措施应符合批准的《安全专篇》要求；最终边坡应采取控制爆破。边坡控制如图6。

图6 边坡控制

2.减少或消除人员进入边坡下部危险区域

（1）严禁上下层同时作业：禁止同一坡面上下双层或者多层同时作业，禁止上下垂直空间同时作业；上、下台阶同时挖掘机作业，应沿台阶走向错开一定的距离；在上部台阶边缘安全带进行辅助作业的挖掘机，应超前下部台阶正常作业的挖掘机最大挖掘半径3倍的距离，且不小于50m。禁止上下层同时作业如图7。

图7　禁止上下层同时作业

（2）机械装载：两台以上的挖掘机在同一平台上作业时，挖掘机与运输汽车的间距应不小于其最大挖掘半径的3倍，且应不小于50m。

（3）人员隔离：禁止人员在边坡下部休息、逗留。

3.及时发现和消除边坡存在的隐患

（1）表土浮石超前剥离：边界上2m范围内，不稳固物料和岩石等，应予清除，覆盖厚度超过2m的松散岩土层，其倾角应小于自然安息角。

（2）在合理台阶高度前提下，及时对险浮石检查与处理。

（3）危险结构面检查与处置。

（4）边坡监测与作业监护。

（三）采场高处坠落事故预防

消除危害：分台阶开采，消除翻台作业、人工在斜坡上作业及人工清理高处浮险石；保障设备运行平台、爆破凿岩平台宽度符合要求；行走道路符合要求。

隔离危害：登高作业平台周边栏杆、临崖地段护栏、车挡等规范设置。

个体防护：登高作业使用安全带、安全绳。

警示标志：设置禁止、警告、指令、提示安全标志。

（四）爆破事故预防

消除危害：所有爆破工程须经合格单位爆破设计与安全评估；针对爆破环境、地质条件、爆破物特征确定爆破等级；优化爆破方案，控制一次性总药量与单响药量，利用间隔装药、多段别、微差接力、减少震动波叠加等工艺，加强防护，划定安全距离，防止各类危害效应。

隔离危害：按安全要求申领、搬运、存放、使用爆炸物品，防止炸药与爆破能量的意外释放；规范爆破作业；使用合格安全炸药；采用安全起爆技术（非电起爆）；划定警戒距离，落实警戒措施。

个体防护：设置或利用合格避炮设施。

安全警示：爆破声光信号、警示标识。

（五）车辆（机械）伤害事故预防

消除危害：落实台阶式开采要求；装载运输平台、道路符合要求；车辆、工程机械适合矿山作业，并保持完好；限速行驶。

隔离危害：作业平台与运输道路的安全防护设施符合要求；机械运行危险区域禁止人员进入；实行人车分流或分道；两台以上挖掘机在同一平台上作业时，挖掘机与汽车运输间距，应不小于其最大挖掘半径的3倍，且不小于50m。

安全标志：设置禁止、警告、指令、提示安全标志标识。

人员管理：遵守操作规程。

五、总结

"任何事故都是可以避免的"，这是我们的矢志与信念。基于对露天矿山开采事故死亡人数分析，使我们认识与厘清了事故死亡人数变化中的发生曲线及快速下降、下降趋缓、场所变化、类型变化4个关键变化节点（数据）；了解了事故的发生规律与致灾机理；掌握事故发生致因对象与事故轨迹，确定常发事故类型，依据矿山开采技术要求及露天矿山开采事故研究成果，为矿山常发事故提供技术防范对策。

参考文献：

[1]国家标准局.企业职工伤亡事故分类（GB 6441—1986）[S].北京：中国标准出版社，1986.

[2]中华人民共和国国家质量监督检验检疫总局，中国国家标准化管理委员会.金属非金属矿山安全规程（GB 16423—2006）[S].北京：中国标准出版社，1987.

[3]古松.厂长经理安全生产教育读本[M].北京：气象出版社，1998.

针对隧道改扩建工程的施工安全风险评估研究

陈新海[1] 楼 建[2]

（1.中桥安科交通科技（浙江）有限公司 2.杭州都市高速公路有限公司）

摘 要： 以 S305（23省道）建德航头至界头段改建工程为背景，基于原有的公路工程施工安全风险评估制度，查阅国内外现状及相关规范、文献，并结合以往工程经验，对23省道砚岭隧道改建工程开展施工安全风险评估。针对该改扩建工程所具有的特点，在原有指标体系基础上又提出了结构现状、扩建形式和资料完整性三个新的指标，并赋予相关等级分数，从而运用到本次工程中，然后采用数值模拟手段对原无仰拱隧道拱底下挖进行施工模拟，从而从数值分析上体现拱底下挖施工所引起的施工薄弱环节。本文的研究成果可为类似改扩建工程提供一定的参考。

关键词： 改扩建 安全风险评估 指标体系 结构现状

一、引言

在国民经济快速发展的大背景下，国内的交通事业发展尤为迅速，尤其是近十年来，交通量与日俱增，原有的道路规模已不能满足现有交通的需要。而相对于新建工程，对既有线路的改扩建在经济和时间效益上占有较大优势，因此改建工程在以后的工程项目中将会占较大比例。尽管我国公路隧道工程在近些年取得了较为明显的进步，但在施工过程中依旧存在一些安全隐患，施工事故时有发生，在带来巨大经济损失的同时也产生了不良的社会影响，因此对公路隧道改扩建，对施工安全风险进行分析并采取相应措施进行控制显得十分必要。

施工安全风险评估工作在我国开展较晚，无论是安全评估方法，还是安全评估的基础数据，与国外都有很大差距。我国目前的安全评估还停留在对生产过程的危险、有害因素的识别和分析，查找生产过程中的事故隐患，按照安全生产法律、法规和标准提出安全对策措施的阶段，因此国内安全评估工作还处在不断发展阶段。本文依托23省道改建工程为背景，对其开展施工安全总体风险评估工作，基于其砚岭隧道改建工程的特殊性（因净高不足需对拱底采取下挖措施），首先通过查阅相关外国文献及规范，并结合以往工程经验，对评估指标体系进行扩充，提出一套针对改扩建隧道的指标体系；其次通过数值模拟手段采用有限差分软件FLAC3D，模拟施工期间拱底下挖所引起的围岩及衬砌状况，从而针对薄弱环节提出相应的控制措施。

二、工程概况

S305（23省道）建德航头至界头段改建工程砚岭隧道，其左洞为新建隧道，全长352m，右洞为原隧道改建，全长349m。因公路等级的提升（由原来的二级公路提升为一级公路），而其原行车道净空4.5m不能满足《公路隧道设计规范》（JTG D70—2004）一级公路隧道建筑限界高度5.0m的要求，因此对其隧道拱底进行下挖。下挖方式采用小进尺、左右侧分段下挖的方法，下挖高度从左至右为103—119.5cm。路面下挖后，侧墙基础下挖后根据围岩情况分段进行支护，分为Ⅳ级围岩支护和Ⅲ级围岩支护两种形式。侧墙基础加固支护以施打注浆小导管和注浆锚杆为主要支护手段。

1.Ⅳ级围岩段以及断层带

（1）首先对隧道左侧路面下挖，侧墙基础施打Φ42mm注浆管（成扇形布置），进行注浆；（2）再对右侧路面下挖，右侧侧墙基础施打注浆管，进行注浆；（3）断层带沿拱圈和侧墙设置18号工字钢，作为临时支撑加固；（4）中间段路面下挖；对渗水处衬砌进行处理后，施作沟槽路面；（5）Ⅳ级围岩段及断层带纵向每段下挖工作长度为5m。

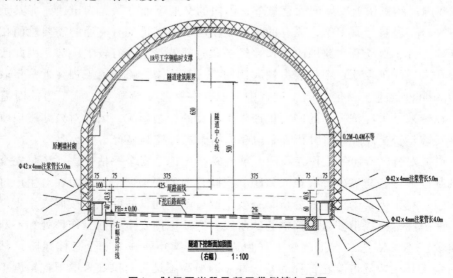

图1　Ⅳ级围岩段及断层带侧墙加固图

2. Ⅲ级围岩段

（1）首先对隧道左半幅路面下挖，侧墙基础施打Φ25先锚后灌式注浆锚杆（成扇形布置）；（2）再对右半幅路面下挖，侧墙基础锚杆支护；（3）对渗水处衬砌进行处理后，施作沟槽路面；（4）Ⅲ级围岩段纵向每段下挖工作长度为30m。

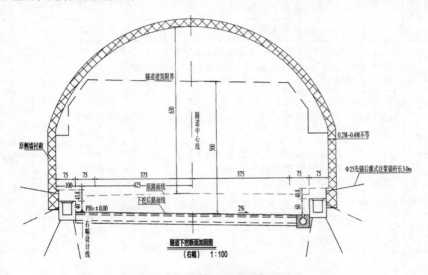

图2　Ⅲ级围岩段侧墙加固图

三、砚岭隧道总体风险评估指标体系

砚岭隧道右洞为下挖隧道改建工程，现有《公路桥梁和隧道工程施工安全风险评估指南》中的隧道工程总体风险评估指标体系主要根据新建公路隧道工程建立总体风险评估指标体系，不能较好地反映本工程的特点与难点。评估过程中，通过咨询有关专家，查阅相关文献，根据工程实际情况，主要从隧道地质条件、结构现状、隧道全长、扩建形式、设计文件完整性等五个方面对现有隧道工程总体风险评估指标体系进行修改、补充和完善，建立了本次改建隧道工程的施工安全总体风险评估指标体系。

表1　改建隧道工程总体风险评估指标体系表

评估指标	分类		标准分值	说明
地质G =（a＋b）	围岩情况 a	1. Ⅴ、Ⅵ围岩长度占全隧道长度70%以上	4—5	根据设计文件和施工实际情况确定
		2. Ⅴ、Ⅵ围岩长度占全隧道长度40%以上、70%以下	3	
		3. Ⅴ、Ⅵ围岩长度占全隧道长度20%以上、40%以下	2	
		4. Ⅴ、Ⅵ围岩长度占全隧道长度20%以下	1	

评估指标	分类		标准分值	说明
地质G=（a+b）	渗漏水程度 b	1.存在射水或涌水的情况	4—5	根据设计文件和施工实际情况确定
		2.存在滴水或漏水的情况	2—3	
		3.存在润湿或渗水的情况	0—1	
结构现状 S	1.五级（混凝土剥离的厚度超过25mm，直径超过150mm，衬砌裂缝宽度δ>5mm，长度L>10m，且变形继续发展，拱部开裂呈块状，有可能掉落）		4	根据检测报告和现场实际情况确定，主要考虑隧道裂缝和拱顶掉块等隧道病害情况
	2.四级（混凝土剥离的厚度达12—25mm，或直径达150mm，衬砌裂缝宽度δ>5mm，长度10m≥L≥5m且裂缝密集）		3	
	3.三级（混凝土剥离的厚度小于12mm，或直径达75—150mm，衬砌裂缝宽度5mm≥δ≥3mm，长度L<5m且裂缝有发展，但速度不快）		2	
	4.二级（混凝土表面形成多条交叉裂缝，衬砌裂缝宽度δ<3mm且长度L<5m）		1	
	5.一级（一般龟裂或无发展状态）		0	
隧道全长 L	1.特长（3000m以上）		4	主要考虑隧道单洞的长度
	2.长（大于1000m，小于3000m）		3	
	3.中（大于500m，小于1000m）		2	
	4.短（小于500m）		1	
扩建形式 E	1.周围扩建		3—4	主要考虑隧道扩建方式
	2.两侧扩建		2—3	
	3.单侧扩建		1—2	
资料完整性 D	1.隧道说明图件不完整		3	根据收集资料的完整性，主要包括原隧道技术资料、平面图、立面图、断面图、结构图及大样图等。
	2.隧道说明图件较完整		2	
	3.隧道说明图件完整，有原隧道资料（如竣工图、衬砌厚度强度、病害情况等），有计算参数，有围岩变形（如拱顶下沉、水平收敛等），有衬砌内力		1	
	4.隧道说明图件很完整，有原隧道资料（如竣工图、衬砌厚度强度、病害情况等），有计算参数，有围岩变形（如拱顶下沉、水平收敛等），有衬砌内力，有锚杆轴力，提出施工安全工况、特殊工程的施工工艺及注意事项、施工风险分析及控制措施		0	

以上针对结构现状、扩建形式和资料完整性三个指标和风险关系做简要说明：

1.结构现状（S）

隧道结构现状主要考虑拱顶掉块和裂缝，根据《城市轨道交通设施养护维修技术规范》等相关规范对混凝土裂缝和表面剥离的厚度及剥离范围进行了分级。隧道结构现状直接影响隧道改建工程的施工安全性，对结构现状的检测是减小施工风险增加施工安全的必要措施。

2.扩建形式（E）

根据扩建隧道与原隧道的位置关系，把单洞原位扩建隧道归纳为单侧扩建、两侧扩建和周围扩建三种形式。三种隧道原位扩建形式都可以达到扩大断面的目的，根据对围岩的扰动及其稳定性影响和其施工工序的复杂性进行给分。

3.资料完整性（D）

根据收集资料的完整性，主要包括原隧道资料（如竣工图、衬砌厚度强度、病害情况等）、地质、水文等基础资料，平面图、立面图、断面图、结构图及大样图等技术成果。资料越完整对指导施工越有利。

四、砚岭隧道数值模型建立

砚岭右线隧道拱底下挖深度1米左右，原有隧道无仰拱结构，二衬状态欠佳，根据此施工特点，运用三维有限差分岩土软件建立相关模型对此改建工程进行施工过程的模拟计算，辅助右洞施工风险分析。考虑到计算时间及计算精度，对整个隧道采取分段模拟方式进行模拟，分别对隧道进口段埋深较大处、中间穿越断层段以及出口段隧道全处在中风化凝灰岩层处进行建模计算，土体参数以实际工程所给参数为准。三维有限元模型见图3。

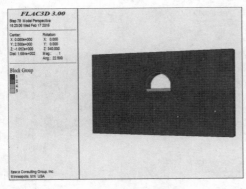

隧道出洞口段

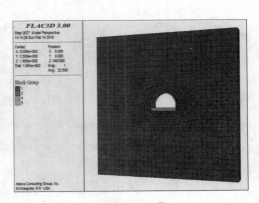

隧道进洞口段

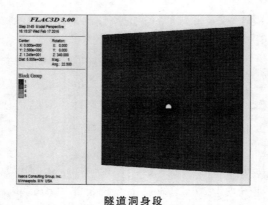

隧道洞身段

图3　砚岭隧道三维数值模型

五、风险分析

（1）隧道拱底下挖，在拱脚及拱腰处会产生水平收敛位移，对原衬砌造成一定风险。根据检查报告，原砚岭隧道在修建时无仰拱，因此原隧道在整体结构稳定性方面较不稳定。隧道下挖引起的洞口水平位移主要集中在拱腰及拱脚附近，隧道进口段最大水平位移为1.58mm，隧道中间段（Ⅴ级围岩段）最大水平位移为3.03mm，隧道出口段最大水平位移为1.08mm。计算得到水平位移如图4所示。

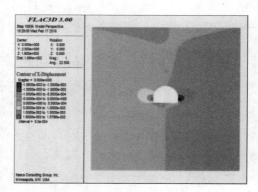

隧道进洞口段

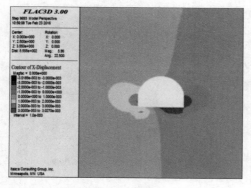

隧道洞身（Ⅴ级围岩段）

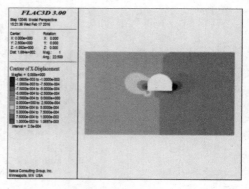

隧道出洞口段

图4　隧道下挖水平位移云图（单位：m）

由于原衬砌和临时钢拱架的共同支撑，隧洞水平收敛得到了较大程度的约束。隧道最大水平位移都小于规范中规定的复合式衬砌初期支护的允许洞周水平相对收敛值。但隧道中间段的水平位移相对较大，因此在中间段尤其是断裂带处进行施工时，应加强监测以及加固。

（2）隧道拱底下挖，拱底失去原有结构，会造成拱顶及周边的一定沉降，也会造成拱底的一定隆起，对隧道整体结构造成一定影响。隧道进出洞口及隧道洞身三处竖向位移如图5所示。

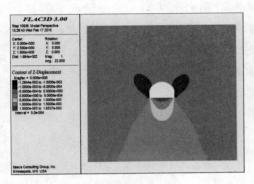

隧道进洞口段

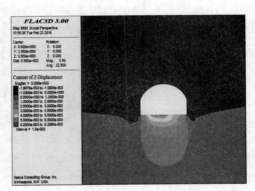

隧道洞身（Ⅴ级围岩段）

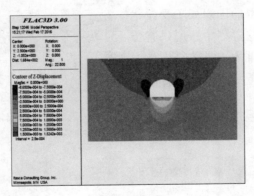

隧道出洞口段

图5　隧道下挖后竖向位移云图（单位：m）

隧道拱底下挖导致了隧洞四周不同程度的沉降及隆起，由于原隧道衬砌和临时钢拱架的共同支撑，拱顶的沉降很小，但隧道在拱脚及拱腰附近沉降较大。拱底下挖导致拱底及其以下围岩区域出现一定程度的隆起。拱顶、拱脚和拱底竖向位移汇总如表2所示。

表2 竖向位移汇总表

断面位置 ＼ 隧道位置	进口段	洞身段	出口段
拱顶沉降（mm）	0.21	0.1	0.25
拱脚沉降（mm）	1.27	1.81	0.85
拱底隆起（mm）	1.65	6.31	1.52

由此可见，隧洞四周沉降在原衬砌和临时钢拱架共同支护的情况下都比较小。隧道拱底下挖拱底隆起的位移要比拱顶及拱脚附近引起的沉降要大，且隧道中间段尤其是断层处拱底隆起位移相对较大。同时下挖破坏了原有隧道结构，地层传来的反力得到了较大的释放，从而引起隧道底部上抬变形，整体下沉，进一步对原隧道衬砌以及其他结构造成一定风险。

（3）隧道拱底下挖，由于底部原有结构的破坏，一方面释放了来自地层的反力，使拱底围岩受拉趋势增大，拱底底部区域围岩有可能因受拉达到极限强度而破坏，造成一定风险；另一方面，原隧道拱脚位置的围岩处于受拉状态，在隧道拱底下挖过程中，原拱脚位置的围岩应力变化过大（具体结构受力变化可参考台阶法下台阶开挖引起的结构内力的变化图），易造成隧道边墙中

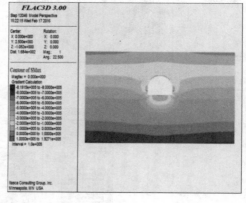

出洞口

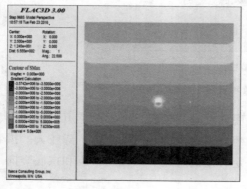

洞身段

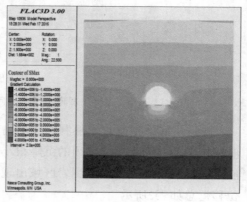

进洞口段

图6 隧道拱底下挖后小主应力云图（单位：Pa）

部围岩失稳、支护结构破坏。

由小主应力云图可以得出（图中负号表示压应力，正号表示正应力）：隧道拱底下挖在洞口处产生了应力集中现象，在隧道底部产生较大的拉应力，进洞口段、洞身段和出口段小主应力即拉应力为0.48MPa、0.76MPa、0.19MPa，均小于围岩的极限抗拉强度。因此隧道下挖后，在引起围岩应力上都满足要求，但是施工时应加强隧道四周围岩应力的监测，并按施工方案及时做好支护，规范施工确保安全。

六、结论

现有公路隧道施工安全风险指标体系不满足23省道砚岭隧道改建工程施工安全风险评估的要求，故基于原有的公路工程施工安全风险评估制度，查阅国内外现状及相关规范、文献，并结合以往工程经验，对其指标体系进行扩充，主要提出了符合此次改建隧道工程的结构现状、扩建形式和资料完整性三个指标。

运用三维有限差分岩土软件建立相关模型对此改建工程进行施工过程的模拟计算，辅助右洞施工风险分析，可以得出：隧道拱底下挖，在拱脚及拱腰处会产生水平收敛位移，对原衬砌造成一定风险。拱底失去原有结构，会造成拱顶及周边的一定沉降，也会造成拱底的一定隆起，对隧道整体结构造成一定影响。

参考文献：

[1] 交通运输部工程质量监督局. 公路桥梁和隧道工程施工安全风险评估制度及指南解析 [M]. 北京：人民交通出版社，2011.

安全策划并实施出口焦炭塔的整体称重

洪礼武

（中石化宁波工程有限公司）

摘　要：称重过程不可或缺，安全策划并成功实施整体称重，为某出口焦炭塔的整体海运、整体吊装提供了有力支撑，有效增加了制造附加值。

关键词：出口焦炭塔　整体称重　安全策划实施

一、概述

以往称重技术主要用于桥梁制造过程的钢箱梁梁段、水泥浇筑梁段的称重，水泥制造厂的料仓（带物料）称重，化工原料储罐（带物料）的称重。松开储罐的固定地脚螺栓，自动液压升降储罐，将称重模块摆放到位，即可实施称重，固定实体的称重稳定性较好。某项目部的钢箱梁梁段的称重模块示意图详见图1。

图1　称重模块

某出口焦炭塔材质SA387–Gr11CL.1+SA240–410S，规格φ9600×41170×（24+3）—（54+3）mm，单台重量386t，3个支撑（运输）鞍座重量为27.94t，预测实际总重量为413.94t。按制造合同规定，出厂前需对焦炭塔进行整体称重。

称重技术在国内首次用于在制超大型压力容器的整体称重，无任何经验可借鉴。能否成功实施某出口焦炭塔的整体称重，事关后续国外制造市场的开拓。

二、称重原理及关键技术

称重原理示意图详见图2。关键技术是校准称重模块，对称重支撑部位进行找正操水平。

根据被称焦炭塔的结构形状和尺寸以及重量超大等实际情况，选用数字式称重传感器进行称重。数字式称重传感器的输出信号是经厂内严格标定的数字称量信号，可以在现场不经标定就能准确地获得称量结果。由于现场进行称量时，要根据实际情况随时调整称重模块的安放位置，因此选用外形尺寸大、安装方便、自身稳定性好的平面加载桥式称重传感器。

模块称重系统配有12套150K1b的高精度称重传感器组成的4套200t的结构强度高、限位精密的称重模块，配合接线盒、信号处理系统、无线收发模块（采用ADI公司最新推出的ADF7020系列射频通讯芯片，工作频段475，475频段是国家开放的无线计量仪表频段）、带特制称重软件的笔记本电脑。设备可以外接打印机、大屏幕显示器及其他特殊仪器。

200t的称重模块由3套150K1b称重传感器结合设计特殊、制造工艺精密、安全系数高、结构合理的机械模块（加载附件）组合而成。在整个系统中配备接线盒、信号处理系统及无线收发模块（顺畅传力的构件）。称重模块的设计要求：结构强度按≥300t设计，上下晃动角度≤7度，3套传感器的受力点在同心圆上并均匀分布，各机械附件精密制造保证限位精准。

被称焦炭塔通过外界助力机构（大吨位液压千斤顶）先顶起，在适当的位置放置相应的称重模块（事先要做好强度足够的基础设施），确认无误后，缓慢地放下被称焦炭塔。受重力作用，重力分别通过模块结构传至称重传感器上，使称重传感器产生形变，粘贴在称重传感器弹性体变形梁上的电阻应变片就会发生变化，直至由应变片组成的惠斯登电桥桥路失去平衡，在激励电压作用下输出与焦炭塔重量成正比的电压信号给接线盒，接线盒将3组称重传感器的信号并联后传输给信号处理系统，信号处理系统将信号放大，模/数转换后由无线收发模块顺畅地传输到PC系统上做特殊的数据处理，PC通过特制的称重软件将处理好的重量数据直接显示在窗口上，得到数字式称重数据。

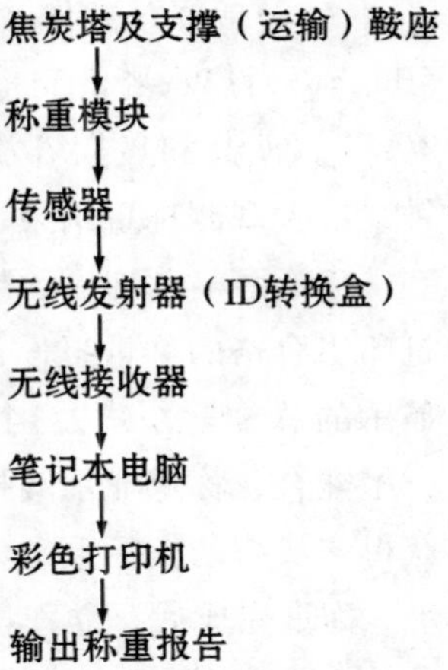

焦炭塔及支撑（运输）鞍座

称重模块

传感器

无线发射器（ID转换盒）

无线接收器

笔记本电脑

彩色打印机

输出称重报告

图2　称重原理图

三、安全策划称重方案

焦炭塔及支撑（运输）鞍座摆放在移动小车上，支撑（运输）鞍座底板下表面距离地面约740mm。称重过程示意图详见图3。采用4套数字式称重模块（以下简称称重模块）支承焦炭塔两端2个支撑（运输）鞍座的方法实现称重计量。

提前进行液压千斤顶摆放区域的地基处理，采用合适的斜铁找正找平。600t液压千斤顶，型号DYG-600T，底部尺寸φ500mm，行程300mm，最小高度580mm，最大高度880mm。

对运抵称重现场的称重模块、液压千斤顶等设备器具进行安装、调试，直至合格。提前完成4套称重模块的预校准。

以鞍座筋板和腹板交汇中心点为基准分别找准液压千斤顶和称重模块的摆放位置，做好定位标记。为相对增加液压千斤顶和鞍座底板接触部位的支撑刚度，加垫2层φ200×100mm钢板。

将4台600t液压千斤顶分别摆放到位，将液压千斤顶的升降杆调至最低点。统一指挥，操作液压千斤顶同步将焦炭塔及支撑（运输）鞍座缓慢顶升约260mm，保证移动小车上方有约260mm空间摆放4套200t量程φ600×210mm的称重模块。锁住液压千斤顶稳定15分钟，快速组装好称重模块，检测称重模块上表面与2个鞍座底板下表面的距离，应保证约50mm。确认安全后，接好称重模块和无线发射器的连接电缆，接好无线接收器和笔记本电脑以及彩色打印机的连接电缆，并通电。

统一指挥，操作液压千斤顶同步将焦炭塔及支撑（运输）鞍座缓慢降低约50mm，当焦炭塔的支撑（运输）鞍座接触称重模块时，液压千斤顶继续下降约30mm，使其和焦炭塔及支撑（运输）鞍座完全脱离。锁住液压千斤顶稳定20分钟，准备观测称重结果。

待笔记本电脑显示数据稳定后，即获得称重总重量，过程维持15分钟，同步打印出合格的称重报告，让中外监造拍摄数码照片或录像见证。根据笔记本电脑显示的总重量，减去3个支撑（运输）鞍座重量（鞍座预先在钢平台上称重，用行吊配合，称重显示数据方法同理，称重模块及传感器的量程可相应减小），即获得焦炭塔的实际重量。至此称重结束。

称重完成后，立即操作液压千斤顶同步将焦炭塔及支撑（运输）鞍座缓慢顶升约50mm，保证有约50mm空间撤出称重模块。锁住液压千斤顶稳定15分钟，快速有序拆除称重模块。

统一指挥，操作液压千斤顶同步将焦炭塔及支撑（运输）鞍座缓慢降低约260mm，使焦炭塔及支撑（运输）鞍座回落到移动小车上。

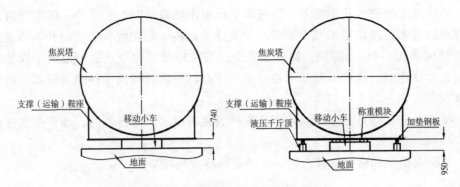

图3 实施方案称重过程示意图

四、质量控制

称重模块校准单位应是国家法定计量检定机构，经国家质量监督检验检疫总局考核，符合JJF 1069—2007《法定计量检定机构考核规范》的要求。

称重模块的校准执行标准JJG 455—2000《工作测力仪》。

和称重模块接触的移动小车或单个支墩上表面的每平方米不平度≤5mm，总体不平度≤10mm。

称重允许偏差±5‰。

五、安全措施

称重全过程的安全是重中之重，操作不当会导致被称焦炭塔倒塌落地，造成操作人员伤亡和设备损毁。放置模块的承载支墩一定要坚固并相对水平（用水平尺或U形管找正操水平）。操作过程各个环节操作人员应密切配合，升起、降落时保证动作同步、缓慢。特别是降落时，当系统因称重支撑部位不平而报警时，要立即停止降落重新升起一定高度，做好加垫找平工作，然后再降落，直到系统不报警，称重结束。

称重前，应组织操作人员进行详尽的称重方案安全和技术交底，使操作人员熟知称重方案，领会操作要点和难点。

称重前，操作人员应检测设备器具及液压千斤顶的各项性能，调试至合格，保证称重全过程各种设备器具能安全运行。

称重过程中的液压千斤顶顶升和回落，操作人员应匀速适当增减油压，使4个支撑点的升降缓慢均匀。操作人员统一指挥，分工明确，信号传递正确清晰，防止操作人员受到伤害、对设备造成故障。

准备充足的道木及木板条，当液压千斤顶出现故障时，操作人员随即在称重支撑点以外部位塞垫道木及木板条，使支撑（运输）鞍座底板下表面和木板条之间适时保持10—15mm间隙，以利于安全。当故障处理完毕或更新液压千斤顶后恢复正常操作时，操作人员随即在称重支撑点以外部位撤出木板条及道木，以利于液压千斤顶下降。

操作人员在称重支撑点以外部位塞垫或撤出道木及木板条时，动作应迅速敏捷，步调一致。

非称重操作和检查见证人员，不得进入称重现场。

六、实施称重

2010年8月20日，按安全策划的称重方案成功实施了某出口焦炭塔称重，称重显示重量为414.6t。称重全过程及实际结果获得了现场观摩称重的中外监造的一致认可。称重见证详见图4。

图4　称重见证

七、安全技术改进

某丙烯塔材质Q345R（正火），规格φ8800×120470×50—76mm，制造重量2243.97t，国内已经实现整体制造、整体海运、整体吊装。随着制造长度、制造直径、制造重量的增加，制造场地的平整度将直接影响到称重安全和实际结果。为了更安全、更高效地实施超大型压力容器的整体称重，需对上述成功实施过的称重方案做进一步改进。相应增加至用8个支撑点实施称重，将称重模块量程同步增大，对称重模块及液压千斤顶摆放区域的地基处理及地耐力和平整度提出更高要求，对支墩上表面的每平方米不平度及总体不平度提出更苛刻要求。多点支撑多点找正操水平的难度相应加大，称重过程操作人员对8个支撑点的液压千斤顶升降要更缓慢更均匀，操作人员配合要更密切，操作要更熟练。经过科学严谨的安全策划和技术论证，制定了改进后的称重方案，为后续超大型压力容器的整体称重提供安全技术储备。

超大型压力容器及支撑（运输）鞍座摆放在液压平板车上，支撑（运输）鞍座底板下表面距离地面约1100mm，借助自带升降功能的液压平板车进行称重安全防护，保障称重全过程的安全平稳，称重过程示意图详见图5。采用8套数字式称重模块（以下简称称重模块）支承超大型压力容器轴向4个支撑（运输）鞍座的方法实现称重计量。

提前进行称重模块及液压千斤顶摆放区域的地基处理，即最下方准备和垫设16块1500×1500×50mm支撑钢板，并采用合适的斜铁找正找平。提前制作8个1000×1000×750mm支墩。提前定做48块1000×330×300mm新枕木，其中24块模拟和替代称重模块，24块用于液压平板车就位前的液压千斤顶顶升（600t液压千斤顶，型号DYG-600T，底部尺寸φ500mm，行程300mm，最小高度580mm，最大高度880mm）。

对运抵称重现场的称重模块、液压千斤顶等设备器具进行安装、调试，直至合格。提前完成8套称重模块的预校准。称重模块的校准执行标准JJG 455—2000《工作测量仪检定规程》。

以鞍座筋板和腹板交汇中心点为基准分别找准液压千斤顶和称重模块的摆放位置，做好定位标记。

将8块支撑钢板和24块新枕木分别摆放到位，并进行找正找平，准备用液压千斤顶顶升；同时在外侧将8块支撑钢板和8个支墩分别摆放到位，并进行找正找平，准备支撑超大型压力容器及支撑（运输）鞍座。

将8台600t液压千斤顶分别摆放到位，将液压千斤顶的升降杆调至最低点。统一指挥，操作液压千斤顶同步将超大型压力容器及支撑（运输）鞍座缓慢顶升约50mm，保证外侧支墩上方有约350mm空间摆放新枕木。锁住液压千斤顶稳定15分钟，快速在外侧支墩上分别摆放好24块新枕木。统一指挥，操作液压千斤顶开始缓慢下降。当超大型压力容器的支撑（运输）鞍座接触新枕木时，液压千斤顶继续下降直至升降杆回零，使其和超大型压力容器及支撑（运输）鞍座完全脱离。超大型压力容器及支撑（运输）鞍座回落在外侧支墩及新枕木上，支撑（运输）鞍座底板下表面距离地面约1100mm。

将液压千斤顶/新枕木/支撑钢板依次全部撤出，清理出运输液压平板车的进出通道，要求支撑（运输）鞍座下方的支墩内缘间距保证约6500mm。

调整运输液压平板车位置，使液压平板车中心与超大型压力容器重心重合，液压平板车纵轴线与超大型压力容器纵轴线重合，支撑（运输）鞍座对应部位的车板上放置防滑软木板。利用液压平板车自带升降功能同步缓慢起升平板车，将超大型压力容器及支撑（运输）鞍座由支墩上转移至液压平板车上，反复调整找正找平超大型压力容器位置，确认液压平板车前后左右8点支撑压力误差小于差值的2%时将超大型压力容器及支撑（运输）鞍座放置于液压平板车上，使支撑（运输）鞍座底板下表面距离地面约1150mm。

快速撤出外侧支墩上的新枕木，分别替换上8套200t量程φ600×210mm的称重模块（单个重量约500kg）。组装好称重模块后，检测称重模块上表面与支撑

（运输）鞍座底板下表面的距离，应保证约140mm。确认安全后，接好称重模块和无线发射器的连接电缆，接好无线接收器和笔记本电脑以及彩色打印机的连接电缆，并通电。

利用液压平板车自带升降功能同步缓慢降低平板车，当超大型压力容器的支撑（运输）鞍座接触称重模块时，平板车继续下降约30mm，使其和超大型压力容器及支撑（运输）鞍座完全脱离。准备观测称重结果。

待笔记本电脑显示数据稳定后，即获得称重总重量，过程维持15分钟，同步打印出合格的称重报告，让中外监造拍摄数码照片或录像见证。根据笔记本电脑显示的总重量，减去8个支撑（运输）鞍座重量（鞍座预先在钢平台上称重，用行吊配合，称重显示数据方法同理，称重模块及传感器的量程可相应减小），即获得超大型压力容器的实际重量。至此称重结束。

称重见证后，立即利用液压平板车自带升降功能同步缓慢起升平板车约170mm，将超大型压力容器及支撑（运输）鞍座缓慢起升，保证有约140mm空间撤出称重模块。快速有序拆除称重模块/支墩/支撑钢板。

利用液压平板车自带升降功能同步缓慢降低平板车约150mm，使平板车上表面距离地面约1000mm（安全运输高度），准备后续封车及装船工作。

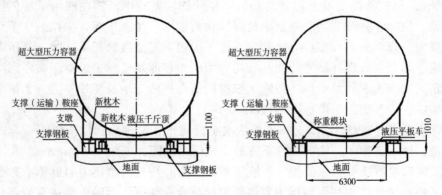

图5　改进方案称重过程示意图

八、结束语

称重过程不可或缺，安全策划并成功实施整体称重，为某出口焦炭塔的整体海运、整体吊装提供了有力支撑，有效增加了制造附加值，为后续承接制造的国内外超大型压力容器整体称重提供了宝贵的实战技术和安全支持。同时，本论文介绍的称重方案和安全技术拓展了称重技术的应用领域。

关于"煤改气"过程中的安全问题

洪利维

（嘉兴和邦安全技术有限公司）

摘　要：为了积极响应政府号召，顺应"煤改气"改革，企业拟对燃煤锅炉进行改造，采用以液化天然气（LNG储罐/杜瓦瓶）、轻烃燃料（主要成分正戊烷）等作为清洁能源的燃气锅炉替代燃煤锅炉，而由此带来的安全隐患往往不被企业主所重视。因此，文章对"煤改气"中存在的问题进行分析，提出了相应的安全防范措施，希望能够对事故进行有效预防，推动"煤改气"的安全实施。

关键词：煤改气　液化天然气（LNG）　轻烃燃料　安全风险　安全隐患安全监管

随着经济发展对能源的需求量快速增长，企业燃煤锅炉热效率不高，能源浪费严重，超标排放现象多，大气污染物排放总量过大等问题日益凸显，排放的二氧化硫、二氧化碳、氮氧化物、粉尘等不仅给节能减排工作带来很大压力，而且污染了城市环境。为了积极响应政府号召，顺应"煤改气"改革，企业拟对燃煤锅炉进行改造，采用以液化天然气（LNG储罐/杜瓦瓶）、轻烃燃料（主要成分正戊烷）等作为清洁能源的燃气锅炉替代燃煤锅炉，而由此带来的安全隐患往往不被企业主所重视。

一、"煤改气"过程中存在的安全风险

（一）企业安全风险意识差，对"煤改气"产生的安全风险辨识不足，变更管理缺失

1.物质危险性

根据《危险化学品目录（2015版）》，液化天然气已被列入其中，属于危险化学品，具有易燃易爆的危险性。根据《首批重点监管的危险化学品名录》（安监总管三〔2011〕95号）的规定，液化天然气属于首批重点监管的危险化学品。

轻烃燃料（主要成分为正戊烷）中的正戊烷已被列入《危险化学品目录（2015版）》，属于危险化学品，具有易燃易爆的危险性。其主要危险特性及健康危害如下表：

表1 物质的危险性

物质	危险特性	健康危害
液化天然气	危险特性：与空气混合能形成爆炸性混合物，遇明火、高热极易燃烧爆炸。与氟、氯等能发生剧烈的化学反应。其蒸气比空气重，能在较低处扩散到相当远的地方，遇明火会引着回燃。若遇高热，容器内压增大，有开裂和爆炸的危险。	健康危害：急性中毒时，可有头昏、头痛、呕吐、乏力甚至昏迷。病程中尚可出现精神症状，步态不稳，昏迷过程久者，醒后可有运动性失语及偏瘫。长期接触天然气者，可出现神经衰弱综合征。急性中毒：有头晕、头痛、兴奋或嗜睡、恶心、呕吐、脉缓等；重者可突然倒下，尿失禁，意识丧失，甚至呼吸停止。可致皮肤冻伤。慢性危害：长期接触低浓度者，可出现头痛、头晕、睡眠不佳、易疲劳、情绪不稳以及自主神经功能紊乱等。
轻烃燃料（主要成分为正戊烷）	危险特性：极易燃，其蒸气与空气可形成爆炸性混合物。遇明火、高热极易燃烧爆炸。与氧化剂能发生强烈反应，甚至引起燃烧。液体比水轻，不溶于水，可随水漂流扩散到远处，遇明火即引起燃烧。在火场中，受热的容器有爆炸危险。其蒸气比空气重，能在较低处扩散到相当远的地方，遇明火会引着回燃。	健康危害：高浓度可引起眼与呼吸道黏膜轻度刺激症状和麻醉状态，甚至意识丧失。慢性作用为眼和呼吸道的轻度刺激。可引起轻度皮炎。

目前，有些企业之前从未涉及过该类危险化学品，对其了解不够、安全意识不足。

2.工艺过程危险性

从技术方面看，"煤改气"项目占地面积小，操作简单，不需要专人进行操作，按下按钮就可以自动运行。但存在过程危险性：

（1）进入卸车区的车辆如果未采取防静电接地、未带阻火器、未熄火卸车，天然气/轻烃燃料一旦泄漏可能引起火灾、爆炸。

（2）天然气气化时会迅速膨胀，在密闭容器或管道内压力过高，会导致容器或管道超压危险。未设置安全阀和压力表，或未按规定进行定期检验，安全阀和压力表失灵、损坏，也易导致气化器超压，造成工艺失常、物料泄漏而引起火灾、爆炸事故。

（3）输送管道系统由管道、阀门等连接组成，这些管道的设计、安装调试不当，管道焊接缺陷，管道、阀门及附件的材质不符合要求或使用不当、管理不善，或因腐蚀、意外撞击、热胀冷缩、振动疲劳等原因被损坏时，均可能造成泄漏，从而引起火灾、爆炸等事故。天然气在设备、管道、阀门等设施内高速流动时，易产生和积聚静电，设备和管道系统未安装防静电接地装置或防静电接地装置失效，产生和积聚的高电位静电有可能产生静电火花，从而引起火灾、爆炸事故。

3.设备设施危险性

针对"煤改气"项目，主要涉及储罐、杜瓦瓶、气化器、燃烧器、锅炉及配套的安全阀、压力表等安全附件，存在的主要危险性如下：

（1）储罐、杜瓦瓶、锅炉属于特种设备，如设备本身设计、制造存在缺陷，或贮存过程中装液过量都会形成事故隐患，可能引发泄漏、火灾、爆炸等事故。

（2）储罐、杜瓦瓶储存场所的火灾危险性为甲类，这些场所如果未选用满足相应要求的防爆电机，电气设备无安全认证标志（特别是防爆电器的防爆等级），用电负荷不能满足要求，防雷防静电措施不可靠，管理制度方面不完善，事故状态下的用电不可靠等均有可能导致火灾、爆炸事故。

（3）储罐若未设置高低液位报警装置或高低液位报警装置失效，可能发生易燃气体溢出事故。储罐上配套的安全阀、压力表等安全附件若未定期校验或失效等，均易引发各类安全事故。

（4）爆炸危险区域内若未设置可燃气体浓度报警仪或可燃气体浓度报警仪失效，人员一旦中毒和窒息，未被发现，极易使事故扩大化，可能发生火灾、爆炸事故。

（5）燃烧器不符合规范要求，或型号与锅炉不匹配，易引发火灾、爆炸事故。

4.变更管理缺失

针对"煤改气"项目中的液化天然气储罐（或杜瓦瓶），企业内部无相应的设备、工艺、操作等变更手续，缺乏相应的设备、工艺、操作等危险性分析及对策措施，存在私自采购"煤改气"设备设施、私自由无相应资质单位安装、违规更换锅炉燃烧器和燃料油、违规盲目操作等现象。

（二）安全设计风险（未经正规设计）

（1）《中华人民共和国安全法》第二十九条："矿山、金属冶炼建设项目和用于生产、储存、装卸危险物品的建设项目，应当按照国家有关规定进行安全评价。"

（2）《城镇燃气设计规范》（GB 50028—2006）中第9章"液化天然气气化站"，对液化天然气储罐（气化站）、液化天然气气瓶组（气化站）均有相应的安全/防火间距及其他安全设施等要求。《民用轻烃混合燃气工程技术规范》（NY/T 652—2002）对轻烃燃料有相应的安全/防火间距及其他安全设施等要求。

（3）《质检总局办公厅关于燃气锅炉风险警示的通告》（2017年第2号）：为了保证燃气锅炉的安全运行，对"一、燃烧器的选配；二、燃烧器的型式试验；三、使用要求；四、调试；五、改造、修理；六、其他"等方面提出了安全使用要求。

目前，存在部分企业对其"煤改气"项目无相应的设计，自行由供气单位在厂区内部任意布置，造成间距不足、安全设施不到位等现象频频发生。

（三）安全管理风险

大部分企业采取的方式是由供气单位提供设备、使用单位提供场地，设备的日常管理由供气单位负责维护保养，从而造成如下问题：

（1）使用单位对设备缺乏日常的安全管理，甚至不将其纳入企业内部管理范围内。供气单位由于日常安全管理能力有限，缺乏现场管理。锅炉运行安全管理缺失。

（2）企业安全管理及操作人员专业素质不能满足安全生产要求，作业人员安全教育不到位。

（3）没有完善的安全管理组织机构和人员配置，没有健全的安全生产责任制、安全管理制度、安全操作规程。

（4）主要负责人、安全管理人员和特种作业人员未经安全管理部门培训并取得上岗证，其他从业人员未进行培训、教育并经考核就上岗。

（5）没有足够的安全投入和安全设施，未按国家有关标准、规范对安全生产进行监督与日常检查、记录。

（6）未制订事故应急救援预案并进行演练等。

（四）安全监管风险

地方政府和有关部门存在对"煤改气"过程安全重视不够、监管不到位等问题。

二、"煤改气"过程中的安全防范措施

（一）风险辨识、变更管理

（1）准备实施或正在实施"煤改气"的企业，要立即对改造方案进行风险辨识，根据辨识结果，进一步完善改进安全风险管控方案；已经完成改造的企业，要立即开展安全隐患排查，存在问题的要立即进行整改。

（2）加强变更过程安全管理，健全完善相关规程要求，企业涉及"煤改气"的项目必须按照要求，由具备相应资质的设计单位进行工程设计，相应的工艺流程、设备设施、安全仪表、自动化控制必须符合相关标准规范和安全要求。杜绝私自采购"煤改气"设备设施、私自由无相应资质单位安装、违规更换锅炉燃烧器和燃料油、违规盲目操作等现象发生。

（二）安全设计、安全评价

（1）针对不同的项目，使用单位或者供气单位应委托有化工或综合资质的设计单位，根据《城镇燃气设计规范》（GB 50028—2006）、《民用轻烃混合燃气工程技术规范》（NY/T 652—2002）等相关规范要求，对"煤改气"项目总图、工艺、自动化控制等进行设计。

（2）合理选型并采购正规厂家的设备设施，委托有资质的单位对"煤改气"项目进行施工、安装。

（3）委托有资质的安全评价单位对"煤改气"项目（含燃气锅炉）进行全面的安全评价，确保安全设施设计到位、施工到位、运行到位。

（三）安全管理

（1）督促使用单位与供气单位签订相应的安全协议，明确各自职责，并严格落实到位。督促使用单位将"煤改气"项目纳入公司内部管理范围，做好现场管理，并建立现场应急处置方案。供气单位应认真履行社会责任，加强对企业"煤改气"工作的技术指导和支持。

（2）要严格从业人员资格准入，强化安全教育培训。操作人员必须具有高中以上文化程度，相关专业管理人员必须具备大专以上学历。

（3）对涉及"煤改气"项目的企业相关人员（负责人、安全管理员、操作工等）进行物质危险性、操作危险性、应急处置能力及事故案例等专业培训。对涉及特种设备的企业相关人员（负责人、安全管理员、操作工等）应参加特种作

业培训，做到持有效上岗证上岗。

（4）项目投用前必须编制操作规程，操作规程要对天然气投用过程中的吹扫、分析、点火等关键步骤提出明确要求。制订事故应急救援预案并进行演练等。

（四）安全监管

（1）进一步强化安全生产意识。牢固树立科学发展、安全发展理念，建立健全"党政同责、一岗双责、齐抓共管"的安全生产责任体系，坚持"管行业必须管安全、管业务必须管安全、管生产经营必须管安全"的原则，进一步落实地方属地管理责任和企业主体责任。

（2）加强燃煤锅炉改造项目的安全管理。要督促企业加强对改造项目安全风险的认识，建立和完善安全风险管控方案并严格执行到位；加强企业拆除旧锅炉、安装新锅炉施工和调试环节的安全监管，及时纠正和查处各类违法违规改造行为。

（3）要突出抓好燃煤锅炉改造后锅炉运行的安全管理。地方政府和有关部门应突出燃煤锅炉改造后锅炉的安全监管和执法检查，要采取全覆盖、拉网式，聘请专家进行安全检查，建立安全检查档案和工作台账。

三、结语

众所周知，企业"煤改气"项目的安全运行是企业安全生产的关键一环。针对"煤改气"项目中存在的一些不足，企业（包括使用单位、供气单位）、政府各方要做好相应的管理、监管等工作，确保企业"煤改气"项目的安全实施及安全运行。

参考文献：

[1]李全德，李智军，王二西. 浅谈轻烃混气燃气鼓泡制气工艺的物理原理及应用[J]. 农业工程学报，2006（10）：181—183.

安全生产管理篇

宁波轨道交通工程应急管理的实践

何　山

（宁波市轨道交通集团有限公司）

摘　要： 随着经济快速发展，城市边缘不断向外扩展，越来越多的城市开始布局城市轨道交通系统，这其中也不乏一些中小城市。城市轨道交通具有建设周期长、技术含量高、施工风险高和社会影响广等特征，客观上造成施工事故多发且事故原因错综复杂，这就要求轨道交通工程建设管理者建立起一套完善的应急管理体系，来提高应对轨道交通突发事件的能力，从而有效控制工程事故带来的损失和社会影响。以宁波为代表的中小城市在轨道交通建设过程中要承受应急资源的先天不足，应急管理工作面临着诸多考验。

关键词： 轨道交通　突发事件　应急预案　应急管理体系

一、引言

随着国民经济的日益增长和城市化进程的不断加快，城市人口急剧膨胀，城市边缘不断扩展，常规的公共交通已经难以适应现代客运交通的需要。轨道交通具有快速、正点、运量大、能耗低、乘坐舒适等优点，近年来得到迅速发展，北上广等城市的轨道交通客运量占比已经达到了城市公共交通的30%。从世界许多大都市的城市化发展历程来看，轨道交通在解决城市交通拥堵、城市合理规划布局等方面，都发挥了巨大的作用。我国政府也将发展轨道交通当作城市公共基础设施建设的重要组成部分。很多城市投入了大量人力和物力，进行了不同程度的城市轨道交通可行性研究和项目建设前期工作，开始布局城市轨道交通系统。

虽然轨道交通给人们的出行带来了便利，但是轨道交通工程建设存在许多潜在的事故风险，如地质危害、自然灾害、设计缺陷、施工管理弊病等。轨道交通因其建设周期长、技术含量高、施工风险性和社会影响性，导致施工事故多发且事故原因极其错综复杂。2004年4月20日，新加坡Nicoll Highway Station基坑塌方事故，形成100m×50m的路面坍塌，事故造成1人死亡、3人失踪。2008年11月15日，杭州地铁1号线湘湖车站发生塌陷事故，事故现场基坑钢支撑崩断、地连墙断裂，坑内外土体发生滑裂，造成基坑西侧100m×50m塌陷区，事故造成17人死亡、4人失踪，为中国地铁修建史上最大的事故。2013年8月18日，宁波轨道交通1号线发生贝雷梁支架坍塌事故，施工单位在对贝雷梁支架进行预压作业时，贝雷梁支架坍塌，导致底板上施工的6名工人坠落，事故造成2人遇难、4人重伤。在一起起的事故面前，我们不得不对轨道交通的安全问题感到忧虑，并且认真思考事故所暴露出来的问题以及我们本该采取的应急防范措施。轨道交通工程安全问题日渐成为社会关注的焦点，提高应急过程中的应急处置和快速响应能力，最大限度地降低事故造成的损失已经成为当前迫切需要解决的问题。

二、建立轨道交通应急体系的重大意义

首先，健全的轨道交通应急体系可以为城市提供强大的支持保障。完善的轨道交通应急管理体系可以为轨道交通应急救援指挥提供针对性的信息获取、信息共享、自动预警、快速评估、辅助决策、命令发布、联动指挥等功能，实现快速响应、迅速控制灾情的目的。

其次，应急体系的完善与参建各方的利益息息相关。各参建单位的应急体系越完善，对于突发事件的预防和控制越能在实战中发挥作用，最大限度地减少事故造成的人员伤亡和财产损失及对环境产生的不利影响。

再次，完整的应急管理体系模式推进制度、法规、配套设施系统的更新完善。应急管理体系的落实对制度、法规及配套依赖性大，并在实际应急响应过程中促使其更新完善，以适应应急管理体系模式的更新变化。

三、宁波轨道交通工程风险特点

（一）软土地区常见工程事故类型

1.宁波软土工程特性

宁波地处东海之滨，杭州湾南岸，市区甬江、姚江和奉化江三江交汇，宁波的海相软土地层主要由第四纪中期后的陆海相交互的松散沉积物组成，形成的淤泥质黏土和粉质黏土层厚度可达90—100m。这类软土具有高含水量、高压缩性、高流变性、高灵敏度、低渗透性、固结慢等特点，其土层自稳性极差，工程性质要比广州、上海等地的软土更差。有学者做了相关的试验，结果显示：宁波软土在受到严重扰动后强度仅为20%—30%，经长期变形破坏的土体，其抗剪强度仅为一般抗剪强度的40%—50%。

2.基坑工程事故类型

轨道交通基坑包括车站主体基坑和附属基坑，以车站为例，基坑开挖深度一般在15—30m，以狭长矩形居多，在宁波软黏土这种地质条件下，基坑开挖的时空效应非常明显。软土地区深基坑开挖风险较高，基坑容易坍塌，必须对开挖的全过程进行监测监控。

软土地区基坑工程常见的事故类型：（1）围护结构破坏或失稳：深基坑在向下开挖过程中，（地连墙、钻孔桩、工法桩）围护结构会产生连续变形，当变形发展到一定程度时，桩墙体发生崩断或者踢脚滑移，导致基坑坍塌。（2）严重渗漏造成地层空洞（塌陷）：软土地区尤其是砂性土地层条件下，围护结构桩（墙）体因接缝夹泥或垂直度控制差等问题形成渗漏通道，动水裹携坑外土体通过渗漏通道进入基坑，形成坑内涌水涌砂和坑外地层空洞（塌陷）事故。（3）纵向滑坡和支撑失稳：软土自立性差，基坑开挖放坡不足或者暴雨冲刷造成纵向滑坡，导致整个支撑体系被冲垮。（4）承压水引起的基底突涌：超挖引起的承压水隔断层打通或降承压水头不力引起的基坑突涌。（5）基坑开挖引发的建构筑物不均匀沉降或压力管线爆裂等其他次生灾害。

3.区间工程事故类型

轨道交通区间工程主要包括区间隧道和联络通道，在软土地区，区间隧道开挖采用盾构法施工，联络通道开挖多采用冰冻法施工。宁波的淤泥质黏土因其高流变性、高灵敏度等特点，盾构在推进过程中参数设定和线型控制较为困难，周边环境保护难度大；盾构推进后土体扰动后固结慢、工后沉降时间长，拼装后的管片极易出现上浮。

软土地区区间工程常见的事故类型：（1）盾构进出洞事故。（2）盾构越江推进引起塌方事故。（3）盾构磕头或沉陷事故。（4）盾构穿越不明障碍物事故。（5）隧道内可燃气体、有毒有害气体事故。（6）联络通道施工事故。

（二）市政管网特点

市政管网是一个城市基础设施的重要组成部分，主要包括给水、雨污水、电力、电信、网络、热力管道等，市政管网通常敷设在地面以下，因此轨道交通施工经常会牵涉到市政管道的改迁或保护。宁波老城区的市政管道建设年代久远、敷设随意性大，在旧城改造和道路翻修过程中改迁多、废弃多，许多管网的原始资料在档案馆无从查证，同时产权单位的管线施工记录也不完整。换句话说，设计给定的施工影响范围内的地下管网材质、管径、埋深、平面位置等基本资料有可能与实际情况不相符合，甚至遗漏，这就加大了市政管网的保护难度，同时也给轨道交通施工埋下了风险隐患。如2013年1月，宁波轨道交通1号线一期工程江厦桥东站项目部在对一处路灯进行迁移施工时，原定开挖的路灯基础难以施工，工人向西偏移4米后再开挖，结果造成110KV电缆线被挖断，工人被高压电打伤，电力中断11天。该起事故发生的直接原因就是给定的电力管线设计资料不准确，假如设计图纸明确给出了该110KV电缆线的平面位置和埋深的话，施工方是不会贸然开挖的。此外，军用电缆在轨道交通施工中也时有发现，这些管网严格意义上并不属于市政管网，最大的特点是管线信息不对外公开，这也构成了宁波轨道交通施工的一个重要风险特征。

（三）台风及防汛特点

宁波地属北亚热带湿润季风气候，每年的7—10月为台汛期，过境台风正常维持在4—6个，台风所到之处带来大风和强降水天气，并引发山体滑坡、城区积涝等次生灾害，给轨道交通在建工程带来巨大威胁。如2012年台风"海葵"正面登陆宁波，给宁波带来了大暴雨，且强度大、时间长。据统计，短短20个小时内宁波市降雨量高达150mm，大大超出了水库、河道的水位警戒值，城区发生严重内涝，市政排水管网瘫痪，多处轨道交通在建基坑发生严重积水，2号线一台掘进施工的盾构机受淹，设备损毁严重。

针对防台防汛应急，宁波轨道交通建设指挥部与市气象站建立了信息合作机制，一旦有台风过境宁波，气象站将提前将相关讯息通知到指挥部相关部门，指挥部通知各参建单位启动防台应急响应。台汛期间，宁波轨道交通建设指挥部要求各处室及参建单位负责人必须坚守岗位，提前布防，积极准备。因此，防台抗汛成为宁波轨道交通应急管理的一项重要工作。

（四）管理及资源劣势

宁波轨道交通起步晚，生产管理经验相对不足，可供调配的社会应急资源相对稀缺。区别于大城市、中小城市在人才引进政策方面缺少足够的吸引力，本地高校少，能够与之开展的科研合作较少，行业精英智力匮乏。政府部门在政策制定方面滞后，企业各项管理制度尚未健全，管理者经常面临着摸着石头过河的境地，客观上加大了轨道交通的施工管理风险。如地铁保护区政策的制定不及时，造成1号线某盾构成型隧道内管片发生严重位移、开裂及渗水，事故的起因是隧道一侧10m处有一民用深基坑开挖，其设计和施工方案中均未考虑对地铁隧道的保护。政府层面，市里没有专门成立针对轨道交通的抢险技术力量，也没有建立行业智库。轨道交通建设公司和施工承包企业层面，应急实战机会和经验积累不足，抢险队伍技术薄弱且流动性大，抢险设备投入和应急战略物资储备较少，应急预案的科学性及适用性有待检验。社会层面，公众对轨道交通的整体认知水平不高，风险防范和避灾意识不强。因此，管理及资源劣势是宁波轨道交通开展应急管理工作的又一主要特征。

四、应急管理体系的实践

（一）如何针对软土工程特点建立应急体系

三级应急管理体系，即市一级、轨道交通集团公司级和施工项目部级三个层级，各层级的应急预案由各级主体单位独立编制，并组织专家评审。宁波的三级应急体系建立经历了由点到面、先易后难的过程，各级预案层次清晰且关键要素、侧重点突出，各级部门和参建单位在应急状态下职责划分明确，克服了中小城市在建立应急体系上的先天不足，值得其他中小城市学习借鉴。

（二）编制针对性强的三级应急预案

应急预案的编制，主要参照国家安监总局令第17号《生产安全事故应急预案管理办法》执行。宁波要求承包商在工程开工前先行完成项目部级应急预案编制，预案内容以评审要素表作为编制依据之一，并做到与上级预案，即轨道交通集团公司预案相衔接。集团公司的预案主要内容包括规定各处室及下级预案中承包商的职责，同时要求与上级预案，即市级预案中相关政府部门进行工作对接。市级预案是三级应急体系中的第一级别预案，明确了政府各个职能部门在处理轨道交通事故时应当履行的职能和承担的责任。宁波将项目级预案下的现场处置方案列为预案的重点编制工作。由于轨道交通建设事故因其错综复杂和不确定性，现场处置方案的实施过程困难重重，宁波的做法是，充分发挥承包商和参建各方的集体智慧，听取他们的合理意见，分时段、分标段、分模块地完成现场处置方案。

（三）建立动态监测监控管理体系

监测监控管理是应急管理工作的重要组成部分。通过建立预防预警机制，宁波将应急管理工作整体前移，对现场隐患和警情进行动态把控，从而从根本上减少了重大事故的应急次数。宁波成立了以指挥专门部门、风险咨询单位和第三方监测单位为主体的监测监控管理中心，负责施工现场的监测跟踪、应急处置和动态风险控制。

（四）应急抢险队伍及总分库

轨道交通应急抢险队伍分为项目部级抢险队和指挥部级抢险队。以宁波为例，施工单位的应急抢险队由工程经验丰富的管理人员和技术工人组成，应急状态下统一服从项目经理指挥管理。指挥部的抢险队伍由某一项目标段的抢险队兼职，项目部负责日常管理工作，出险时，受指挥部调配；宁波轨道交通指挥部计划在今后组建本土化的应急抢险队伍，专门服务于轨道交通抢险需要。应急物资方面，各施工单位以合同为依据，配足抢险装备和器材，保证应急时刻能够及时响应。

（五）应急救援社会协调

地铁建设虽然有政府的支持和帮助，但也更需要周边居民和企业单位的理解支持，地铁项目在始建初期就应主动与社区街道、企业等取得联系，加强宣传和引导。此外，宁波轨道交通集团公司在应急体系建设过程中还同相关平行单位（如区轨道办、质检部门）建立了合作机制，邀请这些单位及部门参与应急演练观摩。施工单位的综合应急预案内容中还包括与附近医院、区轨道办、应急抢险物资供应商、土方车单位等相关抢险单位签订的协议。

（六）工程事故应急处置

宁波轨道交通集团公司结合宁波轨道交通工程安全生产实际情况，组织编写了《宁波市轨道交通工程应急抢险标准化手册》，根据软土地区轨道交通常见工程事故类型，制定了应急处置措施。如发生基坑承压水突涌，采取如下措施：（1）险情现场人员疏散，同时对可能造成影响的周边单位或住宅内的人员进行疏散。（2）通知相关管线单位，根据影响程度进行管线监护和处置。（3）会同交警部门对影响到的周边道路进行调整和交通疏解。（4）开启所有承压水抽水泵，降低承压水水位。（5）对小型基坑如出入口等，可及时采用回灌水填土等方法，对大型基坑则应立即进行回填土方（以黏性土为佳）。（6）加强对基坑及周边建筑物的沉降观察。（7）在采取降水措施的同时，寻找涌水源，对其采取必要的技术措施。

（七）应急演练与教育培训

开展城市轨道交通应急演练，是检验应急预案科学性、适用性和可操作性的重要环节，是检验抢险队伍实战能力的重要手段，也是检验应急抢险资源和现场处置方案是否有效的关键。根据安监总局17号令的要求，宁波规定参建宁波轨道交通的施工单位每年至少组织一次综合应急预案演练或者专项应急预案演练，每半年至少组织一次现场处置方案演练。宁波从2010年起举办了市一级和轨道交通指挥部级的大型应急演习，基本实现了提高认识、磨合机制、锻炼队伍、检验预案的既定目标，之后每年定期开展轨道交通层面的大型应急演练，如2018年6月的"宁波市轨道交通盾构隧道盾尾突涌及管线爆裂应急演练"。

现场情况为，盾构掘进地层正处于③$_1$粉砂层中，现场工人发现盾构盾尾底部出现涌水涌沙现象，项目部立即启动项目部级应急预案，但险情未能得以遏制，地表沉降过大导致燃气管线爆裂，情况十分危急，建设单位立即启动集团建设分公司级应急预案，组织应急救援小组开展抢险工作，专业抢险队出动阿特拉斯钻机快速注浆，兴光燃气公司专业配合管道抢险，最终险情得到有效控制。整个演练本着"以人为本、生命第一""统一领导、分级负责""快速反应、资源整合"的原则，各方人员各司其职，按照应急预案紧急开展，现场氛围紧张迫切但有条不紊，应急指挥和响应迅速、规范，应急救援小组分工明确、抢险有力，应急物资储备充足，技术处理措施精准到位，充分体现出宁波轨道交通各参建单位应对突发险情快速响应、果断处置的能力。

需要强调的是演练不同于走过场，不需要过度追求场面宏大，应将演练的侧重点放在事故场景模拟和应急救援实施上面，尽可能地去还原事故现场的真实情境。

涉及轨道交通建设的单位和组织机构非常多，包括各家参建单位、分包单位、政府部门、保险公司、社会媒体、设备物资供应商等。这些单位普遍对轨道交通行业了解不深，风险认识不足。事故一旦发生，这些参与应急救援的社会力量会直接影响到应急救援的效率，这就要求管理者将他们联合起来开展各种形式的培训和教育工作，从而提高受众的安全风险意识和认知水平。宁波轨道交通集团公司每年都会定期组织几场相当规模的教育培训，邀请国内外资深专家来甬培训教育。

五、结语

城市轨道交通工程参建单位多，技术复杂性强，施工风险高，因此建立健全应急管理体系是一项常备不懈的工作。完善应急预警机制、提高安全防御能力和应急处置能力、强化应急组织力量，是应急管理体系完善过程的核心内容。中小城市在建设轨道交通应急管理体系的实践过程中，既要着眼于吸收一线城市先进的管理理念和经验教训，又要重视事故风险类型的区域性差异和应急处置经验总结，积极寻找当前应急管理机制中存在的不足并加以改进，制定切合实际的工作计划，逐步提高各部门和单位应对轨道交通突发事件的风险管理水平和应急处置能力。治病重在治本而不是治标，应急管理的工作重点，还是要放在预防上，如何加强风险源识别、监测监控与风险评估，加强预警管理和早期处置，如何突出每个城市的特点即实际情况和针对性，是一个各行各业要共同长期研究的课题。

参考文献：

［1］谢谦. 城市轨道交通系统应急救援体系的建设［J］. 现代城市轨道交通，2005（2）：44—46.

［2］周静. 轨道交通应急预案管理信息系统研究［J］. 中国商界，2010（8）：183.

［3］邵伟中，朱效洁，徐瑞华，等. 城市轨道交通事故故障应急处置相关问题研究［J］. 城市轨道交通研究，2006，9（1）：9—12.

［4］刘光武. 城市轨道交通应急平台建设研究［J］. 都市快轨交通，2009，22（1）：12—16.

［5］杨珂. 轨道交通应急管理信息研究［J］. 山西建筑，2010，36（22）：238—240.

［6］刘继龙. 城市轨道交通应急管理信息系统研究［D］. 南京：南京理工大学硕士学位论文，2011.

［7］秦勇，王卓，贾利民，等. 轨道交通应急管理系统体系框架及应用研究［J］. 中国安全科学学报，2007，17（1）：57.

两分钟演练促进安全管理

杨云斐

（中核核电运行管理有限公司）

摘　要：秦山核电厂推进应用两分钟演练，辨识现场设备、环境、安全风险，防止人因失误，促进安全管理。电厂维修人员在操作前利用两分钟时间对设备环境、操作对象进行维修全过程的模拟向前、向后推演，发现安全隐患，形成风险预案，落实安全措施。两分钟演练融入维修组织与控制过程中，逐步降低了人因失误比率，培育了良好的核安全文化氛围。

关键词：核电　两分钟　演练　安全

一、前言

秦山核电厂（以下简称"电厂"）是中国大陆自主设计、建造、调试、运行管理的第一座压水堆核电厂。经过长期不懈地探索与实践，电厂建立了安全高效的核电管理体系，培育了视安全为生命的核安全价值观，培养了一支高素质的干部员工队伍，成为中国大陆核电精英的摇篮，为树立核电安全、高效、环保的形象做出了积极贡献。电厂投运以来，WANO综合性能指标达到世界同类堆型中值以上，部分指标进入世界先进水平。在2016—2017年度实现中国核电"90-30-00"指标，WANO综合指数100，连续两个循环功率运行无非停。电厂在过去十几年探索开发应用了一些核电厂人因管理理念、管理体系以及一系列实用的防人因失误工具，避免或减少因为人的行为偏差导致的人因失误安全事件，两分钟演练就是其中之一。为了在核电厂生产运行中减少人因失误，秦山核电维修管理层通过对标、学习、消化、吸收、创新了两分钟演练的防人因失误工具，结合电厂维修人员专业特性进行了管理标准的固化，提出了两分钟演练推广应用的管理创新课题，利用创新的理念、创新的管理、创新的技术和创新的方法来减少或避免维修人员操作中的失误。两分钟演练对维修人员开工前养成思考、推演、排查安全风险的良好行为习惯有促进作用。

二、两分钟演练的内涵

两分钟演练就是让维修操作人员在开工前利用两分钟左右的时间去排查环境安全隐患，两分钟内对设备操作或维修的全过程进行预演、推演，从模拟推演的过程来识别可能的人员行为失误、程序失效、组织与管理的薄弱环节。用两分钟时间将现场置于安全状态，停下来检查，向前检查确认作业前的设备环境状况是否安全，向后推演执行操作后是否会对设备环境带来风险，环绕设备环境四周检查环境是否安全，排除潜在的人因失误陷阱或安全风险后再执行工作。开工前两分钟演练的目的就是为了规范维修人员行为，培育质疑的工作态度，减少或避免人因失误。操作人员应用两分钟演练工具可以营造一种"我要安全""人人高度重视安全"的氛围，培育质疑的态度和保守决策的核安全文化素养。

（一）培养操作前暂停思考的习惯

两分钟演练程序是让员工知道为什么要开展两分钟演练，帮助员工建立一定的风险识别意识和能力，通过一段时间的应用，提高员工的质疑态度和不确定时暂停的意识。通过管理程序让员工知道，在到达工作区域时、重要危险设备的相互影响时、工单准备时、辨识潜在的安全隐患时、从暂停或中断中恢复工作时，均要使用两分钟演练；通过管理程序让员工清楚，如何开展两分钟演练活动。在开始一项工作前，停下来，拿出随身携带的两分钟演练提示卡片，用两分钟时间来观察设备、环境并思考一些问题：我是否拿到了正确的，包括辨识关键步骤在内的工前简报？我是否预想到危险，并采取适当的措施，正确应对危险？我是否确定工作防护和所有需要的防卫设备都已就位？我是否有适当的程序规程？我是否有适当的零件、规程和图纸？我是否有应急计划？我知道这项工作所能引发的最严重的后果吗？排除这些不确定的风险后再执行工作。

（二）培育核安全高于一切核心价值观

为保证两分钟演练的顺利推广，由高层、中层、基层管理者构成支持体系。高层管理者承诺整个组织奉行"核安全高于一切"的核安全观；为推进两分钟演练防人因失误工具提供必要的支持，观察指导两分钟演练防人因失误工具使用。

第一步，建立两分钟演练活动推广组织机构，让维修各专业（机、电、仪、通讯、管理等）相关专业科队、班组、个人积极参与。明确组织机构相关岗位职责和管理要求，确定推广应用流程和方法，采用PDCA管理和跟踪，分解责任目标，落实行动方案。

第二步，在管理者与员工一起参会的会议上宣贯两分钟演练工具的内涵和方法，收集推广应用建议，并在会上讨论推广应用两分钟演练活动策划以及管理推进协调机制。以管理行动项的方式固化行动计划及责任人。

第三步，管理者授课，维修全员参与受训。管理者将两分钟演练的精髓和内涵进行深入浅出的讲授，并以学员提问、教员回答的方式进行互动。制作两分钟演练操作卡，展现出关键步骤的同时，又便于佩戴，方便取用，再将卡片分发给每位员工，作业前进行逐步确认，确保安全后开始工作。

（三）管理期望的传播沟通

管理者根据两分钟演练的管理期望和标准开展一项针对现场设备、环境、工作过程的面对面管理沟通活动，通过观察指导可以了解到工作人员的知识、技能、态度、工作环境和人文环境的不足以及管理期望与执行有效性的不足；同时，这也是一种管理者向员工传递、解释管理期望，向员工展示领导关注的核安全文化的实践。在观察指导过程中，观察人员将两分钟演练使用的标准和管理期望与现场实际进行对比，发现实践过程中是否存在不足，是否符合标准和管理期望，对于不足之处形成管理行动计划，实施整改行动。两分钟演练是安全管理过程中的良好实践，由经验丰富人员担任经验反馈工程师，同时做好人因管理工作，以核电经验反馈信息平台为载体，组织应用两分钟演练工具去发现现场设备、工作环境的安全隐患和现场管理的人因陷阱。通过状态报告反映问题，开展经验反馈，开发纠正行动计划，组织实施整改措施。对于已经发现的人因陷阱和安全隐患在班前会、安全会上组织学习，进行分析评价，使管理要求落实到执行层。

三、两分钟演练应用效果的影响因素

影响两分钟演练应用效果的因素分为人、技术和组织三个方面。个人因素是导致人因失误相对较少的因素，主要为生理心理因素、健康状况、人际关系和知识技能水平等；技术因素是导致人因失误的常见因素之一，包括现场环境、人机接口、设备工具、工作规程等；组织因素包括管理控制、信息交流、绩效考核、团队建设、组织文化等。

（一）人的固有局限性

根据行为心理学的观点，人的行为模式可表示为S-O-R（刺激-机体-反应）。人因失误主要表现在人感知环境信息刺激方面的失误；信息刺激人脑，人脑处理信息做出决策的失误；行为输出时的失误。在生理心理方面，主要有主动式行为和被动式行为：前者表现为轻视心理、侥幸心理、省能心理、逆反心理、从众心理；后者表现为时间压力大、过度疲劳、注意力不集中等。

（二）组织管理的薄弱环节

核电厂是一个复杂的人-机系统，人的行为要受到环境以及工作平台的制约。对于维修领域而言，主要包括工作风险、维修规程。工作风险主要有机械风险、电气风险、高风险作业特殊工种风险；维修规程主要涉及人因失误陷阱的有操作步骤遗漏、错误、指示不清、规程内容与现场不符等。

（三）群体意识的影响

组织行为学研究表明，员工的个人行为受到群体意识的影响。人因失误最终来源于个体的不当行为，但对于组织而言，人并不是一个孤立的个体，而是整个组织的一员，人因失误不仅仅在于操作者本身，个体的行为必然受到组织的影响。一方面个人是组织的外显：如果组织内部就存在安全意识薄弱的问题，则会大大降低个人在生产中的安全性，可能最终导致个人引发事故；另一方面组织是个人的依托，如果组织本身就存在错误的构架和管理，最终可能导致操作者按照组织规定的行为引发人因失误。

四、两分钟演练管理实践

推进两分钟演练应用实践是以管理为指引，层层推进，使员工从知识、规则、技能三方面全方位提升。在管理实践中，建立以维修决策层、管理层、执行层为核心的维修组织架构。维修决策层制定核电厂维修政策；维修管理层制定制度文件、合理落实管理机制；维修执行层由机、电、仪、支持、通讯等相关专业科队、班组及个人组成，是两分钟演练管理应用主体。

（一）纳入安全绩效评估

电厂将安全绩效目标层层分解，从电厂、部门、科队、班组到个人签订安全绩效责任书，强化绩效考核，进一步促进管理目标的实现。设置以管理层为首的人因工程师网络，遍布部门、科队、班组，对两分钟演练管理效果进行考核评价。针对每个阶段出现的承包商人因管理共性和个性问题进行分类，制定承包商考核评价程序，促进承包商人员现场两分钟演练工具的使用。领域资深专家作为评估员参与评估指导，对两分钟演练管理进行专项评估，找出管理弱项，分析根本原因，制定纠正行动，落实纠正措施。

（二）多渠道全方位推广应用

建立推进团队，组织讨论并确定推进方案，落实纠正行动。结合现场专业工作编制两分钟演练培训教程，通过培训让维修人员掌握两分钟演练工具的使用技能，提升人员安全文化理念。充分利用管理交流研讨会、维修周例会、安全活动、班前会、工前会等平台，组织全员进行防人因知识培训学习，持续宣贯两分钟演练工具使用，从观念上打破惯性思维，规范维修人员意识、习惯、行为和态度。

五、结束语

从电厂经验反馈和人员行为管理系统的统计数据看，应用两分钟演练以来，维修人员人因失误数量呈显著下降趋势，提升了电厂安全管理水平。维修人员操作前开展两分钟演练，不仅可以发现设备、环境的安全隐患，还降低了人因失误发生概率。通过两分钟演练的广泛应用，可以持续将卓越的核安全文化理念深植于每个员工脑海中，为电厂提供一道安全屏障。

参考文献：

[1] 刘志勇. 电厂人因管理基础 [M]. 北京：原子能出版社，2010.

[2] 周卫红. 有关安全生产的组织行为学模型 [M]. 电力安全技术，2004，6（12）：31—32.

浅谈氟化工装置控制系统MI&QA管理问题及对策

姚扩军

（中化蓝天集团有限公司）

摘　要：企业现有的氟化工装置和新建项目基本都属于精细化工项目，几乎都包含重点监管的危险化学品和重点监管的危险化工工艺，都属于重大危险源，大部分企业属于一、二级的重大危险源，企业安全风险相对较高，设备设施的机械完整性与项目建设质量保证管理尤为重要。本文归纳了氟化工装置在控制系统的设计、建设与运行维护方面存在的诸多不足，提出了针对性的改进提升建议。

关键词：氟化工　控制系统　机械完整性与质量保证　MI&QA

一、氟化工装置控制系统MI&QA管理方面存在的主要问题

（一）管理组织机构方面的问题

企业在DCS/SIS管理人员的配备上普遍存在人员配备不足、专业能力薄弱的情况，部分企业甚至未配备系统工程师，由普通仪表维修人员代管；人员的专业能力与素养不符合系统工程师岗位技能的要求，也未对现有人员进行必需的专业知识培训，无法满足控制系统MI&QA管理要求；系统工程师及系统维护人员不能很好履行自己对控制系统的安全管理职责，不能按照制度规定及时做好控制系统MI&QA各环节的管理工作并确保档案资料的完整性。

（二）质量保证方面的问题

虽然各企业氟化工装置基本都装备了DCS/SIS等控制系统，但以前装备的SIS系统其SIL完整性方面仍存在不符合标准规范的问题。

在规划设计选型方面主要问题如下：目前在运行的大部分SIS的设计不是基于对装置HAZOP分析、LOPA分析确定的；部分装置采用的SIS控制运算逻辑单元实质上是DCS，不是经过SIL认证的产品；SIS系统除控制运算逻辑单元是经过

SIL认证的外，检测仪表和执行机构不是经过SIL认证的设备；设计时只提供了联锁因果关系表，未画出完整的联锁逻辑图，硬件上缺少紧急停车按钮及旁路开关，联锁程序上缺少滤波、延时等组态信息。

在控制系统的制造与出厂验收方面存在如下问题：未很好的按合同规定召开项目开工会，对制造商进行完整的技术交底；企业未组织专业人员对DCS/SIS系统制造过程进行监造，设备到货后会发现与合同要求不符的配置；在制造、组装完成之后，未按规定由制造商对系统的I/O卡进行全部测试，仅抽查了很少比例的卡件，甚至未做出厂测试。

控制系统的安装、组态、调试验收及投运过程存在的问题：控制室/机柜室土建装修达不到安装条件，强行安装控制系统；组态时未考虑设置输入测量因素点的检修旁路开关，未设置模拟量输入信号的滤波处理程序，也未组态对关键执行机构的定期在线测试功能；安装调试过程中，没有对室内卫生进行清洁，机柜内部卡件上灰尘很多；空调系统不能正常运行工作，甚至没有安装空调设备就启用控制系统。

（三）机械完整性方面的问题

DCS/SIS控制系统投用后，生产运行管理部门对系统的日常运行检查、维护、维修、变更、操作、备品备件、技术档案资料管理方面管理不善，存在管理不到位，工作有缺漏的情况。

在控制系统设备台账与点检方案方面存在的问题：企业编制了DCS/SIS设备台账和备件清单，但台账不细，没有分解到每一个模块和卡件（包括电源、网关、主控、I/O、通讯、隔离器件及其他外配件）；部分企业的设备台账及备件清单与实物不相符，技改或维修后没有及时对台账进行更新；工厂控制系统状况统计表内容不齐全，未包括供应商、系统型号、软件版本号，各类I/O点数量、控制站及操作站数量与实物不相符，更新不及时；控制系统点检表的内容很少，没有细化到每一个模块和卡件的信号指示灯状态记录，点检的细致程度及深度不足以发现潜在问题征兆；控制室及机柜间的环境条件不符合规定，缺少温湿度数据记录。

在控制系统的检查、测试、维护与维修方面存在的问题：在控制系统大修期间，部分企业只对组态有调整的系统程序进行了修改和测试，未对控制系统的功能和回路进行全面调试和测试，也未对全部联锁系统进行试验和确认，测试记录填写不全或者没有留下测试记录；对系统各类软件、需要长期保存的趋势记录和报表未执行定期双备份，备份介质不符合要求，未按规定异地存放，也未填写备份登记表；对控制系统的维护检修记录填写不清楚，无法从记录上清楚看出维修的内容、更换的备件名称和数量。

在控制系统的变更管理方面存在的问题：部分企业对控制系统的软硬件修改、控制方案和报警限的修改、联锁逻辑和联锁值的修改、联锁长期停用和永久性取消等未能全面按照变更管理程序进行影响分析评估、审批；变更后未对受影响的员工进行变更培训，导致员工未掌握变更情况，操作出错；部分企业不是每一次对联锁的摘除、投用都按规定办理了联锁工作票；控制系统变更后，未及时对相关图纸及技术资料进行修改和更新，导致技术文件资料与实际情况不符。

在控制系统可靠性与定期审核管理方面存在的问题：未制定控制系统易损元器件强制更换周期，而是在出现故障后才进行维修更换；DCS/SIS投入运行后，基本未对现有系统进行功能安全评估和审核，部分联锁保护可能不能满足降低现有安全风险的需要。

二、解决控制系统MI&QA管理问题的思路

为了全面系统解决控制系统的MI&QA管理问题，我们需要借鉴最行之有效的安全管理理念——杜邦安全管理系统。

杜邦安全管理系统由安全文化机制和风险管理机制双轮驱动。安全文化机制包括领导力、直线组织和执行力三个方面共12个要素，主要规范人员的行为安全；风险管理机制包括人员、设备、技术三个方面共10个要素，规范工艺安全管理。

其中设备方面有四个要素：质量保证QA、启动前安全检查PSSR、机械完整性MI、设备变更管理；保证设备从设计选型、采购、制造监造、包装运输、验收储存、安装调试、开车运行、使用保养、测试调整、维护修理、改造更新直至报废的全生命周期中设备的完整可靠性。

三、改进提升控制系统MI&QA管理的建议

（一）控制系统MI&QA管理组织机构方面的建议

必须要求企业选聘合格的系统工程师来完成控制系统的质量保证、开车前验收、保持机械完整性和使用过程中设备变更的一系列风险管理；不断对系统工程师进行专业培训以适应岗位对通用技能和特殊技能的需要，当管理人员发生变更时，也应按照人员变更要求确保得到应有的培训。

控制系统管理者承诺对控制系统安全负责，落实直线责任与属地管理职责，保障控制系统的设计选型符合项目/装置的工艺安全信息基础（包括法律法规、设计规范、SDS、工艺流程、控制方案、安全联锁紧急停车要求等）；制造验收符合合同及制造检验标准要求；安装调试质量符合施工及验收规范规定、确保正确安装；控制系统组态符合工艺流程、运行操作规程，最大限度地实现程序的自

动化控制，减少操作人员人工干预的工作量，最终实现黑屏操作；保养及维护检修符合设备使用维护说明书及公司控制系统保养及维护检修管理制度规定，保持控制系统机械完整性和运行可靠性；对系统的任何变更均进行风险识别，并按程序履行变更审批；确保控制系统的档案完整并及时更新。

（二）控制系统质量保证的提升建议

氟化工项目/装置的SIS应独立于DCS设置，SIS的逻辑控制器、检测仪表、执行机构应采用经过安全完整性等级SIL认证的控制器、仪表和执行机构，其SIL等级应由装置工艺危害与可操作性分析HAZOP、保护层分析LOPA确定。

设计方面：聘请合格的咨询机构对装置进行系统的HAZOP和LOPA分析，诊断现有SIS的功能完整性，对工艺安全风险较高的节点，通过提高SIS保护层等级或增加其他保护层解决，对SIL等级不够或非认证的控制器、检测仪表和执行机构逐步更换为经过SIL认证的且等级符合要求的仪表，严格按规范设计联锁逻辑图。

选型方面：DCS应选择国内外主流品牌和成熟型号，系统应具有PID参数自整定功能，并能通过OPC数据服务器与工厂管理信息系统MES连接；所有控制系统应时钟同步且能接收卫星定位系统的授时。SIS设计时应注重测量仪表与执行器的SIL认证等级，只有测量仪表、逻辑控制器和执行器三者的SIL等级都满足装置对LOPA分析结果的最低SIL等级要求，SIS整体上才是符合规范要求的。建议考虑使用同一制造商的DCS与SIS集成，采用同一制造商的DCS与SIS集成具有设计简单、节省时间和人力、系统性能更优、操作效率更高、便于故障分析、维护维修成本更省、维护效率更高等优点，是DCS与SIS集成的主流发展方向，如图1所示。

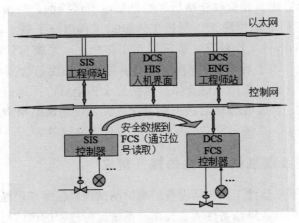

图1　同一制造商的DCS与SIS集成

采购与验收方面：系统工程师应严格按照合同规定组织开工会，逐项落实技术要求，在制造关键阶段赴制造商处进行检查和监造，保证系统集成过程的生产质量，出厂前严格按合同规定全面开展出厂前验收测试。

控制系统采购应选择在行业中使用业绩佳，限制少，拒动率、误动率低的DCS、SIS设备，选择具有能持续监测现场设备状态、能对执行器进行自动测试的SIS设备。

DCS/SIS在制造过程中应严格按书面质量控制程序进行，在制造、组装完成后验收测试前，供货商应提交一份完整的产品清单和测试文件；出厂测试验收前，应编制标准验收程序经双方确认。工厂验收在系统制造厂进行，验收时应对I/O卡进行100%测试；DCS/SIS系统运到现场后，供货商应派人与用户共同开箱验收，确认到货设备与装箱单列明的设备规格型号及数量一致，且设备完好无损。到货后的控制系统在安装前应存放在专门的电子仪器仪表仓库内保管，确保存放仓库内的温度、湿度及通风符合设备的保存条件。

安装、组态与调试方面：在供货商的指导下安装DCS/SIS系统设备，安装过程中强化对现场文明施工和施工质量管理，严格按照施工程序进行工序交接验收，履行自检、互检、交接检的施工质量控制制度；无关人员不得随意进出控制室/机柜室，保持室内干净整洁，机柜安装质量符合施工与质量验收规范对精度的规定；卡件安装时，操作人员应先进行人体静电消除；卡件插拔应按图纸卡件类型安装，不得强拉硬塞，组态时按联锁逻辑图完善联锁程序设计，保证组态功能完整。

在控制室/机柜室土建装修完成、室内卫生清扫干净、空调系统正常运行后，方可在供货商的指导下安装DCS/SIS系统设备。系统设备安装完成，内部配电、通讯、接地完成，经验收合格后，在外部电缆接线前，应由供货商技术人员对系统本身进行通电模拟测试，测试工作包括工程组态下装、电源模块工作状况、控制器与I/O卡件工作状况、通讯网路工作状况、系统自诊断、报警、趋势记录、SOE记录、报表等功能，模拟量I/O卡件转换精度符合要求，对系统组态及控制、联锁程序进行模拟调试合格。系统完全停电后方可进行外部电缆接线，接线等工作完成、经验收合格后进行联调试运，系统测试结果应达到系统技术规格书中的各项要求，系统最终验收文件由双方代表共同签署。

（三）控制系统机械完整性的提升建议

控制系统机械完整性工作包括设备的维护测试检修程序和规程、维护检修技术和工艺安全技能培训、维修备件质量控制、系统运行过程的调试与检查、修理和变更、可靠性分析和定期审核等工作。针对存在的不足，各企业的技术分委会应督促并定期检查：系统工程师按要求整理各类台账，细化点检记录，在大检修期间一定要安排对控制系统进行全面检查和功能测试，对全部联锁回路进行测试确认，定期执行数据备份并异地保存，防止意外导致数据丢失，严格执行控制系统变更管理制度，认真完成变更评估、审批、实施和培训，认真记录系统各次变更情况，更新技术资料，确保相关人员得到的工艺安全信息是完整和最新有效的。

系统台账应细化到每一个模块和卡件（包括电源、网关、主控、I/O、通讯、隔离器件及其他外配件），包括硬件和软件的各项内容。编制点检方案、点检表和点检作业程序，并确保为点检人员提供充分的技能和安全培训，确保其取得上岗证和特种作业上岗资格证。

控制系统日常维护、故障处理及检修工作严格按系统维护检修规程执行，每两个月至少清除一次操作站、机柜等设备空气过滤网上的灰尘，确认冗余系统的功能和切换动作准确可靠，擦拭机房内设备的表面灰尘；每半年至少清洁一次打印机，并润滑其机械传动部分；联锁系统应定期进行模拟试验；大修时对控制系统安排全面、彻底的清洁，进行系统的调试、诊断、维护、系统联校、联锁系统试验和确认，对系统外围设备进行检查和测试，确保控制系统全部硬件设备的功能及技术性能达到相应的技术要求，并通过诊断程序检查且诊断结果良好。系统各类软件、组态程序、需要长期保存的趋势记录和报表应定期或在组态修改后进行双备份，并异地存放，备份登记表应注明软件名称、修改日期及修改人。维护检修记录字迹清楚书写工整，定期归档。在SIS的日常运行中，SOE软件要打开，SOE事件记录要定期导出，可在SOE中设置每周自动导出，否则事件过多就会淹没以前的事件，不便查询；每日巡检要执行自动诊断，以便及时发现存在的隐患；每周备份事件记录作为以后分析的依据。控制系统的维修备件应经检验合格，储存场所应具备电子产品保存的恒温恒湿条件，应定期对备件进行上电测试，确保备件质量。

对控制系统的任何硬件更改、软件修改、控制方案和报警限的修改、联锁逻辑和联锁值的修改、联锁长期停用和永久性取消等都应按照变更管理程序进行影响分析评估、审批、实施和培训，对联锁的摘除、投用必须办理联锁工作票。控制系统变更后，应及时归档并对相关图纸及技术资料进行修改，保证所有与系统相关的文件得到更新。

企业应规划预防性和预测性维护检修方案，系统工程师每年制定预防性维修计划，在设备发生故障前进行维修，并定期对系统失效报告和维护维修效果进行回顾分析，改进优化设备全生命周期可靠性，降低系统失效的可能性。

由企业HSE部门统一计划，各装置强制按照每3年一次开展HAZOP和LOPA分析，对控制系统进行功能安全评估和审核，对不能满足功能安全要求的进行升级改造。

四、结语

氟化工项目/装置控制系统的MI&QA管理是工艺安全管理的重要内容，只有从系统的设计选型、制造与组态、安装与调试、运行与维护等各个方面均做好质量保证和机械完整性工作，才能确保装置的中枢控制系统运行良好，从而实现装置的稳定运行。

参考文献：

［1］中华人民共和国工业和信息化部. 分散型控制系统工程设计规范（HG/T 20573—2012）［S］. 北京：中国计划出版社，2012.

［2］中华人民共和国住房和城乡建设部，中华人民共和国国家质量监督检验检疫总局. 石油化工安全仪表系统设计规范（GB/T 50770—2013）［S］. 北京：中国计划出版社，2013.

如何减小化工企业变更风险

许宏洲

（中化蓝天集团有限公司）

摘　要： 化工企业的变更经常发生，变更会带来风险，通过分析变更风险控制要点，从变更管理程序、培训宣传、各层级管理责任、风险辨识方法等对变更管理过程提出控制措施，以减少风险，防止事故发生。

关键词： 变更管理　风险控制　措施

一、概述

化工装置涉及的危险化学品多、流程长、操作复杂，部分工艺为高温、高压，而企业常常出于各种需要不断进行流程改造、新工艺应用、工艺技术或设备设施改造，以满足市场需要、提高生产效率、优化操作条件、改善安全状况或达到其他目的。这些变更在带来利益的同时，也往往可能引入不可预见的新危害或增加现有危害的风险，若管理控制不当有可能导致重大伤亡事故、经济损失或环境破坏事故。因此在变更管理过程中，需要不间断地开展危害辨识、风险评价和控制工作。

二、一起变更不善引起的事故教训

2012年2月28日，河北克尔化工有限责任公司一个生产硝酸胍的车间发生重大爆炸事故，造成25人死亡、4人失踪、46人受伤。

该装置原设计用硝酸铵和尿素为原料，生产工艺是将硝酸铵和尿素在反应釜内混合加热熔融，在常压、175℃—210℃条件下，经8—10小时的反应，间歇生产硝酸胍，原料熔解热由反应釜外夹套内的导热油提供。

但在实际生产过程中，克尔化工将尿素改用双氰胺为原料，并提高了反应温度，反应时间缩短至5—6小时。

事故调查表明，克尔公司擅自将导热油加热器出口温度设定高限由215℃提高至255℃，使反应釜内物料温度接近了硝酸胍的爆燃点（270℃）。1号反应釜底部保温放料球阀的伴热导热油软管连接处发生泄漏着火后，当班人员处置不当，外部火源使反应釜底部温度升高，局部热量积聚，达到硝酸胍的爆燃点，造成釜内反应产物硝酸胍和未反应的硝酸铵急剧分解爆炸。1号反应釜爆炸产生的高强度冲击波以及高温、高速飞行的金属碎片瞬间引爆堆放在1号反应釜附近的硝酸胍，引发次生爆炸，从而引发强烈爆炸。

任何变更都有可能使原系统偏离最初设计的意图，如果不对变更进行有效管理，没有识别出变更带来的风险并采取有效措施，就有可能导致灾难性的后果。

三、化工企业变更管理存在的主要问题

相对于国际知名化工企业成熟、规范的管理，我们许多化工企业的变更管理刚刚起步，加之部分企业对变更管理重要性认识不足、有关人员知识缺位等原因，导致变更管理的执行和落实存在很多问题。主要存在如下问题：

（1）变更管理的范围含糊、程序要求不明，难以有效实施。现实中部分变更不走变更管理程序，而以检维修形式实施。

（2）临时变更超出初始设定时间未回到初始状态，部分紧急变更手续不齐或未对员工进行相关培训。

（3）有关人员对变更管理的内容没有系统了解和掌握，似懂非懂；由于倒班或请假等原因，未对部分员工和承包商进行变更影响的培训。

（4）未梳理变更管理各层级责任，职责不清。

（5）风险评价的方法不对，不能对过程风险进行有效辨识。

（6）部分变更缺少有关专业审核。

（7）相关文件和资料没有及时更新，如操作规程、工艺卡片、P&ID 图、工艺图表等。

（8）部分企业未进行变更审核。

四、变更管理风险控制措施

针对化工企业变更管理的现状，提出以下控制措施用以减少变更风险：

（一）规范变更管理程序

完善变更管理制度，明确变更范围、程序和要求，确定企业变更的分类、分级原则，将企业所有可能发生的变更列出，并将其归类、分级，为每个重要的变更类型提供区分是同类替代还是变更的例子，这样，员工可以很容易地确定变更的类型和级别，知道是否应执行变更管理程序以及执行哪一级程序。

（二）特别关注临时变更与紧急变更

临时变更应明确变更实施最大时间段和相应的跟踪机制，临时变更结束后应恢复至初始状态，如果要转为永久变更或延长变更时间，须进行审批。

紧急变更应规定允许紧急审批的情况、最低文件要求、口头授权变更的审批人员，对相关人员的培训要求，以及接下来如何、何时准备正常的变更管理文件、资料。

（三）加强培训、宣传

通过培训、宣传，使各层级管理人员了解并掌握变更的重要性、程序、方法和要求，便于规范地开展变更管理工作，更好地控制变更风险。

在变更实施前，对参与变更的所有人员进行培训，培训内容包括变更目的、作用、程序、变更内容、变更中可能存在的风险和影响，以及同类事故案例，使大家掌握变更内容，了解相关的风险及控制措施，确保过程作业人员安全与健康。

在变更完成后开车前，应对变更影响或涉及的人员进行培训或沟通，主要包括修订后的操作规程、作业程序，变更后的风险控制措施，确保大家完全理解变更对工作带来的影响。

还要加强对变更审核专业人员的培训，使他们具备危害评估技能。

（四）理清变更管理各层级责任

设置变更管理负责人。指定专职的变更管理负责人负责监督变更全过程，确保对变更管理过程中产生的问题、争议或紧急情况做出响应，协调变更涉及的部门和人员，确保与变更相关的所有部门和人员参与到变更中，确保控制变更每一阶段的质量。不同类型、级别的变更应由相应部门和级别的人员来审批和管理。

明确变更审批人员和权限，明确其他人员的变更管理职责。

成立风险评估小组。由懂专业、懂评估方法、懂变更管理的人员组成风险评估小组，对变更审查、实施、验收和变更后评估进行全程跟踪，并提出建议和意见，以控制变更管理过程的风险和质量。

（五）不同变更类型要有合适的风险辨识方法

变更管理实施过程的一个关键点就是对变更进行风险分析和评估是否充分。不同的变更类型需要有针对性的风险辨识方法。HAZOP及LOPA适用于化工生产装置工艺变更；SCL、FMEA适用于设备设施变更；What-If适用范围很广，它可以用于工程、系统的任何阶段，难以判断是工艺变更还是设备设施变更时，可以采用。

在变更实施过程中涉及动火作业、受限空间作业、高空作业等作业，这时需要我们运用工作危害分析（JHA）、任务风险分析（TRA）、安全检查（SCL）等方法识别作业过程的风险。风险识别后应根据风险等级制定、落实可接受的管控措施。

（六）强化专业审查要点

对每种变更类型建立恰当的审查过程，并根据变更类型和内容以及风险等级等确定审查所需专业，审查人员应具备相应的专业知识，有与变更类型和所感知的风险相当的技术经验，以便进行彻底的风险审查。对于较为复杂的变更，审查的一项重要内容是进行工艺危害分析评价，分析评价参与者的专业、人员资质、评估风险的方法、风险容忍度、风险控制措施等。应考虑如何识别、追踪、实施、监控这些风险控制措施，也应处理与临时或紧急变更申请相关的具体风险控制措施。批准之前需要明确采取哪些改进措施将风险控制在可接受的水平。

（七）完善变更后文件和资料的管理

当工艺变更、设备设施变更完成后，还应将图纸、操作规程、操作手册等进行连带变更，并对相关人员进行培训。变更管理部门应将所有变更资料存档，新资料按相关程序及时送达有关部门和人员手中，有关部门和人员接到变更资料后，应及时进行资料更替，处理好旧资料，以保证变更资料的统一性和有效性。

（八）变更现状评估

针对变更管理组织专项审核评估，定期评价变更效果、连带变更、变更管理程序合适度，对审核中发现的问题书面登记，并及时纠偏。

通过规范变更管理程序、落实各级管理责任、对变更过程和变更后可能存在的风险进行充分的分析和评估，并采取有效措施加以控制，防患未然，可以避免或减少事故的发生。

参考文献：

［1］陈明亮，赵劲松.化学过程工业变更管理［J］.现代化工，2007，27（6）：59—63.

［2］陈玖芳.加强化工企业变更管理的思考和建议［J］.安全、健康和环境，2011，11（12）：8—10.

［3］曲福年.浅谈危险化学品企业变更管理［J］.安全管理，2016，16（5）：49—51.

［4］耿帅.基于大型乙烯成套装置工艺安全的变更管理［J］.体系建设，2014，14（6）：8—10.

浅析中国石化安全管理信息系统应用*

彭彩霞

（中国石化浙江丽水石油分公司）

摘　要： 伴随着计算机技术的深度应用，越来越多的石化企业开发了安全管理信息系统，其能提高企业安全管理效率，降低事故的发生概率，但系统在日常应用中也暴露出诸多问题。本文详细阐述了中国石化安全管理信息系统各个模块的主要功能，并对日常应用中存在的问题进行分析，探究改进和优化系统应用方法，旨在提升系统应用水平。

关键词： 安全管理信息系统　石化企业　安全管理

一、引言

近年来，随着经济和计算机技术的迅速发展，石化企业在国民经济中占据着越来越重要的地位，但由于该类企业的危险性较大，各类火灾、爆炸事故更是频繁发生，给人民生命财产造成重大损失，在社会上产生了极其恶劣的影响。因此，如何科学有效地进行安全管理，保证企业的安全平稳运行是石化企业可持续发展的重要保障。依托于信息技术，信息化管理成为石化企业加强安全管理的重要方向。开发和应用安全管理信息系统成为提升安全管理水平的主要途径。中国石化依托良好的内部网络环境研究开发出了中国石化安全管理信息系统（下文简称安全管理信息系统），各二级单位通过SDH、帧中继等方式接入中国石化内部网络，实现了中国石化集团公司油田、炼化、销售等各板块上线运行，提高企业安全管理水平。

安全管理信息系统通过对与安全问题有关的资料数据进行收集、整理、统计、分析，为管理者提供决策、计划、控制所必需的信息的软硬件环境。它通过利用企业过去的安全数据和模型预测未来的安全情况，从大局出发，辅助支持企业安全管理决策活动。

二、安全管理信息系统各模块结构和功能

安全管理信息系统不仅具有信息发布和数据库服务功能，同时也具备安全管

---

*本文刊登于《石化技术》2018年第25卷，第289—291页。

理功能，使之成为公司安全管理和信息交流的平台。系统主要包括承包商、教育培训、应急管理、风险管理、安全检查、事故事件管理、职业卫生、隐患治理、油气安保、三同时、安保基金、监管制度等12个业务模块和监控统计及集成平台2个管理模块，各模块全部信息都是一次录入、多次使用、全程共享。系统在集团公司的云平台上集中部署，全部企业的安全管理业务都是按照规定的规范和标准在这个信息平台上运行，极大方便了公司安全监管数据的统计分析，为安全管理决策提供广泛而强大数据支撑。

（一）教育培训

教育培训模块主要是企业培训计划的制定，培训过程管理及培训结果的落实，培训人员证书的管理（证书的发放、复审、换证）。企业可以根据实际合理确定培训时间、手段、形式和内容，开展多层次、多类别、全方位的培训，切实增强培训效果，借助系统实现员工培训的全方位、全过程管理。

（二）风险管理

风险管理主要包括风险识别、分析报告、重大危险源、全员安全诊断四部分内容。风险识别包括风险识别评价、重大风险评审和风险库管理，通过员工定期对主要作业活动和设备、设施进行风险识别，按照管理流程进行审核，对识别出来的重大风险进行评审，并采取相应的措施进行闭环管理，有效控制识别出的重大风险，防止事故发生。

分析报告包括HAZOP分析报告、关键装置评估报告、现状评价报告三类。HAZOP分析报告是对新建及在役的危险工艺装置按照级别定期进行HAZOP分析。关键装置评估报告是对本单位的关键装置/重点（要害）部位进行定期评估。现状评价报告是由相关单位定期对本单位的安全现状进行评价。

重大危险源模块包括基本信息及备案信息的登记和查询，实现了对重大危险源动态管理。

全员安全诊断是全员使用模块，积极鼓励员工主动发现和识别生产、管理各环节中的不安全因素，并及时做好整改落实，充分发挥全体员工积极性。

（三）承包商

该模块主要对各企业的承包商进行全过程动态管理，包括资质审查、施工人员培训、过程监督、业绩评价等。首先企业对承包商经营资质及负责人、主管领导、安全负责人、项目经理的安全资质进行审核，审核通过后对施工人员进行专项教育培训，培训合格后方可进场施工作业，并及时对承包商进行业绩评价，对不合格的承包商实行末位淘汰机制，对承包商的违规行为进行曝光。

（四）三同时

该模块主要对企业新、改、扩建项目三同时办理情况进行全过程管理，包括项目基本信息、安全三同时、职业卫生三同时、消防三同时、进度跟踪信息登记，实现对新、改、扩建项目合法合规情况进行实时管控。

（五）安全检查

该模块主要包括检查计划和检查信息登记功能。企业可以根据实际制定不同级别、不同类型的检查计划，对检查的相关信息进行登记管理，对查出的问题及时落实责任，及时整改，确保安全。

（六）事故事件管理

事故模块主要是指对各企业的事故进行登记、原因分析、事故处理的闭环管理，包括事故信息/快报、事故报告、事故后评估、事故月报。

（七）油气安保

对按事件快报菜单主要对企业管道打孔盗油、开井放油、盗窃生产物资、破坏生产设备、恐怖袭击事件及其他类别的案件进行记录。

（八）职业卫生

职业卫生模块主要包括体检管理、监测管理、职业病危害防护设施管理。

（九）应急管理

该模块主要包括应急预案、应急演练、应急救援队伍、应急物资、区域联防。录入应急预案、应急救援队伍、应急物资等基础数据，并进行动态更新管理。根据应急管理要求，定期按计划进行应急预案演练，并及时录入演练信息，实现应急预案和应急演练的结构化关联，应急救援队伍和物资立体式关联，区域联防信息化关联。

（十）安保基金

企业安全部门根据规定及时通过系统上报安保基金上缴预算、投保资产及缴纳情况、返回使用情况的报表等，便于对安全基金进行动态管控，统筹协调。

（十一）监管制度

该模块主要对国家法律法规及各类标准规定进行系统管理，有新增、查询和下载等功能。目前此模块由总部统一进行维护、下发，支持查询及在线浏览，供下属企业浏览和下载；对于各企业自行维护的本企业内部安全相关管理制度及细则，只有本企业有权限进行查询和浏览。其主要功能为：

法律法规：实现总部统一维护的国家法律法规、部门规章的浏览及查询。

相关标准：实现总部统一维护的国家标准、行业标准的浏览及查询，提供企业标准的维护功能。

安全监管制度：实现总部统一维护的中石化安全监管制度的浏览及查询。对企业自有管理制度提供企业自行维护功能，其他类似企业可以参考，实现企业内部信息共享。系统所有用户默认配置本模块的浏览角色。

（十二）隐患治理

该模块主要用于隐患发现，可通过系统报告隐患信息，相关管理人员对发现的隐患信息进行综合评估后，需要整改、验证的隐患可进行立项，并做好进一步的项目治理、验收工作，实现了隐患检查、治理、验收等闭环设计。

系统中常用的功能模块具有统计分析功能和部分指标的统计分析图表，为各级管理人员提供全面直接的数据分析。系统还可以根据登记的数据自动生成相应的台账，另外每个模块都具有在线帮助功能，附有操作步骤详解，为零基础的员工快速掌握系统操作方法提供保障。

三、安全管理信息系统应用实例分析

中石化某省公司依托安全管理信息系统技术支持，在全省范围内开展了以"识别大风险、消除大隐患、杜绝大事故"为主题的全员安全诊断活动，发动全体员工立足岗位进行危害识别活动。在短短3年不到的时间里，全省系统各专业线、各层级的职工共计提交安全诊断建议22万多条，其中建议采纳率达到80%以上，为企业安全管理提供了强有力的信息支持。每个管理人员都可以使用安全管理信息系统配合手机APP实时实地查看，处理权限内的诊断建议。系统还设置了在线奖励功能，对优秀建议给予奖励并在全省范围内共享，为广大员工更有效地识别风险提供有效的学习和借鉴素材，实现良性循环。

四、安全管理信息系统应用存在的问题

安全管理信息系统，采用分批试点逐步再推广的方式，历经10年，经过3期建设，已经实现全系统110家企业、1750个二级单位、38038个基层单位全线正常运行，但在日常应用中还是存在以下问题。

（一）观念问题

部分企业领导缺乏现代化管理意识，对信息化技术知之甚少，日常管理中墨守成规，不与时俱进，不了解安全管理信息系统功能作用，不重视安全管理信息系统日常应用管理。安全管理信息系统虽已实现全系统上线运行，各模块功能正常，但由于各层级对系统功能和作用理解不一，对系统应用管理要求不一，在实际应用中很多员工仍然停留在手工填写报表、台账的阶段，对系统应用只是应付检查，并没有真正地与日常安全管理相结合。例如应急演练记录手工台账一套，安全管理信息系统一套，不仅不能发挥系统高效便捷的作用，相反增加了员工的劳动量，造成员工特别是基层一线员工对系统应用的排斥抵触，无法实现对系统的深化应用。

（二）部门协调

安全管理信息系统根据HR系统数据实现全员覆盖，由安全部门主管，但由于企业长期以来形成的"本位观念"，导致系统在不同专业线条应用程度不一，特别是同级部门沟通协调上存在困难，加大了系统实施的难度。

（三）员工知识参差不齐

安全管理信息系统基础数据主要来源于基层员工，但基层员工知识水平参差不齐，其中年龄大、文化程度低的也还占有一定的比例，其计算机使用水平相当欠缺，但是安全管理信息系统要求有既熟悉业务又懂计算机技术的高素质员工，这样的要求在现阶段很难完全满足。

（四）各类系统业务重叠

随着信息化的推进，中国石化各专业线条都相继推出了自己的管理系统。例如销售板块，主要的应用系统包括ERP系统、加油卡系统、61系统等。各线条政府监管部门也在推广自己的管理系统。由于各线条、各部门侧重点和要求不一致，导致一项工作内容需要录入多个应用系统，导致大量无效工作。例如加油站

开展一次消防演练，内部应急管理手工台账要登记，安全管理信息系统要登记，消防队消防网要登记，消防管理部门手工台账也要登记；又如安全检查，安全管理信息系统，ERP系统和61系统都有相应的检查模块，录入内容大同小异。

（五）硬件设施和信息技术支持欠缺

由于安全管理信息系统对计算机系统有一定的要求，而基层单位计算机配置水平相对较低，在实际应用中经常会出现浏览器不兼容、缓存过多、网页走丢等问题。加之安全管理信息系统虽由集团公司信息部牵头，但各省、分公司由安全部门主管，导致信息技术支持欠缺，给日常正常应用带来困难。

五、安全管理信息系统应用几点措施

（一）领导的重视

各单位可以成立以企业一把手或安全总监为组长的项目小组来保证组织力量，由企业高层领导进行统筹协调，从强调系统应用的必要性和重要性入手，转变相关部门的管理观念，大力推动系统深化应用。

（二）技术支持

由总部组织相关技术人员成立技术服务队，根据板块、地域划分，至少每个省级单位配置一名技术负责人，负责对接和解决系统日常使用中出现的各种问题，为系统的日常应用保驾护航。

（三）完善培训教材，进行交互式培训

培训是保证安全管理信息系统正常应用的一个关键步骤，可以按照决策层、执行层和操作层3个不同层面开展相应培训，让决策层了解系统功能，执行层熟悉系统管理方法，操作层掌握系统使用方法。另外，可以由总部负责编制系统操作指南，让各层级的培训有教材可用。

（四）加强技术衔接，促进数据融合打破信息孤岛，构建"安全生产云计算中心"

首先，在"互联网+中石化物联网大数据平台"框架下探索，上层着力打造面向"云"上的各种应用和业态的技术架构与服务体系，开发数据融合平台，对企业内或地方政府的不同业务系统的数据进行汇集、转换和分析，实现信息高效

融合，消除信息孤岛。其次，在数据融合平台的基础上完成海量数据的汇总、比对与分析，实现数据的深度加工和利用。最后，基于准确的实时数据，开发构建"安全生产云计算中心"，整合打造基于信息共享的"安全管理信息系统大数据融合对接应用平台"，实现各部门、各地信息资源共享数据系统融合，汇总形成国家层面安全信息基础数据库。

（五）完善系统运行的规章制度和业务规范

数据是系统的核心，完整的责任体系、数据授权等级表和系统运行维护规范等规章制度是保证系统正常运行的必要条件。通过建立完善的系统运行规章制度和业务规范，规范数据的录入，制定考核标准，促使员工正确有效地使用系统，形成精确、完整的具有管理价值的信息。

（六）完善系统移动终端，着实提高系统应用

目前，安全管理信息系统只有全员安全诊断模块有APP客户端，但系统内各业务模块都有审批流程。开发完善系统移动终端，是着实提高系统应用效率的关键点，但是网络安全问题不容忽视，因此建设配套完整的安全策略及防护措施的系统移动终端尤为重要。

六、结束语

安全管理信息系统的开发应用，为集团各个单位科学决策提供了数据、信息支持，在一定程度上改变了传统的安全管理模式，将会逐步取代传统的安全管理手段，在企业安全管理中发挥着越来越重要的作用。但安全管理信息系统应用是一个不断完善动态发展的过程，需要与业务管理更新进行无缝衔接，不断完善深化应用，才能更好地发挥其作用。

参考文献：

［1］张爽，杨雷. 管理信息系统在大型企业实施的解决方案——以中国石油成功推行HSE管理信息系统为例［J］. 中国管理信息化，2010，13（18）：75—76.

［2］苏国胜，李文波. 中国石化安全信息管理平台的设计与开发［J］. 安全、健康和环境，2006，5（5）：3—4.

［3］张明. 管理信息系统的发展趋势与安全实现［J］. 管理创新，2015（4）：186—187.

职业安全健康风险评估方法研究进展

汤 力

（嘉兴和邦安全技术有限公司）

摘 要：职业安全健康风险评估是风险管理的有效方法之一。本文分析了国内外职业安全健康风险评估方法以及各类方法在部分行业中的应用，为有效应用各类风险评估方法提供一定参考。

关键词：职业安全 健康 风险评估

危险性评价和管理理论始于1983年，由美国国家研究委员会首先提出，将其划分为危害识别、剂量—反应评价、暴露评价和风险描述4个阶段。我国在风险管理术语（GB/T 23694—2009）中对"风险评估"一词的定义是指量化测评某一事件或事物带来的影响或损失的可能程度，通过辨识和分析这些因素，判断危害发生的可能性及其严重程度，从而采取合适的措施降低风险概率的过程。其能够高效、系统地为职业卫生工作提供依据，使职业卫生专业人员能准确地判断工作场所中有害因素的风险，便于提出相应的预防与控制措施，减少职业病危害事故的发生。

一、我国职业健康风险评估现状

我国职业健康风险评估起步较晚。2007年我国发布了《建设项目职业病危害预评价技术导则》（GBZ/T 196—2007）和《建设项目职业危害控制效果评价技术导则》（GBZ/T 197—2007），提出了运用风险分析法评估职业危害及其严重程度的概念，但没有给出具体的风险分析评价步骤和方法。王海军等将风险评估分析的方法应用于化工行业建设项目职业病危害预评价中，为预评价报告中风险评估分析法的应用提供参考。阴海静等针对合成油项目采用风险评估方法对其职业病危害控制效果进行评价。2010年起有害作业分级标准相继修订出台，包括《粉尘作业场所危害程度分级》（GB 5817—2009）、《职业性接触毒物危害程度分级》（GBZ 230—2010）、《工作场所职业危害作业分级　第1部分：生产性粉尘》（GBZ/T 229.1—2010）、《工作场所职业危害作业分级　第2部分：化学物》（GBZ/T 229.2—2010）、《工作场所职业危害作业分级　第3部分：高温》（GBZ/T 229.3—2010）、《工作场所职业危害作业分级　第4部分：噪声》（GBZ/T 229.4—2012）。宾海华等以《职业性接触毒物危害程度分级》为依据，采用暴露等级评价对电镀行业进行了风险评估。2011年12月修订的《中华人民共和国职业病防治法》首次提出职业健康风险评估概念，为我国开展职业健康风险评估工作提供了法律依据，标志着我国职业安全健康的管理将逐步实现与国际接轨。2012年国家安全生产监督管理总局公布了《建设项目职业病危害风险分类管理目录（2012年版）》，该文件是在综合考虑《职业病危害因素分类目录》所列各类职业病危害因素及其可能产生的职业病和建设项目可能产生职业病危害的风险程度的基础上，按照《国民经济行业分类》（GB/T 4754—2011），对可能存在职业病危害的主要行业进行的分类，该管理目录的公布与实施，对推动我国职业危害风险评估和管理有着深远的意义。

二、国内外风险评估分析方法研究

目前，国际上比较成熟的风险评估方法有美国环境保护署（USEPA）的吸入风险评估补充指南（以下简称美国EPA模型）、罗马尼亚职业事故和职业病风险评估方法（以下简称罗马尼亚模型）、新加坡化学毒物职业暴露半定量风险评估方法（以下简称新加坡模型）、澳大利亚职业健康与安全风险评估管理导则（以下简称澳大利亚模型）、国际采矿和金属委员会职业健康风险评估操作指南（以下简称ICMM模型）等，其原理方面各具特点。

（一）美国EPA模型

美国EPA在《人体健康风险评估手册（F部分：吸入风险评估补充指南）》中，针对工作场所空气职业危害因素的特点，开展致癌风险评估和非致癌风险评估两个部分。其主要原理是根据空气中污染物浓度、暴露时间、暴露频度、暴露工龄和暴露平均时间等指标估算职业暴露浓度，然后评估其职业危害风险水平。该方法能定量和定性地评估致癌和非致癌的风险水平，可评估特定暴露周期多个微环境和多个暴露周期的平均暴露浓度，也可评估多种化学物和不同暴露途径累积风险水平。冷朋波等将EPA模型应用于家具制造行业，对甲醛和苯系物等的致癌风险进行评估。韩丽芳等采用EPA模型对灯具制造业中汞的职业健康风险进行评估，认为其对荧光灯制造企业汞危害的职业健康风险控制有指导意义。EPA模型适用于暴露在化学性职业病危害因素下的健康风险评估，且仅适用于吸入暴露途径的职业健康风险评估，由于其依赖于化学品吸入毒性的数据，导致该方法严重受制于职业病危害因素的种类、暴露途径以及对现有毒物的基础研究程度。

（二）罗马尼亚模型

罗马尼亚职业事故和职业病风险评估方法根据风险所致危害的严重性与可能性两个因素，提出两者函数关系的曲线概念，并应用矩阵法评估风险等级。该方法为定性评估方法，适用于化学、物理因素的职业危害风险评估，评估出工作场所每个岗位不同职业危害因素的风险水平后，可综合计算工作场所总体风险水平。余晓峰等运用该方法对某贵金属冶炼厂中化学毒物、高温、噪声及粉尘的危害进行了评估，评估结果与现场检测和工作场所职业病危害作业分级结果一致，并认为该方法可用于贵金属冶炼厂中噪声、高温、粉尘和化学毒物等职业病危害因素的风险评估。但有研究认为该方法未能考虑工作场所空气中的化学毒物水平，无法用于评价短时间接触超标浓度造成的危害。罗马尼亚模型适用于不同职业病危害因素的工作场所，但局限性在于需要依靠评价者专业背景、工作经验等对事故的严重程度和发生概率的等级进行判断，主观性强，不同的评价人员使用可能会导致不同的评价结果。

（三）新加坡模型

新加坡化学毒物职业暴露半定量风险评估方法是根据危害等级和暴露等级，计算风险值，将风险值划分为可忽略风险、低风险、中等风险、高风险和极高风险5个等级，并根据不同风险等级提出相应的管理措施。该方法为半定量评估方法，危害等级和暴露等级的划分标准较客观，可操作性和实用性较强，但仅限于化学物质，不适用于物理因素。近几年，国内外学者应用新加坡模型对家具制造业、化工行业、蓄电池行业、造纸行业、焊接行业等进行风险评估，对其他行业的适用性还有待进一步的考量。由于新加坡模型只适用于化学物质的风险评估，不能适用于物理因素的风险评估，因此其实践运用的范围受到很大的限制。

（四）澳大利亚模型

澳大利亚职业健康与安全风险评估管理导则主要指根据风险计算手动板或计算器来评估风险水平。该方法主要根据危害所导致人体伤害、财产损失、生产影响、环境破坏等后果的严重程度，结合暴露频率、出现危害后果的概率，通过一个风险分数计算器计算危险度分数。王莎莎等将该模型应用于蓄电池生产过程中的职业病危害因素风险评估，认为其有助于发现企业职业病危害关键控制点。唐睿等用该方法对某氢氧化钾和聚氯乙烯树脂化工企业中化学毒物进行风险评估，认为其可综合评估职业病危害因素，具有广泛应用前景。该方法在分级时容易出现主观偏倚，建议进一步细化分级标准。

（五）ICMM模型

国际采矿与金属委员会主要根据危害后果、暴露概率、暴露时间等指标计算风险水平，也可根据包括健康危害与暴露发生可能性的矩阵组合，以及健康危害与已采取控制措施的暴露水平的矩阵组合，以矩阵法定性评估风险水平。付朝旭等采用ICCM模型对金属矿山企业的硅尘职业健康开展风险评估，提出了相应的风险管理方法。汉锋等对煤码头煤尘职业健康进行风险评估，确定高风险岗位。目前该方法也被应用于金融机具工程项目、印刷和蓄电池等行业的风险评估方法研究中，评价结果均表明其并不局限于采矿业危害因素的风险评估中。

三、结语

过去的几十年，职业卫生的先驱热衷于暴露的测量，而职业危害风险评估的应用相对较少，在职业危害评价中引入风险评估，可以更系统地评价危害因素，有利于深入了解危害因素的起因及影响范围。近年来，发达国家已开始重视暴露的评估，从而对工作场所职业危害风险做出判断。我国对风险评估方法的研究刚刚起步，大多数应用研究处于对方法的简单套用阶段，缺乏深入探讨，这些方法的运用需要评估者具备丰富的专业知识，并熟练掌握和理解我国现行的职业病防治法律法规和规章等，同时，缺乏国家标准的支撑也导致了职业安全健康风险评估不能有效地运用于实际中，因此，不断优化方法，进一步量化职业病危害因素的评价指标，建立风险评估的标准依据将是我国职业健康风险评估方法研究的当务之急。

在日常的职业危害风险评估工作中，应熟悉不同风险评估分析方法的适用范围，并根据项目实际情况和结合危害因素的特点确定风险评估分析方法，不仅仅局限于一种分析方法的评估结果，可适当选用两种或多种分析方法综合评估，以做出更客观更准确的风险评估结论，有效指导开展职业危害的预防管理控制工作。

参考文献

[1] 王海军，史济萌. 风险评估分析法在某新建项目职业病危害预评价中的应用 [J]. 中国农村卫生，2014（14）：43—47.

[2] 阴海静，王素华，白钢. 基于风险评估的某煤基合成油项目职业病危害控制效果评价 [J]. 职业与健康2011，27（14）：1587—1590.

［3］宾海华，张胜，涂晓志.职业危害风险评估法在电镀行业职业病危害评价中的应用［J］.实用预防医学，2014，21（3）：332—334.

［4］何家禧.职业危害风险评估与防控［M］.北京：中国环境出版社，2016.

［5］冷朋波，边国林，王爱红，等.美国EPA吸入风险模型在木质家具制造业企业职业健康风险评估中的应用［J］.环境与职业医学，2014，31（11）：858—862.

［6］韩丽芳，余晓峰，谢凯蕾，等.美国EPA吸入风险评估模型在荧光灯制造企业汞职业健康风险中的应用［J］.预防医学，2017，29（6）：625—628.

［7］余晓峰，韩丽芳，谢凯蕾，等.罗马尼亚职业事故和职业病风险评估方法在某贵金属冶炼厂的应用效果［J］.浙江预防医学，2016，28（2）：186—191.

［8］袁伟明，傅红，张美辨，等.国外五种职业危害风险评估模型在某电镀企业的应用［J］.中华劳动卫生职业病杂志，2014，32（12）：965—967.

［9］栾俞清，张美辨，邹华，等.家具制造企业半定量风险评估方法优化及应用研究［J］.预防医学，2017，29（8）：770—776.

［10］姜彩霞，杨章萍，张旭慧.职业危害风险评价法在某染料中间体化工项目中的应用［J］.中国卫生检验杂志，2013，23（14）：2961—2963.

［11］冯斌，张志虎，何珍.两种风险评估法在铅酸蓄电池行业职业危害评价中的应用［J］.中国工业医学杂志，2017，30（3）：216—218.

［12］陈昌可，盛金芳，李常勇.浙江省富阳市造纸行业职业危害风险评估［J］.环境与职业医学，2014，7（31）：527—530.

［13］王莎莎，张美辨，蒋国钦，等.澳大利亚职业风险评估模型在蓄电池生产企业中的应用［J］.浙江预防医学，2013，25（12）：8—11.

［14］唐睿，杨跃林，崔方方，等.澳大利亚风险评估模式在职业病危害评价中的应用［J］.现代预防医学，2015，42（24）：4424—4427.

［15］付朝旭，朱珏玲，张文翠，等.金属矿山企业硅尘危害风险评价研究［J］.中国疗养医学，2017，26（8）：794—797.

浅析安全生产网格化管理
在宁钢物流部的应用

吕占滨　栾帅华　袁彦军

（宁波钢铁有限公司）

摘　要： 企业的安全生产管理是一个复杂的系统工程，而探索和研究科学、有效、合理的新安全生产管理模式，也是各级管理者和安全管理人员长期以来一直不懈努力的方向和目标。本文通过借鉴网格化管理思想，创新安全生产网格化管理新模式在宁波钢铁有限公司物流部的实际运用，显现出该管理模式所拥有的特点和优势以及所发挥的作用，为广大企业提供可借鉴经验。

关键词： 安全　网格化　管理

安全生产是企业永恒的主题，不仅关乎着企业的生存与发展，还关系到每一个家庭的幸福，同时也影响着整个社会的稳定。安全生产管理长期以来一直都是各级政府高度关注的问题，同时也是各个企业管理者和安全管理人员严格把控的重点。而如何能找到一个适合于自身的更为先进的安全生产管理模式已成为企业安全管理工作的一个重要课题。然而，由于各个企业安全生产管理本身存在的复杂性和多变性，也使该课题成为一个复杂的系统问题。

一、安全生产管理现状分析

宁波钢铁有限公司（以下简称"宁钢"）是一家大中型钢铁联合企业，其生产链包括自原料到炼铁、炼钢、连铸、热轧等各个工序，属于国家规定的高危行业。宁钢物流部作为其二级单位，主要承担着公司的铁水运输、道路运输、废钢合金仓储、备件材料仓储等管理职能，具有业务范围宽泛、作业区域点多面广并且流动性大等特点，安全管理难度相对较大。多年来，物流部基于现场生产和作业的性质以及人员的结构特点，结合辖区安全生产管理工作实际综合分析，积极探索和做好安全管理工作。

（一）管理者存在"重口头、轻行动"的现象

部分基层管理者由于自己非安全管理专业出身，欠缺对安全管理工作的深入思考，从而造成其在日常管理当中对安全工作的被动式管理，或者缺乏系统性的策划、组织，或者没有将安全管理的理念与工作实际紧密结合，思想意识上急于做好，但在实际工作中却没有具体的措施，安全管理的效果始终欠佳。

（二）资源闲置浪费，未得到有效利用

以往的安全管理思路，管理者的关注重心是如何依靠各级主管人员及安全管理人员做好组织的安全管理工作。但对于不同的作业性质和复杂的作业环境，以及一些专业性要求较强的作业项目，单靠这些力量是不能起到全面安全监管作用的。因此，要发挥辖区内所拥有的各专业工程师、党组织、团组织以及其他对安全管理有经验或安全相关持证人员的积极作用。

（三）基层作业现场安全监管不到位

在日常的安全管理工作中，由于缺乏系统有效的约束机制，部分基层管理者安全监管不作为，时常出现上紧下松的局面，监管力度逐级逐层衰减，使上级的一些安全管理思想、理念、政策、制度、规定和措施等传达不到位，执行不到位，最终导致作业现场安全管理工作未得到真正落实，各项安全监管效果大打折扣，甚至出现"真空地带"，缺失监管。

（四）安全管理相关人员专业知识欠缺

由于部分安全管理人员安全意识淡薄，未积极参加上级组织的相关安全专业培训，以及未主动开展系统的自我学习，导致其安全管理知识匮乏，安全管理经验不足，不能有效地指导和开展现场各项安全管理工作。

（五）现场安全事故频发

物流部辖区在2007—2015年间，共计发生各类安全事故（件）约68起，包括铁路运输、道路运输、特种设备操作等多个专业，其间虽未造成人员伤亡，但是也留下了惨痛的教训。安全事故的频发给各级主管和安全管理者敲响了警钟，同时也给安全生产管理工作的进一步开展提出了新的要求。

二、安全生产网格化管理简介

基于以上多种原因的存在，势必需要寻找一种适合于物流部自身特质和实际

情况的安全生产管理模式，来提升部门的安全生产管理水平。为此，物流部结合安全管理工作实际，积极调动内部资源优势，摸索出了将网格化管理思想切实运用到实际的安全生产管理工作中，自身特有的新的安全生产管理模式——安全生产网格化管理。

网格化管理：整合和有效利用辖区现有资源，将本区域按照一定的标准划分成若干个单元网格，达到分片包干、责任到人、设岗定责，真正实现力量下沉、无缝衔接、事事有人为、人人能尽责的管理模式。

安全生产网格化管理：将网格化管理的基本原理运用于实际的安全生产基础管理工作中，整合安全管理网络内所有资源，以发挥主管队伍安全履职、安全管理队伍安全监督、注册安全工程师队伍（安全专业队伍）安全辅导、专业技术人员安全技术支撑、党工团安全文化推动等五方面为重点，"五位一体"多方协同，发挥各队伍特色及优势，从而建立高密度、精细化、网格化安全生产监管和责任体系，保障安全生产有序稳定。

三、安全生产网格化管理在宁钢物流部的应用

2015年底，宁钢物流部结合网格化管理思想，率先提出安全生产网格化管理体系建设部署，充分利用现有安全相关资源优势，积极完善安全管理机制、框架，切实将各项安全管理工作落到实处、直达基层，从而开启了安全生产网格化管理之路。

（一）构建责任体系，完善安全管理网络

安全管理责任通过安全管理网络得以充分体现，而对安全管理网络的优化，也同样是指导各项安全责任全面落实的过程。根据国家安全生产"三个必须"的总体要求，面对原有安全网络中"自上而下"仅包括主管人员和安全管理人员的弊端，物流部围绕网格化管理思路，落实"横向到边，纵向到底"的管理思想，首先从主管队伍改革入手，结合宁钢"三级机构＋一级班组"的组织机构特点，大胆尝试创新，以各作业区域职责为原则，在现有机构设置的基础上，建立起以部长、作业长、工长、班组长为主的四级安全网格架构，并划分出6个以作业区为单位的二级区域单元，13个以股为单位的三级作业单元和13个以班组为单位的四级基层单元。

将本部门的10余位专业技术人员和业务管理人员，以及5名注册安全工程师持证人员和党工团主要负责人一并纳入安全体系中，在安全管理方面给各单元提供专业性支撑。

通过以上各管理单元的划分及相关队伍的建立，共同组成了本部门的安全生产网格化体系，同时坚持"五位一体"多方协同的理念，探索各支队伍的优势发挥和协同共建问题，从而促进安全生产网格化管理体系的零死角、全覆盖状态，网格划分清晰，分片明确，责任到人。

（二）协同一致，各尽其责

1.管生产必须管安全，主管队伍有效安全履职

物流部坚持以主管安全履职月度评价为重要手段，通过将安全责任层层分解，落实到人，并通过主管队伍安全履职能力的监督和引导，以及主管领导和安全管理人员的风险抵押金和正激励措施等多种措施，切实将现场的安全监管措施落到实处，不断促进基层安全管理稳健发展。

借助主管安全履职评价，建立起物流部主管安全履职评价标准，整理归集各级主管应尽的责任、应开展的工作内容及应执行的标准等内容，促进主管人员按照标准要求逐项开展安全管理工作，做到安全管理不落项。坚持主管安全履职月度评价机制，组织部门安全管理人员定期开展评价检查，有效实施监察督促，并建立起主管人员安全履职档案，与主管绩效挂钩，促进主管队伍安全管理工作稳步提升。

结合四级安全网络的构建，对基层班组长的安全职责做了进一步明确，充分调动其自主能动性，有效发挥最基层单元的安全管理作用，确保各项安全管理工作层层落实到位。

2.管技术必须管安全，管业务必须管安全

物流部通过将各生产、设备重点岗位专业技术人员纳入安全风险抵押范围，并通过安全技术监督、专业技术授课等形式，督促专业技术人员真正做到"管技术必须管安全"。各专业技术人员和业务管理人员利用自身专业特长和丰富阅历，积极主动深入基层开展走访交流、现场检查和培训授课，为一线作业人员答疑解惑，给现场实际作业提供专业上的指导和业务上的支撑，带动、感染并引导员工有效提升专业技术水平和业务能力，全面促进安全生产稳定运行。

3.党工团发挥能动性，全面提升员工安全素质

安全文化能为企业安全生产提供有效保障，在物流部的网格化安全管理体系中，党工团队伍最主要的职责就是开展各类群众性安全活动，全面提升物流部安全文化建设。物流部党总支、分工会、团总支根据各自安全职责，积极深入基层、团结群众、联系员工，以多种载体、多种形式组织开展了各种活动，以此来感染和影响每位员工，营造浓厚的安全文化氛围，增加了员工学习各类安全知识

和操作技能的机会，同时参加活动的人数也越来越多，切实起到了以点带面的效果，促进了全员安全意识的不断提高和综合安全素质的不断提升。

4.优势互补，充分利用安全管理资源

因安全管理专业人员的重要性，物流部高度重视注册安全工程师队伍的建设，积极出台多项优惠政策鼓励员工加强学习，不断提升自身安全管理能力。同时，物流部充分挖掘其专业优势，通过计划性安排，以注册安全工程师队伍日常管理支撑为基础，通过挂靠基层班组指导安全工作、组织开展安全管理专业知识授课等活动，有效发挥其安全协同功能和传帮带作用，切实促进安全管理队伍能力的提升和部门安全管理水平的提高。

四、安全生产网格化管理的优点

物流部自推行安全生产网格化管理模式以来，本区域各项安全管理工作开展有序，真正体现了分工明确、责任到人，网格内各支队伍相互协同，共同推动了物流部安全管理水平的整体提升。

自2015年推进网格化安全管理体系建设以来，辖区各类事故（件）由原来的年均7.5起下降至3.6起，困扰物流部多年的汽运运输车辆大厢碰撞限高架问题基本得到根治，同时物流部在自2016年起全面推行铁路机车遥控操作模式的改革基础上，2016年、2017年连续两年创造了铁路行车无事故的纪录。

纵观整个网格化安全管理体系建设的全过程，该模式主要优势体现在：

（一）安全生产管理由"被动"变"主动"

通过有效的安全评价和责任到人的措施的落实，每个人和每个团体都能对自己的安全职责了然于心，促使其主动开展工作，及时发现问题和安全隐患，做到防患于未然，使整个安全生产管理工作真正做到由"被动"变"主动"。

（二）责任落实明确，精细化管理

安全生产网格化管理模式，将安全管理区域和范围进行有效划分，实施安全管理区域和人员全覆盖，避免了传统安全管理工作中的盲区，消除了企业安全管理中的责任不清，真正实现了安全生产管理工作的"横向到边，纵向到底"。

（三）整合利用资源，实现高效管理

通过对网格单元内的相关管理者、安全管理人员、技术人员、党工团等资源进行有效的整合和利用，充分调动了各方力量有序地开展相应的工作，发挥其高

效优势的作用，在人员培训、隐患排查、员工发动等方面显著提高，使得各项安全问题能在第一时间被发现和解决。

（四）安全生产管理工作由"虚"变"实"

安全生产网格化管理模式在权责一致、全覆盖、无死角的情况下，使得各项安全工作都能主动有序地开展，摆脱了上下脱节、理论与实际脱节的不利局面，扭转了安全管理工作中务虚的现象，保证了各项安全管理工作的扎实开展。

五、结束语

综上所述，安全生产网格化管理通过合理的网格构建，综合运用有效的评价手段并明确职责范围，同时将多种分散的资源整合成一个有效整体，充分发挥了员工积极性和资源优势的作用，改善了现场安全生产管理状况，真正实现了安全生产管理的精细化、网格化、全面化，为企业提高安全生产管理水平提供了有效的借鉴经验。

参考文献：

[1]郑士源，徐辉，王浣尘.网格及网格化管理综述[J].系统工程，2005，23（3）：4—10.

[2]王继生.加强安全生产综合监管的实践与思考[J].政府法制，2008（15）：29—31.

[3]陈平.网格化城市管理新模式[M].北京：北京大学出版社，2006.

企业安全生产事故的影响因素分析

——基于20家企业问卷调查的截面数据结构方程模型的实证研究*

高　峰

（浙江海港洋山投资开发有限公司）

摘　要：本文在对企业安全生产事故进行假说检验的基础上，根据计量经济学、西方经济学等相关知识，采用截面数据模型和多元线性回归分析方法对某地区20家企业近一年来安全生产影响因素进行研究，分析了基层对上层的价值认同、企业员工互信以及家庭和谐对企业安全生产的影响，建立计量经济学模型，寻求这些变量与安全生产的数量关系，进行定量分析，对模型进行检验，最终得出结论。

关键词：安全生产　价值认同　信任　家庭和谐　最小二乘法

一、背景

安全生产是指在生产经营活动中，为了避免造成人员伤害和财产损失的事故而采取相应的事故预防和控制措施，以保证从业人员的人身安全，保证生产经营活动得以顺利进行的相关活动。在实际核算中，常以安全生产天数占比或者事故发生率来表示，即以安全生产天数占企业总生产天数的比率（这里称为"无事故率"）来计算。

安全生产是涉及每一位员工生命安全的大事，也关系到企业的生存发展和稳定。剖析事故产生的深层次原因，不难看出一些领导、员工对安全生产、管理存在着认识上、思想上的误区。本文以安全生产为研究对象，选择截面数据的计量经济学模型方法，将安全生产与和其相关的变量联系起来，建立多元线性回归模型，研究企业安全生产的趋势以及影响因素，并根据所得的结论提出相关的建议与意见。用计量经济学的方法进行数据的分析将得到更加具有说服力和更加具体的指标，可以更好地帮助我们进行预测与决策。

---

*本文刊登于《华东科技：学术版》2016年第7期，第313页。

二、模型的建立

为了具体分析各要素对安全生产影响的大小，我们可以用安全生产状况得分（Y）这个安全生产指标为研究对象，用生产一线工人对领导层管理的认可度（X_1）衡量基层对上层的价值认同，用职工相互之间的信任度（X_2）衡量企业员工互信，用职工自身家庭和睦程度（X_3）代表企业员工家庭和谐。运用这些数据进行回归分析。

这里的被解释变量是，Y：安全生产状况得分［20分－事故损耗（死亡5分、重伤3分、轻伤1分）］

与Y密切相关的因素作为模型可能的解释变量，共计3个，它们分别为：X_1代表基层对领导层的管理认可度，X_2代表企业相互之间的信任度，X_3代表员工家庭和睦程度，μ代表随机干扰项。

模型的建立大致分为理论模型设置、参数估计、模型检验、模型修正几个步骤。如果模型符合实际经济理论并且通过各级检验，那么模型就可以作为最终模型，进行结构分析和政策建议。

（一）理论模型的确定

通过变量的试算筛选，最终确定以下变量建立回归模型。

被解释变量Y：安全生产状况得分；

解释变量X_1：基层对领导层的管理认可度；

X_2：企业职工相互之间的信任度；

X_3：员工家庭和睦程度。

另外，从人性管理意义上来说，基层对领导层的管理认可度、企业职工相互之间的信任度、员工家庭和睦程度这三个指标基本反映了企业生产的劳动力心智因素，因此也就很大程度上决定了安全生产水平。单从管理意义上讲，变量的选择是正确的。而且，就直观上来说，解释变量与被解释变量都是相关的，这三个解释变量都是安全生产的"良性"变量，它们的增长都对安全生产起着积极的推动作用，这一点可以作为模型经济意义检验的依据。

所有基础数据均来源于实际问卷调查，不在此详列。

将基础数据经过处理后可知，企业安全生产与基层对领导层的管理认可度、企业职工相互之间的信任度、员工家庭和睦程度之间均存在显著的正相关关系，相关系数分别为0.9732、0.9731、0.9684。

通过对散点图和相关系数表（不在此详列）的分析，可以判断被解释变量和解释变量之间具有明显的相关线性关系。同时通过被解释变量与解释变量的相关图形分析，设置理论模型为：

$$y = \beta_1 + \beta_2 X_1 + \beta_3 X_2 + \beta_4 X_3 + \mu$$

（二）建立初始模型——OLS

1. 使用OLS法进行参数估计

表1 普通最小二乘法参数估计输出结果

	系数	t统计量	P值
X_3	0.5818	2.7288	0.0131**
X_2	0.9416	2.6220	0.0185**
X_1	1.2916	3.9488	0.0011***
C	−6.3271	−8.2190	0.0000***
R2	0.9808	调整的R2	0.9772
F值	272.9761	P（F检验）	0.0000

注：**表示在5%的水平下显著，***表示在1%的水平下显著。

详细推算过程不在此详述，得到初始模型为：

$$y = -6.3271 + 1.2916X_1 + 0.9416X_2 + 0.5818X_3 + \mu$$

2. 对初始模型进行检验

要对建立的初始模型进行经济意义检验、统计检验、计量经济学检验。详细检验过程不在此详述。

通过模型分析，尚需进行进一步修正。

3. 建立修正模型——WLS

加权最小二乘法估计模型系数建立模型能够有效地消除模型的异方差性，同时也可以在一定程度上克服序列相关性，因此，使用WLS方法估计模型参数是修正模型的常用方法。

四级检验过程不在此详述。通过上面的四级检验，可以看到，模型在很高的置信水平（99%）下通过统计检验、计量经济学检验，模型不再具有异方差性和序列相关性，模型预测检验显示模型的预测效果比较理想。另外赤池检验值为−0.1866，施瓦茨检验值为0.0125，两者都较修正前要小，表明模型的建立效果要好于修正之前。

三、主要结论及政策建议

（一）主要结论

建立模型的最终目的就是要通过模型获得有用的信息。本模型通过对最初的使用普通最小二乘估计参数得到的模型进行加权修正，得到的使用加权最小二乘法估计参数的模型是：

$$\hat{y} = -6.8816 + 1.4688X_1 + 0.8935X_2 + 0.8245X_3$$

t=（−25.5978）（8.4984）（9.8175）（5.4240）

p=（0.0000）（0.0000）（0.0000）（0.0001）

R2=0.9986　R̄2=0.9984　D.W.= 2.6638

模型具有较好的性质，通过了包括经济意义检验、统计检验、计量经济学检验和预测检验在内的四级检验，模型符合现实经济理论和计量经济学的相关假设，可以较好地提供经济信息和帮助提出政策建议。结合近年来我国安全生产的发展状况，不难发现各类要素与企业安全生产之间的一般关系：

（1）企业安全生产与基层对领导层管理的认同度、职工之间的互信以及员工自身家庭因素均有比较显著的正相关。从模型参数看，基层对领导层管理的认同度对安全生产的影响最大，一定程度上，上下层的价值认同会较明显地促进员工特别是一线员工对安全管理理念的趋合和对安全生产的重视，消除了抵抗和逆反心理，会使其从根本上较为认真地贯彻上级下达的指令，从而降低企业事故的发生率。

（2）从模型数据看，职工互信对企业安全生产同样起着非常重要的作用，但次于上下层之间的价值认同。可以推论，职工互信主要会促进职工之间工作交流，在一线施工时，遇到难题往往不会立即选择向上汇报，因为实际工作中上报程序会大大降低任务完成的效率，所以此时员工通常是采取互相沟通的措施，通过经验借鉴和交流解决目前问题，而经验借鉴交流的基础是互信，所以互信会有效促进员工之间的积极交流，并促成共同研究处理对策方案，通过集体智慧和力量，可以显著减少事故发生，促进安全生产。

（3）员工家庭和谐也是企业安全生产的影响因素。不难想象，如果一个员工家庭琐事缠身或者夫妻子女关系恶劣，那么员工必定或多或少地将此类情绪延续到工作中，造成分心，精神难以集中，这对于一些风险大的职业来说就是最大的事故隐患。相反，如果一个员工家庭幸福，员工本人也会更加注重自身安全，必将影响身边的其他员工，形成人人重安全的良好氛围，企业安全生产也会得到有效保证。

（4）模型建立之初，本来认为员工家庭幸福（解释变量X_3）对企业安全生产的影响要远大于基层对领导层的管理认同（解释变量X_1），也就是X_3的系数要显著大于X_1，但是结果相反，可以推论，被抽样调查的绝大部分职工在工作时工作状态更贴近企业生产，领导层对基层的理念输入和情感关心可以弥补员工自身的家庭缺陷，使之更加职业化。

（二）政策建议

安全生产是企业进步发展的根本基石和第一要务，有效降低事故发生率，保证安全发展是我国当前乃至今后一段时期的重要课题。针对目前事故多发、职业病危害增多的现状，应通过多种途径，一方面发展科技，通过技术手段增强设备机械的安全性能；另一方面，要提升企业管理水平，提高管理的科学性。

本文从文化管理的角度出发，定量阐述基层对领导层的管理认同、职工之间的互信以及职工自身家庭因素对企业安全生产的影响。根据模型参数，结合现实案例，现提出三点建议：

第一，招聘阶段更加注重内在选择。无论是政府还是企业，在招工用工时，都应根据不同岗位特点选择性格不同的人。在关注技术和经验的同时，危险岗位或者易发生事故的岗位要更加注重内在文化选择，招聘性格易塑造、乐于沟通、易于表达感情的员工，这样，在后期的工作中，领导层的管理理念和认知可以相对容易地到达并改变工作者，进而融会贯通，产生合力，从意识上维护安全根基。

第二，工作阶段更加注重文化熏陶。企业在日常生产生活中要增加员工的文化投入，特别是领导层与基层的穿线沟通。因为一般企业在发展壮大的过程中，中间层会越来越多，顶层与基层的距离也会越来越远，这就会渐渐引发扁平化管理的心理诉求，顶层需要了解基层，基层更渴望连线顶层。企业可以在发展过程中构建多方式的上下沟通渠道，除了文件命令的下达外，更多的建立面对面的交流方式，通过讲解分析甚至领导授课，增加接触频率，了解文化需求。当员工真正理解管理者的价值观和意图时，员工对组织和管理者个人的认可度，无论是情感上的，还是理性方面的，都会大大提高。清晰的并可传授的领导力观念，会很大程度上促使上下一心，进而推动安全发展。

第三，发展阶段要更加注重内部信任。大多数人无论是管理者还是普通员工，在企业正常发展中并不会过多关注组织内的信任问题，而当事故发生，伤亡显现时，信任关系已经破裂，损失也已经造成。员工之间不愿意讲事实，也不愿意分享信息；管理者制定让人费解的目标，管理层失去功效；员工在背后议论别人，谣言四起。此时，企业发展已不仅仅是获得经济利益，最重要的是重建信任。这个过程费时费力，需要员工认识到自身缺点并改变对他人的看法；对于管理者，需要以身作则，即使是一个微小的承诺也必须严格遵守，从而重新建立起已经破裂的信任关系。所以，在企业日常运行中，必须维护好相互信任关系，想方设法增加互信，发展合作，提高组织凝聚力，从而减少因协调错位、管理缺失而导致事故发生。

参考文献：

［1］李子奈，潘文卿.计量经济学［M］.北京：高等教育出版社，2012.

［2］易丹辉.数据分析与Eviews应用［M］.北京：中国统计出版社，2008.

［3］高鸿业.西方经济学（微观部分）［M］.第五版.北京：中国人民大学出版社，2011.

［4］高鸿业.西方经济学（宏观部分）［M］.第五版.北京：中国人民大学出版社，2011.

安全生产网格化管理工作的实践与思考

俞哲红

（海宁市应急管理局）

摘　要：《中共中央国务院关于推进安全生产领域改革发展的意见》提出了一系列改革举措和任务要求，强调要"加强安全基础保障能力建设"，随着企业转型升级步伐不断加快，迫切需要我们不断探索加强安全基础保障能力建设的有效方法，而开展安全生产网格化管理工作就是有效的载体和抓手。本文从安全生产网格化管理工作在海宁市的实践入手，分析工作中存在的问题，并就深入推进安全生产网格化管理，提升管理质量，加强安全基础保障能力建设提出了一些思考。

关键词：安全生产　网格化管理　基础保障

一、推行安全生产网格化管理工作的必要性

海宁市现有生产经营单位4万多家，2000万规模以上企业有1000多家，所处地域较为分散。近年来，全市安全生产形势总体平稳，但安全生产基础薄弱、企业主体责任不落实、安全防范和监督管理不到位等问题仍然较为突出，主要表现在企业安全生产规章制度不健全、安全投入不到位、隐患排查治理不彻底、教育培训不认真，存在违章指挥、违章作业、违反劳动纪律"三违"现象，安全生产法律法规和规章标准没有得到认真落实等。安全生产工作还处于主体责任被动落实阶段，存在"重效益、轻安全"的现象。

《中共中央国务院关于推进安全生产领域改革发展的意见》中提出要"加强安全基础保障能力建设"。为此，迫切需要我们不断探索加强安全基础保障能力建设的有效方法，破解这一制约安全生产工作的根本性问题，而开展安全生产网格化管理工作就是有效的载体和抓手。

二、安全生产网格化管理工作的做法及成效

2010年以来，海宁市从实际出发，创新监管方式，从源头抓起，从基础入手，在嘉兴市首次探索开展安全生产网格化管理工作。

（一）抓试点，统筹推进

坚持抓调研，先试点，后铺开，有效推进网格化建设。一是广泛调研、试点先行。在开展调研，借鉴兄弟县（市）的基层安全监管工作经验的基础上，结合全市工作实际，海宁市制订出台了《海宁市安全生产网格化管理实施（试点）办法》。二是现场推广、全面推行。在试点开展的基础上，海宁市政府召开了安全生产网格化管理工作推进会，全面实施，同时专门制定出台了海宁市安全生产网格化管理实施方案、实施办法和考核办法，并将网格化建设工作作为市委、市政府一项重点工作，纳入对各镇（街道、开发区）的考核内容。

（二）抓三定，健全网格

坚持从实际出发，因地制宜，科学划分，健全网格管理内容，增强网格操作性。一是定网格。以行政区域为基本单位划分出网格，以一个村（社区）为单位，划分成一个网格；经济规模大或生产经营单位多的村（社区），可划分为2个以上网格；每个网格根据企业大小，数量一般在10—50家。二是定人员。在每个安全生产管理网格中明确安全管理责任人和联系领导，分别承担该网格安全生产的管理和监督责任。每个网格落实2名以上人员为安全生产管理责任人，承担所联系网格安全生产管理工作的领导督查和指导责任。三是定责任。网格责任人负责辖区内各生产经营单位的安全检查、宣传教育、非法生产经营的巡查等工作，每两个月不少于1次对生产企业开展检查，将检查中发现的辖区内生产经营单位安全隐患上报给属地安监站，并积极监督指导隐患单位做好整改工作。

（三）抓基础，规范运作

按照规范化、制度化、长效化要求，强化网格基础建设。一是建立档案，完善信息。每个网格采集辖区内生产经营单位信息，建立安全管理信息档案，并根据生产经营单位的信息档案，进行安全评估分级。二是印制手册，加强管理。印制了安全生产网格化管理手册，发放到每一位网格责任人手中，方便责任人规范化开展安全生产管理。三是加强培训，提升能力。举办以安全检查、隐患排查等业务培训为主的安全生产网格责任人培训班，提高网格责任人发现问题、处置问题的能力。

（四）抓监管，消除隐患

充分发挥网格"预防为主""关口前移"的作用，深入开展隐患排查治理。对发现的安全生产隐患，实行分类处理，即在检查中发现的各类安全生产隐患，凡是能当场纠正的，及时提出并予以纠正；需要由上级有关部门查处的，及时向属地安监站报告，各安监站负责辖区内安全隐患的汇总、分类、移交、整治、查处、反馈、存档等工作，并建立市、镇重大隐患分级挂牌督办、逐项整改销号制度。同时，海宁市还依托网格深入开展了"打非治违"专项行动、安全生产大排查大整治专项行动、三类人员持证上岗专项检查、安全生产诚信机制建设以及重点时段的安全生产大检查，通过实施网格化管理，使分布在辖区内各个角落的数量众多的小微企业，全部处于监控状态中。

（五）抓督考，强化责任

海宁市安委办专门制定了考核办法，并建立网格化管理抽查通报和工作联系制度。每季对各网格责任人履行职责情况进行检查考核，以年度为单位，经综合评定后提出年终考核意见和对安全生产网格管理责任人的奖惩意见。海宁市安委办采取日常抽查与年终考评相结合的方式确认考核结果，评定出一、二、三等奖并给予奖励，有效调动了安全生产网格责任人的工作积极性，增强了工作责任感。

安全生产网格化管理工作实施7年多来，安全监管实现了精细化，基本形成了"横向到边，纵向到底"的安全监管体系，企业主体责任意识也得到了加强，达到了"预防为主""关口前移"的安全生产工作要求。连续七年来，全市安全隐患得到了有效的治理，很多事故隐患被消除在萌芽状态，各类事故起数、死亡人数和直接经济损失三项指标实现了"零增长"。

海宁的安全生产网格化管理工作虽然取得了一定的成效，但从实践来看，也还存在着一些问题。一是思想认识存在差距，工作开展不够平衡；二是安全网格责任人都为兼职，业务能力普遍较弱；三是信息掌握不够全面，检查监管难以到位；四是硬件、软件保障不足，基层基础较为薄弱。这些问题都不同程度地影响和制约了安全生产网格化管理工作的深入推行和成效的进一步提升。结合海宁实际，现就深入推进安全生产网格化管理工作，提升网格化管理质量提出如下对策。

三、提升网格化管理质量，加强安全基础保障能力建设的措施

（一）科学设置网格，落实监管责任

安全生产网格化管理工作是否能够真正有效推行，核心内容是落实责任。各镇（街道）、经济平台根据辖区内生产经营单位的变化，进一步科学设置，并合理调整原有的网格，重新划分网格。在厘清网格数量基础上，进一步建立健全各级安全生产工作职责、网格化管理制度、管理档案等；安全网格责任人、联系领导严格按照《海宁市安全生产网格化管理实施办法》要求，配足配强安全生产管理责

任人，每个网格必须落实2名以上人员为安全生产管理责任人，安全生产网格管理责任人对辖区内生产企业的检查每两个月不少于1次（功能性网格责任人对网格内每个单元的检查每月不少于1次），对其他生产经营单位检查每季不少于1次。

（二）加强宣教培训，提升业务素质

通过制订个性化的培训计划，针对不同的层次、不同的需求，举办以安全检查业务培训为主的辖区内安全生产网格责任人的培训班，结合年度工作重点和要求修订安全生产网格检查内容，学习安全检查的相关知识，加强业务训练，不断提高综合能力，确保基层安全监管工作有人管、管到位。全市各镇（街道）、开发区每季召开安全生产网格化管理工作交流会，取长补短，并将交流中发现的问题及时解决，同时对下一季度的工作进行布置和落实。

（三）强化监督措施，注重管理质量

采取切实有效措施，确保安全生产网格化管理工作"有人管、有平台、有能力"。在责任区明确、责任人到位、责任制健全的情况下，增加投入，加强基层基础设施建设，改变硬、软件条件不足的状况，尤其是加强信息化建设，创建安全生产网格化管理平台，创造更加高效而便捷的管理条件。将网格化管理工作和社会化服务、安全生产隐患排查系统应用相结合，实现联动，做到资源交流整合和共享。聘请安全生产专家对各网格内的生产经营单位开展检查，通过定期开展检查，及时发现和分类处理各类隐患、加强信息化管理等；各镇（街道）、开发区建立严格、规范的检查考核机制，经常性地加强对安全生产网格的巡查、督促和考核，及时发现和纠正存在的问题，形成安全生产网格化管理齐抓共管的氛围，从而促进安全生产网格化责任的进一步落实。

（四）完善考核办法，构建长效机制

安全生产网格化管理工作是一项任务重、责任大、工作细的综合性管理工作，建立健全奖优罚劣的激励评价机制尤为重要。要对《海宁市安全生产网格化管理考核办法》做进一步的修订完善，对工作认真负责的责任人给予奖励，对不能完成工作或敷衍应付的责任人，要按照相关规定予以责任追究。在年底开展网格化安全督查的基础上，根据不断变化的安全生产现状，完善考核办法，使之能真正激励各有关责任人做好安全生产网格化管理工作。同时通过层层考核对网格化管理工作有分析、有举措，及时发现和纠正存在的问题，对督查出来的问题进行目标任务再落实，以督查考核促进安全生产网格化管理工作质量的提升，加强安全基础保障能力建设。

宁波软土地区轨道交通工程结构
风险管控模式探讨及实践

何 山

（宁波市轨道交通集团有限公司）

摘 要： 宁波轨道交通在第一轮建设中，结合软土地区特点创新风险管控思路，建立监测监控分级管理体系，以业主管理下的监测监控项目管理团队为核心，以参建单位在施工前的静态风险评估为基础，以施工过程的监测数据为驱动，以现场抽测结合工地巡检进行综合的动态风险评估管控为手段，实现了施工过程设计、施工、监理风险联动管控，最终达到预期风险管控目标，取得第三方监测与风险咨询管理一体化创新管理模式、宁波软土图表法管控技术、变形控制指标体系、精细化监测监控技术及管理方法、分级预警联动处置及消警办法等一系列成果。本文结合第二轮建设初期风险管控模式的进一步探索和实践，对自动化监测技术应用、改进预警及巡检、强化分中心主动控制、监测数据与设计反演对比、大数据服务于工程建设安全管理等创新内容进行了思考。

关键词： 轨道交通　风险管控　经验　模式

一、引言

宁波轨道交通已顺利完成第一个阶段建设任务，1号线一期于2014年5月30日建成运营，2号线一期及1号线二期也已建成运营，3号线、4号线、5号线及宁奉城际线顺利推进，有宁波特色的工程风险管控体系得到了检验。

宁波地铁工程周边存在大量河流、道路、建筑物、管线等环境对象，周边开发建设活动频繁，建设难度大。由于国内外类似的软土地区城市，在建设过程中不同程度地发生过工程风险事故，影响巨大。相比之下，宁波轨道交通建设条件更为复杂，风险管理压力更大。第二轮建设，即地铁3、4、5号线的工程风险管控面临更多的挑战，需要进一步完善风险管控体系来创新实践。

本文旨在总结在宁波轨道交通1、2号线建设过程中工程建设风险管控的成功经验，并对今后开展相关工作及创新思路做出阐述。

二、工程风险管理背景

宁波软土地层均为第四纪松散沉积物，地质年代为第四季全新世Q_4^3—上更新世Q_3^1，属第四系滨海平原沉积层，主要由饱和性黏性土、粉性土及砂土组成。线路穿越的下卧土层主要包括②₂层淤泥质黏土、③₁层黏质粉土、③₂层粉质黏土、④₁层淤泥质粉质黏土、④₂层黏土、⑤₁层黏土、⑤₂层粉质黏土、⑤₃层粉质黏土等。场地周围河网较发达，各土层含水量变化大。

宁波地铁车站工程以明挖法为主，采用地下连续墙+内支撑支护方式，车站基坑标准段深度最深约24m（鼓楼换乘站）。区间采用盾构法施工，区间覆土8—20m，联络通道采用冻结法施工。

1、2、3、4号线都穿越海曙、江东、鄞州等主城区，5号线是环线，在城区和第一轮同时建设地铁线路干扰的复杂环境下施工，其周边道路、铁路、地铁、江河交织，房屋众多，城建开发冲突多，环境极其复杂。

宁波轨道交通风险管控不仅面临施工环境复杂的问题，同时在建设初期面临着风险管理人才缺乏、当地专家团队资源少、新进人员管理理念存在差异、适宜的风险管理制度缺乏、工程管理经验不足等一系列困难，这些薄弱环节在第二轮建设初期中已有较大改善。在现状条件下如何通过分析其他地区管理的优缺点，创新地提出适合宁波地区的风险管理思路和管控体系，实现工程风险管理资源配置的最优化、管理效益最大化是宁波轨道交通工程风险管理人员亟须解决的重点。

三、管理体系建设

（一）管理标准化

在公司安全质量管理制度的框架下制定印发《宁波市轨道交通监测监控管理标准手册》，规范风险管理体系，规定风险管控机构、人员职责，管控程序等内容，在施工风险评估与管控、施工及第三方监测监控、应用监控管理信息系统、风险管理培训和建立应急机制等方面给出详细规定，每半年度发布《宁波轨道交通在建工程风险源管控通知》，建立具体管控目标及实施依据，同时为加强对参建单位的考核，推进风险管理工作，将指挥部立功竞赛考核制度纳入管理体系。技术管理制度上，发布《宁波轨道交通基坑工程监测设计要求》，从源头出发规范了工程监测预警指标等监测设计内容。

（二）建立风险分级管理模式

以分管领导主抓风险管控，以专门成立指挥部下属的监测监控管理部门为核心，通过招投标选择的第三方监测及风险评估单位共同组成监测监控管理中心；现场各标段建立以总监为主要负责人的现场监测监控分中心，由业主代表、监理、设计、施工、第一方监测、专业分包等参建单位主要专业人员组成。从组织体系上强化施工现场的管理机构，并与建设单位的管理机构建立高效的工作接口。

宁波轨道交通通过公开招标引入业内技术水平顶尖的专业咨询单位，作为第三方机构服务配合业主，培育和发展了一批有丰富的软土地区设计施工及风险管理经验的风险咨询及监测监控管理团队服务于风险管控工作。同时，创新地实践了以结构安全风险管控为关键，以监测监控图表法、变形控制指标体系、精细化监测监控技术及管理方法、分级预警联动处置及消警办法为基础，以工程建设风险管理培训、施工风险评估及管控、施工监测及第三方抽检巡检、应用信息化监控平台、动态预警分析及评估、监测监控管理标准化为重点，以技术革新和科研工作为驱动的风险管理思路。

这些工作有效解决了管理资源不足的问题，通过参建单位深度参与施工准备阶段静态风险评估提高了风险认识水平；现场以施工监测为基础，第三方监测作为监管手段，通过信息化的管控平台标准化管理流程及内容，充分发挥管控效率；以预警及动态评估为驱动，与现场施工紧密结合，在工程经验与数据分析的基础上科学地分析，保证施工效率及安全风险管控的最优化；在静态评估的基础上，充分认识风险的类型、原因及发展变化规律，对应建立应急预案体系，并经演练，保证抢险救援必需的人员、物资、程序在紧急条件下的到位与有效运作。

（三）培训与科研工作

一是开展指挥部制定的各项相关风险管理制度的培训，在参建单位范围对各项管理制度开展系统培训，为制度执行奠定基础；二是进行相关技术的培训，邀请国内专家开展风险管理、工程监测、设计施工技术、应急管理等技术培训，加强参建人员的综合技术能力。

公司各部门密切配合，监测监控管理部门以实际需求出发，协调公司总工办立项监测监控指标体系研究项目，形成《宁波轨道交通一号线工程指标体系研究报告》等成果，并开展了信息管理平台、监测新技术等一系列研究，其实践以科研工作作为创新的驱动。

四、施工过程风险管控

建设过程风险管控通过风险评估、动态监控、监测管理、工况图表、四级预警、巡检闭合、应急处理等方面的工作有效开展全面的监测监控工作。

（一）施工准备期风险静态评估

静态风险评估工作风险辨识主要采用WBS—RBS（工程结构分解—风险结构分解）方法，对辨识后的风险源采用层次分析法（AHP）与专家打分法相结合的定量分析方法，得出量化的风险指数与风险量，进行风险评级，之后专项研究风险管控措施，形成静态风险评估成果文件，后期根据风险源变化修正以保证时效性、准确性。

通过静态风险评估工作，形成线路的《宁波轨道交通施工准备期风险评估报告》，对施工、环境、自然风险分类，给出基坑工程、盾构工程的重大风险源。

（二）施工期过程动态风险综合评价

施工过程中的动态风险管理是整个风险管理工作的重点，通过近年来的总结提炼，结合其他城市的先进技术及管理模式，逐步形成了具有宁波特色的动态风险监控管理模式。

1.监测监控管理分中心

建立以总监为主要负责人、项目总工为执行人的现场监测监控管理分中心，做实一线工作，开展现场监测监控工作。指挥部监测监控部门以风险咨询单位与第三方监测单位为基础建立监控管理中心，对现场分中心进行管理，形成三级监控管理体系。

2.监控图表工作

监控图表是实现现场基坑、盾构工程工况的施工、技术、管理的有效的管理工具，充分结合了宁波软土地质条件建设施工特点，细化到工序以实现工程的精细化管理。通过现场监测管理分中心每日填写监控图表，并及时上传至远程监控平台这一手段，紧密联系了两个中心，充分发挥其连接两个中心的纽带作用，实现对现场的精细化监控管理。

3.巡检管理制度

巡检制度是监测监控管理中心人员发现工程隐患、查看现场分中心运作情况及了解现场工程状况的有效途径以及重要的发现、监督及闭合机制。目前已形成了较为完善的联合巡检、专项巡检及预警巡检制度。

4.预（消）警管理

蓝黄橙红四级预警是监控管理工作的重要手段，蓝色预警是宁波的创新，实现了现场与管理层的分级处置，避免了频繁的一般预警带来的管理压力。

监控管理中心依据监控图表、现场状况及两方监测数据，与现场人员充分沟通后，进行综合安全评估，根据当前风险程度，提交预警建议。安质处作为预（消）警的归口部门，负责对预（消）警日常工作进行统筹管理，发布各级预警。

四级预警管理工作的开展，明确各参建单位相关工作职责，提高对现场问题的认识，加强数据监测工作，完善现场控预（消）警流程，现场通过预警处置，最终达到控制风险的目的。

（三）工程风险预警处置及总结

宁波轨道交通采取"蓝、黄、橙、红"四色预警，是基于监测数据超出设计报警值并结合具体工程环境变化综合分析后发出的管理预警。以宁波轨道交通1号线一期为例，该项目共计发出各级预警194次。其中基坑预警112次（蓝色22次，黄色121次，橙色48次，红色3次），通过对预警数据的分析，92.7%为测斜、地表沉降、建筑物沉降、水位降升、轴力变化速率超标引起，5.6%为上述的累计值超标引起，1.7%为施工巡检发现结构风险引起。盾构预警中83.1%由地表沉降单日速率超标引起，4.5%由地表沉降累计值超标引起，1.1%由建筑物单日沉降速率过大引起，11.2%由其他原因引起。

通过有效的监测监控风险管控手段，有效的预警行为及精细化的管理，将现场风险隐患消灭于萌芽阶段，工程初期建设施工未发生一起重大结构风险安全事故，1号线一期工程沿线周边环境风险源如咸通塔、范宅、鼓楼、永丰库遗址等多个文物保护古建筑，布政巷人防通道、中山西路市中心商贸区段、江澄路隧道、杭甬铁路立交桥、中山立交桥等多个重要建构筑物以及电信、电力、煤气、给水、雨水与污水等管线得到了良好的安全控制与保护，实现了预期控制目标。

五、风险管控模式的思索探讨

宁波轨道交通在初期建设通过不断的制度创新、管理创新及技术创新，取得了良好的管控效果，形成了宝贵的管理经验，后续宁波第二轮轨道交通建设高潮即将来临，本文对今后工作的改进方向进行了初步思索探讨。

（一）从源头控制风险

注重地质水文情况与施工设计经验研究。关注人为开挖和水流冲蚀等因素和自然作用下引起的崩塌风险；关注软弱地基土受压缩、雨水引起的不均匀沉降，加之车站开挖和盾构施工的地层损失，地面沉降灾害导致的道路、房屋、管线的安全隐患。地铁线路勘察设计应非常关注地质灾害的影响，避让与治理相结合，以预防为主。

（二）改进静态风险评估方法

以往风险评估采用层次分析法确定，直接、间接损失大多采用简单估计，可以考虑通过将每个风险事件直接、间接损失定量化，建立对应的估值模型精确计算，以提高估计的准确性，提高风险定级的科学性。静态风评项目施工、监理和监测单位的全员全过程参与，是对风险的深度认知。

（三）完善改进预警管理体系

以往预警过程的指标体系还存在不合理的地方。如设计给定的指标与制定的预警指标作为判断各级预警的依据，与现场安全管理存在不匹配现象，带来管理压力与工程工期造价的影响。对工程结构风险的主要巡检预警还是依据工程师的主观判断，有时缺乏科学严谨的实施标准依据，预警理论计算与反演分析应用不足，对工程指导性差。针对这些现象，将开展针对3、4、5号线的第二轮"预警指标体系"科研，不断完善该项工作。

（四）对巡检工作的不断强化

把巡检工作列为重要的评估手段，实现巡检与前期数据预警的紧密结合，并对数据采集做出指导，数据与现场形成有机整体，联合巡检、专项巡检、预警巡检层级递进，提高风险管理的科学性。

通过执行巡检预警制度，加强预警工程的闭合工作，并定期组织项目内部专业技术培训，提高巡检人员专业技术，配备专业的手持巡检设备，密切结合风险管控平台，现场监控图表及预警存在问题的位置，进行有针对性的巡检和闭合工作，强化巡检工作。要求有丰富工程经验的专业人员深入现场查找风险隐患，前瞻性地判别。

（五）每日动态风险评估表

每个工点，如在施工主要风险期，需要每天开展风险演化评价工作，如基坑工程从开始挖土支撑到地板钢筋混凝土结构全部施工完成是关键风险期，此期间的动态风评重视数据、工况与巡检等综合信息的筛选和系统分析。

每日动态风险评估表，即主控监测项目报警原因分析表，通过一张表集成并连接分中心工作和业主的监督指导，从而全面发挥第三方岗位工程师启动下的全方位、全天候、全过程的风险控制。

这张表将主控监测项目当日特征数据（最大变形量和最大累计值），结合工程施工进度工况、地质水文的潜在风险源、最新发现的不规范施工行为、试验检测、通过巡检发现的施工质量缺陷以及各种相关信息，针对下一步的施工计划和天气因素，系统展开各项指标发展趋势研究，得出评估结论，必要时发出不同等级的预警。

（六）利用大数据分析及决策支持

目前已进入认知计算的时代，如果自动化监测得以推广，监测数据可实现实时采集。大规模、全方位、多维度及多场的岩土工程监测将得以实现。在大数据时代，以关联分析、成因分析及决策支持为核心的深入分析能力将成为监测工作的核心。

岩土工程监测工作中，数据采集是基础，数据分析和变异原因解释才是关键。结合大数据，从影响机理及分析预测方面提出预警建议，在现场监测数据、质量检测数据、巡查的支护状态等综合情况下进行推演分析的基础上，实现对工程下一步施工支护体系、岩土体、地下水、周边环境对象的时空影响判断，让结构、环境保护的绩效实现最大化。

（七）加强应急管理工作

监测预警是信息化施工管理最重要的环节。全部的监测工作最终落在提出非正常情况的预警，如何把微观变化揭示的应力和变形的风险性加以分析，阐明其发生的原因，并采取施工或应急措施，确保施工监测数据的有效有用，才能确保结构环境安全。这是应急管理工作的基础。另外要抓好应急抢险救援工作。

（八）标准化与精细化施工管理

在第二轮已在建设的3号线工地，全面推行工地安全质量标准化管理，力求施工过程即工序作业规范化、标准化，进一步协调好人工、机械和材料，结合气候条件做到施工管理精细化，并结合工程特点，针对施工重点和难点进行深入的研究，全面启动创新和科研工作，使各个项目实施者重视技术与管理科学思维。

（九）落实工程风险双重预防机制

落实城市轨道交通工程"风险分级管控"和"隐患排查治理"双重预防机制。在风险监测监控的分级管控基础上，加强轨道交通工程安全质量隐患排查治理工作，落实各参建单位安全质量隐患排查治理主体责任，实现安全质量隐患全面、彻底排查，及时整改、消除的目标，切实推进安全质量隐患排查治理工作规范化、标准化信息工作，严防风险演变和隐患升级，结合轨道交通工程建设实际，开发了隐患排查治理软件系统。

进一步实现系统完善和工作交底；建立和完善隐患排查治理工作制度；计划组织五方主体开展责任内的隐患排查自治；围绕工地现场的五方主体进行有效联动，定期联合督查，严惩重罚，精准控制；要求各管理部门特别是项目部设立隐患排查警示牌，必要时由建设方会同政府监管部门倒查倒逼参建各方落实主体职责。

（十）发展推广自动化监测手段

随着工程智能传感器的研发进步及费用的下降，应用自动化的监测采集手段，代替目前传统的人工监测是发展潮流。通过监测自动化采集分析技术的应用，加快监测数据的采集分析预警速度，有效避免数据采集不及时、人为修改监测数据等问题，并采用大数据、云计算、物联网技术手段来提高风险管理能力。可以通过科研的方式，制定应用方案，在局部工程进行试用，取得经验后进行全面推广。

六、结语

轨道交通工程后续建设任务重，风险管控必须继续加强，即在不断学习、实践和创新的基础上完善风险管控体系。笔者通过持续学习和研究上海、广州、佛山、武汉、南昌、成都、重庆等城市的轨道交通风险控制方法，不断开阔眼界，提高风险管理水平，深刻认识到风险管控要贯穿工程规划设计、施工准备和施工过程以及工后直至交付营运全过程；通过改进宁波轨道交通工程的风险评估工作，大力推广应用监测新技术，完善预警体系，改进巡检和试验检测工作，充分应用大数据，推进风险的监测、评估和处置相互紧密结合，强化各工地项目部监测监控分中心的独立决策力和执行力，以求能短、平、快地解决风险控制问题；并力求在应急预案及物资储备环节采取联动、互动救援机制。

以省为主铁路建设工程安全生产管理初探

张均清

（金台铁路有限责任公司）

摘　要： 金台铁路是我省以省为主建设的第一条电气化铁路，自2015年12月24日开工以来，遇到了许多新情况、新问题。面对我省铁路建设发展新形势、新任务，如何探索出一个适合以省为主建设铁路的管理机制成为我们新的研究课题。本文对如何更好地做好以省为主铁路建设工程项目安全生产管理工作进行了粗浅的探讨。

关键词： 铁路建设　安全生产

　　"十三五"时期是我省铁路快速建设发展阶段，到2020年，全省综合交通基础设施建设投资将超过1万亿元，其中铁路与城市轨道交通投资占5000亿元，新建铁路项目中预计有半数以上将以省为主建设。金台铁路是我省以省为主建设的第一条电气化铁路，自2015年12月24日开工以来，遇到了许多新情况、新问题。根据浙江省交通投资集团有限公司以金台铁路为基础打造以省为主铁路建设平台的要求，面对我省铁路建设发展新形势、新任务，如何探索出一个适合以省为主铁路建设的管理机制成为我们新的研究课题。现就以省为主铁路建设工程项目安全生产管理进行粗浅的探讨。

一、铁路建设工程项目安全生产管理的主要内容

　　铁路建设工程安全生产管理，应贯彻"安全第一、预防为主、综合治理"的方针。建设、勘察设计、施工、监理及其他参与铁路工程建设的单位，都必须遵守安全生产的法律、法规、规章，建立安全生产保障体系，健全安全生产责任制，积极采用先进的安全生产技术和管理方法，加强和改进安全生产管理，保证铁路建设工程安全生产，依法承担铁路建设安全生产责任。主要包括营业线施工安全，隧道施工安全，爆炸物品使用和爆破作业安全，季节性施工安全，桥梁施工安全，四电、站后工程施工安全，特种设备和大型机械设备安全，消防安全，劳动安全和职业健康，以及应急管理等内容。

二、以省为主建设铁路安全生产管理遇到的问题

（一）管理体制方面

2013年3月以来，根据国务院机构改革和职能转变方案，铁路行业改革不断深化。随着铁路投融资体制改革，铁路建设实行了分类建设模式，根据铁路建设项目的服务功能和不同属性由国家、铁路总公司和地方政府分别承担建设投资。对于跨区域路网干线，铁路总公司承担建设责任；对于服务地方经济发展的城际铁路、支线铁路建设，由地方政府为主投资建设，铁路总公司将不再控股，只在技术方案、互联互通等方面给予帮助指导。

铁路建设实现分类建设管理以来，省级层面正在逐步理顺以省为主建设铁路的管理体制，制定配套的政策法规。经多方努力，2017年9月，省交通建设工程监督管理局已全面介入对金台铁路进行质量安全行政监督。

（二）对参建单位的信用评价体系方面

建立对施工、设计、监理、物资供应等铁路项目建设参与企业单位的信用评价体系，将考核评比结果与招投标挂钩，对于保障项目建设的质量、安全、工期十分重要。

以省为主建设的地方铁路项目信用评价体系暂未能纳入铁路总公司信用评价体系，也未纳入全省交通水运系统的信用评价体系，仅依靠人员清退、经济奖罚等手段进行管控，相对薄弱。自2017年下半年开始，省交通投资集团建立了铁路与轨道交通工程施工企业信用评价体系，对施工单位的管控力度有一定程度加强。

（三）施工人员方面

参与铁路工程建设施工的现场作业工人基本上都是刚刚从农村出来的劳动力，大部分都没有经过专门的技能培训教育，与产业工人的技能差距比较大，所以现场标准化作业程度和安全质量管理有一定的难度。

三、以省为主建设铁路安全生产管理采取的措施

1.通过狠抓施工过程的安全生产管理，确保实现以省为主建设铁路项目建设过程的现时安全

（1）明确以省为主建设铁路参建各方的安全责任，承担铁路建设任务的建设、勘察设计、咨询、施工、监理等单位，必须执行相关法律、法规和工程建设强制性标准，建立健全安全生产管理制度和保障体系，落实安全生产责任制，按

规定设置现场安全管理机构并配备安全管理人员，依法承担安全生产责任。

（2）建设单位督促施工、监理等参建单位按照投标承诺和合同约定，组建现场项目管理机构，设置安全管理部门并配备专职安全管理人员，健全安全保证体系，严格执行国家有关的法律法规，实施安全生产标准化管理，落实安全生产责任制，规范安全管理行为，依法承担相应的安全责任。在组织编制指导性施工组织设计时，应包含安全生产保证措施，以及对勘察设计、施工、监理及其他参建单位的安全生产要求。

（3）建设单位按规定将批准的铁路建设工程安全作业环境及安全施工措施费用，依据工程承包合同约定及时拨付施工单位，不得挪作他用，并对施工单位使用情况进行检查，保证安全生产所必需的资金投入。

（4）建设单位须定期组织开展安全隐患排查治理，组织对勘察设计、施工、监理等单位安全管理行为和施工现场安全的监督检查，制作检查记录留存备查；及时调查核实施工、监理等单位反馈的因设计未考虑或考虑不周而客观存在的安全隐患，并采取防范措施。

（5）各参建单位须制定安全生产培训计划，按照规定对管理人员和作业人员进行安全生产教育培训，开工前应组织全员安全培训，新上岗及转岗人员应进行岗前安全培训，专职安全生产管理人员应参加从业人员岗前培训，未经安全生产培训或培训考核不合格的人员，不得上岗。

（6）施工单位须按照规定对高风险工点实施安全风险管理，编制专项施工方案，进行相关安全检算，经施工单位技术负责人签字，总监理工程师审核，报建设单位批准后方可实施；施工单位专职安全生产管理人员进行现场监督，必要时应组织专家论证。施工单位应将安全生产、风险管理等作为实施性施工组织设计的内容，对重大、复杂、高风险工点或分部、分项工程编制作业指导书，明确作业程序、标准、方法和注意事项。任何人不得擅自改变施工方法、简化作业环节、降低安全标准，不得压缩保证安全生产所必需的合理工序和生产周期；暂停施工时，应做好现场安全防护。

（7）提高以省为主铁路建设工程的安全风险管理意识，建立风险管控体系，完善风险管理机制，落实参建单位和人员责任，按照阶段管理目标和管理要求认真做好风险管理工作。运用质量安全风险管理"一图四表"，通过风险识别、风险评价、风险控制等，降低和减少风险灾害及风险损失，有效规避和控制安全风险，确保铁路工程建设安全。

（8）施工前，施工单位负责本项目的技术、安全管理人员应就有关安全施工的技术要求和措施向作业班组、作业人员进行交底，如实说明作业场所和工作岗位存在的危险因素、注意事项、防范措施以及事故应急措施，交底记录由交底人员和作业人员共同签字确认，交底及确认资料纳入工程档案管理。

（9）提升机器换人的理念，提高机械化水平，降低作业人员在施工过程受到伤害的概率，在隧道、桥梁、路基、轨道、房建、四电工程施工中优先实行机械化施工，合理选择机械化实施方式，系统配置机械设备，以机械化实现标准化作业。

（10）提升信息化管理水平，以现代网络、通信、电子设备等信息技术手段为载体，有效监控和管理项目建设过程，积极引进铁路工程管理平台、隧道桥梁施工现场信息化系统（门禁、视频监控和人员定位）、拌和站粉料吹灰监控系统等信息化管理手段。

2.通过狠抓施工过程的质量控制，为以省为主建设铁路项目的开通安全运营打下坚实的基础，达到长久安全的目的

（1）明确参建各方质量责任。建设单位依法选择具有相应资质等级的勘察设计、施工、监理等单位，依法签订合同并明确约定共同执行；建设单位督促参建单位按国家、行业、浙江省、铁路总公司相关规定和合同约定履行工程质量职责，加强合同履行情况检查，依据合同追究参建单位的质量违约责任。

（2）强化质量责任意识。贯彻执行"百年大计、质量第一"的方针，牢固树立"不留遗憾、不当罪人、建不朽工程"的质量观念，落实质量终身负责制。

（3）强化质量教育培训。制定质量教育培训计划，采用集中办班、现场培训等多种方式，对建设管理人员进行质量培训；督促勘察设计、施工、监理等参建单位组织开展质量培训，并对其培训情况进行检查，不断提高现场管理和作业人员的质量意识和质量管理水平。

（4）强化质量文化建设。开展建设项目质量文化建设，广泛开展质量主题活动，不断提高从业人员遵守质量管理规定的自觉性，为建设项目质量控制提供动力和保证。

（5）强化现场质量控制。重点抓好质量"红线"管理和工序转换质量控制，质量问题未整改完成，工序验收不合格，不得转入下一道施工工序；完善现场质量管理流程和工作标准。

（6）提高现场标准化作业水平。作业标准是针对生产作业过程或作业岗位的工作事项所制定的标准，主要包括作业指南（工法）、操作规程、作业指导书、作业要点等；施工单位应结合工程特点，依据技术标准、管理标准制定各类工程作业标准；加强对作业人员的作业标准培训，提高标准化作业能力。

（7）提高现场施工专业化水平。围绕技术、人员、设备等要素，在工程项

目全过程实施专业化管理和专业化施工，提升班组的标准化作业水平。

（8）提高现场施工工厂化水平。施工现场制作的预制梁、钢拱架、小型预制块等产品或构件，要按照工厂化生产要求集中生产。

（9）严格落实"工艺试验"首件制管理。按照"工艺试验"永远在路上的管理思路，在金台铁路工程全线每个桥梁、隧道、路基作业班组大力推行"工艺试验"首件制管理，制定实施计划表，明确责任人和限期，突出样板示范效应。

3.通过狠抓标准化建设和文明施工，提升以省为主建设铁路项目的工程品质

（1）标准化建设。铁路建设项目以建设单位、参建单位为实施主体，以确保工程质量安全为核心，以管理制度标准化、人员配备标准化、现场管理标准化、过程控制标准化为基本内涵，以技术标准、管理标准、作业标准和工作流程为主要依据，以机械化、专业化、工厂化、信息化为支撑手段，建立标准化项目管理运行机制，全面实现质量、安全、工期、投资、环保和稳定的建设目标。

（2）文明施工。坚持"事事有标准、人人讲标准、处处达标准"的标准化管理理念，坚持以人为本、高标准定位的理念，重点做到现场环境整洁、标识标牌规范、安全防护到位、施工组织科学有序、工序衔接合理有效、作业行为标准、环保水保达标，使标准化管理贯穿现场文明施工全过程，实现"施工必须文明、文明铸就精品"的目标。在施工过程中要按照国家法律法规和地方有关规定，严格控制施工现场噪声、振动、污水、泥浆、扬尘、施工固体废弃物等对环境的污染和危害，采取生态保护措施，有效预防和控制生态破坏，工程施工结束后，应及时做好临时设施的拆除和临时占地的复垦工作，做好施工中破坏的地方道路、桥梁、农田水利设施等的修复工作。

（3）开展"质安文化进工地"活动。通过开展活动，以一些工人喜闻乐见、通俗易懂的形式，抓实班前点名会和班后总结会的执行落地，不断提高一线工人的质量安全意识。

（4）开展"品质工程"创建。在标准化建设的基础上，提升管理制度标准化、人员配备标准化、现场管理标准化、过程控制标准化水平，突出四大支撑手段，加大"三微改"（工艺微改进、设备微改造、工法微改良）力度，全方位提升工程建设品质。

四、后续省建铁路项目建设管理的建议

一是建议省建铁路的施工、监理单位能纳入浙江省交通运输厅建设市场信用评价体系，增强项目建设管理机构对参建单位的约束力度。

二是建议进一步完善招标评标办法，杜绝低价中标，把质量员、安全员的数量和资格要求作为合同约定内容。

三是建议进一步优化项目前期的概预算管理，按照国家和本省的有关规定，单独列出安全防护和文明施工措施费、监理费、检测费等保障工程建设质量和安全的专项费用，专款专用，并在招标文件或合同中予以明确。

四是建议省级层面制定建筑业产业工人队伍建设的扶持和激励政策，引导建筑施工企业培育和稳定产业工人队伍，关心产业工人身心健康、职业技能提升，学习、传承和弘扬工匠精神。

五、结束语

铁路建设项目安全生产管理，是铁路建设项目标准化管理的重要组成部分，应坚持以人为本，贯彻"安全第一、预防为主、综合治理"的方针，坚持管生产必须管安全的原则，实施安全风险管理，推行安全生产标准化管理，加强铁路建设项目安全生产管理，明确安全生产责任，保障以省为主铁路建设的顺利推进，预防生产安全事故，保障人民群众生命和财产安全。

面对铁路深化改革的新局面，结合我省的实际情况，加快以省为主的铁路建设，需要确立加强领导、完善制度、同心协力、共建共赢的指导思想。参建各方要寻求把以省为主建设的铁路项目建好，管好这个共同的最大利益，否则我们就背离了建这条铁路的初衷。在具体工作上要有敢于创新的精神，不等不靠，不断探索有利于以省为主铁路建设的安全生产管理方法，在此基础上通过一定的程序形成规范，逐渐形成具有浙江特色的、可复制的以省为主铁路建设的安全生产管理工作机制。

参考文献：

[1]上海铁路局.铁路工程建设标准化管理丛书[M].北京：中国铁道出版社，2009.

如何提升工程建设中本质安全管理水平

沈梅雨

（浙江交工集团股份有限公司）

摘　要： 目前，各个行业对本质安全的定义还没有形成统一的认识，通过理论研究，本文介绍了工程建设中"本质安全"的内涵和外延，并针对工程建设的特点，结合项目安全管理中的管理经验和做法，提出实现"本质安全"的途径方法和具体措施。研究结论认为人的本质安全、物的本质安全、环境的本质安全、制度的本质安全和管理的本质安全是工程建设中提升本质安全管理水平的重点。

关键词： 工程建设　本质安全　安全管理

一、本质安全管理在工程建设中的重要性

安全，永远是工程建设永恒的主题，是项目顺利推进的前提保障。一个建设项目、一个施工现场，存在隐患问题是不可避免的，要彻底消除，是很难办到的，但我们主动采取措施，加大投入，加大落实，从而减少或避免事故的发生是可以办到的。建设工程事故具有偶然性、因果性和潜伏性，基于事故的这几个特性，只要坚持预防为主，认真分析、预测潜在危险因素，预先采取消除、控制措施，变不安全条件为安全条件，化险为夷，在本质化安全管理上下大功夫，花大力气，就可以杜绝事故的发生，就能从根本上消除事故发生的偶然性、潜伏性，就能实现工程安全无事故。因此，对于工程安全管理，必须克服过去"死看死守"的被动管理模式，转变观念，打破常规，与时俱进，开拓创新；树立大安全观，依靠安全生产法律法规和强制性标准、规范，全面推进本质化安全管理，把一切防范工作做在前面，落实在预防措施上。尤其是对施工现场的"高、难、险"作业，必须有壮士断腕的魄力和勇气去整而治之。安全管理必须从大处着眼，从提高本质安全管理水平入手，致力于宏观掌控，微观治理，主动出击，充分发挥安全管理主动性。

二、工程建设本质安全内涵和外延

（一）本质安全的概念和目标

本质安全，就是通过追求企业生产流程中人、物、系统、制度等诸多要素的安全可靠和谐统一，使各种危害因素始终处于受控制状态，进而逐步趋近本质型、恒久型安全目标。狭义的概念指的是通过设计手段使生产过程和产品性能本身具有防止危险发生的功能，即使在误操作的情况下也不会发生事故。广义的角度来说就是通过各种措施从源头上消除事故发生的可能性，即利用科学技术手段使人们生产活动全过程实现安全无危害化，即使出现人为失误或环境恶化也能有效阻止事故发生，使人的安全健康状态得到有效保障。

本质安全管理的目标是通过以预控为核心的、持续的、全面的、全过程的、全员参加的、闭环式的安全管理活动，在生产过程中做到人员无失误、设备无故障、系统无缺陷、管理无漏洞，进而实现人员、机械设备、环境、管理的本质安全，切断安全事故发生的因果链，最终实现杜绝生产安全事故发生的目标。

（二）本质安全的内涵和外延

工程建设本质安全的内涵包括安全管理、安全责任、安全文化、安全教育培训、安全技术等。通过健全安全管理体系，达到安全生产有章可循，有制度可依；通过落实安全责任，提高管理人员的积极性和主观能动性；通过宣传"安全第一，预防为主，综合治理"的方针，强化全员的安全意识；通过安全教育培训，使工人充分认识安全的重要性和懂得基本的安全技能；通过安全科技创新，更新安全设施设备，尽量减少手力和人力工具的使用，确保安全系数增大，达到最好的安全生产状态。本质安全的实质内涵其实就是实现人的生命安全和健康。

根据本质安全的实质内涵，我们可以将本质安全含义外延到本质安全型，指的是"人—机（物）—环境—制度—管理"系统内，利用本质安全管理，使整个系统具有可靠的预防事故和失效保护机能，从而预防各种事故的发生。

三、实现本质安全的途径和措施

本质安全是实现工程建设安全的必然选择，建设项目生产条件动态变化大、工作空间大、高空交叉作业多、大型设备多、立体吊装作业多，安全工作的管理难度较大。众所周知，杜绝事故的最好、最有效、最直接的方法，是加强源头预防控制，从根源上消除和降低安全风险。

由于建设工程（项目）有着自身的特殊性，结合本质安全需求和工程建设实际情况，可以从以下途径实现"本质安全"，要做到"本质安全"，就要做到人的本质安全、物的本质安全、环境的本质安全、制度的本质安全和管理的本质安全。

（一）人的本质安全

对工程建设项目而言，人员复杂，流动性大，素质参差不齐，安全培训教育效果差，三违现象屡禁不止。统计显示，98%的事故是由人为因素造成的，而根据有关部门针对大中型企业近3年来发生的事故所做的另一项统计显示，人为因素中，安全意识薄弱的因素占到90%多，因而首先应侧重的就是人的本质安全。

人的本质安全影响因素有人的自身素质、人的安全意识和人的行为。人对安全的认知程度特别是危险源的认识程度，在很大方面取决于人的自身素质。其次是人的安全意识，是处在工作环境之中，能够对安全行为真正起作用的意识，是对安全的一种自觉的反应。再次是人的行为，一些人安全意识、规范意识、标准意识不强，安全知识掌握不好，或者岗位技能不熟，岗位操作时也极易产生不安全行为。实现人的本质安全是不断趋近的目标，从分析人的本质的影响可以看出，要实现人的本质安全，是一个困难的过程，也是一个趋近相对较慢的过程，需要艰苦的努力和扎实的工作不断推进。

人的本质安全侧重于激发项目管理人员、施工作业人员安全主观能动性。员工的安全素质，在安全行为上的自我约束能力，是实现施工安全的必要条件。因此，员工的安全培训教育，应着眼于实用性，在充分掌握岗位操作技能后，还要着重掌握应急处置、消防、急救、逃生等应知应会知识；采取灵活多样的教育方式，使员工形成强烈的安全意识和安全责任感，实现从"要我安全"到"我要安全"的转变，从而培养"本质安全型"的作业人员。同时所有进场人员的身份信息和培训记录要备案，管理单位要对所有进场人员身份信息进行核实，杜绝违规上岗现象。

（二）物的本质安全

物的本质安全取决于设备、设施的本质安全。在工程建设过程中，机械设备、机具的安装、移动和使用是经常性的，同时高处作业平台、防护设施涉及较多，人员受到伤害往往与物的不安全状态有关，因而物的本质安全必须被重视。从某种意义上讲，有什么样的装备设施就有什么样的安全状况。所以要定期对机械设备、小型机具系统进行全面、深入的安全检查，排查出设备系统存在的安全隐患，并制定措施，消除隐患；要重视特种设备的管理，做好特种设备的登记备案工作，并建立特种设备安全技术档案，加强特种设备的保养和检验检测；认真执行机械设备的定期维护制度，使机械设备始终处于良好状态。对于临时安全设施要加强验收检查，从安全标准化的角度出发，要把安全设施工具化、定型化、标准化，不断提高设施的本质安全性。

（三）环境的本质安全

工程建设（项目）所处地域往往千变万化，气候、水文、地质各有差异，周边环境、建设物各种各样，建设过程中内部环境也是逐渐变化，因而必须考虑环境的本质安全。环境的本质安全侧重于对外部环境的监控和对其影响的了解，从项目勘察阶段入手，有效评估项目范围内的不良外部环境，能避开尽量避开，无法避开的，要从设计阶段采取必要的防护措施。对内部施工环境要充分利用项目前期策划提前做好施工规划，合理安排施工工序，避免交叉或不合理的施工顺序造成的安全风险。同时认真落实施工中的安全措施，营造良好的施工安全环境，做到周围环境不影响建设施工安全，施工建设不影响周围环境安全。

（四）制度的本质安全

先进的安全工作理念只有融入制度、规范体系建设之中，上升到"法"的层面，才能保障安全工作具有超前性，才能保持安全工作的高起点、高标准，真正发挥安全理念在安全管理中的重要作用。实现制度的本质安全应该从建立、完善各施工单位的规章制度做起，建立起以施工单位为主的安全管理制度体系，明确工作职责，创建工作准则、工作流程和考核标准，不断将安全管理程序化；开展安全检查和安全评价，随时掌握安全生产状况；切实开展应急管理工作，完善安全生产各类应急预案，使预案具有较强的可操作性，有效开展应急演练；加大安全投入，确保安全资金落实到位；工程安全文化建设要有思路、有特色、有创新，起到增强向心力、凝聚力的作用。

（五）管理的本质安全

在社会主义市场经济的今天，建设工程队伍的人员结构发生了很大变化，农民工、下岗人员已成为建设施工的重要力量，这些人安全意识较差、安全技能贫乏，在施工作业中不顾个人危险地蛮干、乱干等违章作业现象屡屡发生，这些问题光靠现场检查、监督、批评、教育已不能从根本上解决。因此，我们必须站在较高的管理高度，从实现本质安全化方面着手，从完善措施方面开展管理工作，把完善安全措施的审查、监督、验收工作做实做细，真正把安全管理的主动权抓到手。如在建设工程中，搭设大型支架高空作业时，由于作业人员活动频繁，来回走动装设杆件，所以作业人员不愿系安全带或频繁更换作业点忘记系挂安全带的情况常有发生。针对这种情况，施工单位应从措施上入手，要求支架搭设到一定高度时必须设置防坠网，有效减少人员作业面与基准面的高度，降低安全风险。制定的措施必须监督到位、落实到位、验收到位，从而才能实现管理的本质安全。

在安全管理过程中，需要不断对生产作业过程中人的不安全行为、物的不安全状态和管理缺陷进行安全评价，制定实施预防、控制措施，消除安全隐患，持续改进和完善安全管理，做到"五预"，即过程能预知、措施能预见、危险能预测、隐患能预控、事故能预防。围绕作业特点开展针对性安全技能的培训，不断发现问题，深入研究问题，持续攻克问题。同时采取岗位自查、班组检查与施工单位检查"三查"管理模式，形成安全闭环管理，落实安全生产责任，实施问责，杜绝职工违章行为，消除现场隐患，规范安全管理，促进人与设备、环境、制度的和谐发展。

四、结论

从安全的定义出发，介绍了工程建设中安全隐患出现的必然性，提出解决办法，进而提出本质安全。

阐述了"本质安全"的概念和本质安全管理的目标，引出"本质安全"的内涵与外延。

提出提升"本质安全"的途径和具体措施。根据工程建设的特点，总结归纳了工程建设本质安全创建的主要内容：人的本质安全、物的本质安全、环境的本质安全、制度的本质安全和管理的本质安全。

参考文献：

[1]王庆国.浅谈工程建设如何提升本质化安全管理[J].甘肃科技，2008，24（22）：123—125.

[2]张景林，崔国璋.安全系统工程[M].北京：煤炭工业出版社，2002.

浅析城市轨道交通消防安全问题及对策*

吴翠霞

（宁波市轨道交通集团有限公司运营分公司）

摘　要：城市轨道交通作为大型人员密集型场所，一旦发生火灾情况，将引起重大的人员伤亡和经济损失，本文重点针对城市轨道交通存在的消防隐患提出相应的解决对策。

关键词：城市轨道交通　消防隐患　对策

一、城市轨道交通消防系统概述

城市轨道交通作为一个相对封闭的大型地下建筑，其空间结构复杂，连续性强，车站内部客流量大、精密仪器繁多，一旦发生火灾，极易产生高温高烟，火势蔓延迅速，救援人员无法短时间进入内部灭火，使得人员疏散和设备保护十分困难。从以往国内外地铁曾经发生的火灾情况来看，造成的人员伤亡和经济损失异常惨重。为预防火灾事故的发生，城市轨道交通按照《地铁设计规范》等国家规范布置各类消防救援设施，如火灾自动报警系统、消火栓灭火系统、自动喷淋灭火系统、气体灭火系统、防排烟系统、安全疏散系统、灭火器等。

二、城市轨道交通存在的消防安全隐患

因笔者一直处于轨道交通基层消防管理一线，所见所闻颇多，经过认真总结，大致将轨道交通存在的消防隐患分为四大类，现与大家分享如下：

（一）施工遗留问题隐患

轨道交通作为一个复杂型的建设工程，车站挖掘深、面积大、分隔多，消防系统各类设备种类和数量繁多，分布极其分散，导致诸多问题无法及时发现并整改，如火灾自动报警系统的报警探测器安装位置与竣工图纸、CRT图形工作站、综合监控系统等显示不一致，气体灭火系统组合分配管网管路现场安装与竣工图纸不一致，防排烟系统的排烟风阀无法联动开启或关闭，安全疏散指示标志箭头

---

*本文刊登于《建筑工程技术与设计》2017年4月下，总第132期，第149页。

指向错误，诸多设备房电缆桥架穿管孔洞、机柜孔洞均未及时做防火封堵……这些隐患如不及时整改，一旦发生火灾，消防设备将无法正常工作。

（二）消防设备不可用隐患

消防设备不可用隐患分为两类，第一类是外界乘客的误操作，轨道交通的站厅和站台部位属于公共区域，设置了较多消防设备，如手动报警按钮、消防电话插孔等，部分乘客特别是小朋友存在好奇心理，经常会去按压手动报警按钮，从而导致表层玻璃破碎，引发误报警或者直接用口香糖等异物堵塞消防电话插孔；第二类是内部检修人员误操作：检修人员工作时精神状态不佳或粗心大意，如气灭系统检修人员误操作启动气瓶电磁阀触头，导致某一保护区灭火剂误喷；消火栓系统检修人员误将给水管网消防蝶阀设置成关闭状态。这些隐患都将导致消防设备处于不可用状态，如此时火灾真正发生，将无法起到报警或灭火的作用。

（三）日常管理不到位隐患

日常管理不到位可具体分为四个部分：

第一是消防控制室人员管理不到位：车站的车控室作为消防控制室，站务人员即为消防值班人员，检查中发现他们存在消防员证未及时考取或证件过期现象，不熟悉火灾自动报警主机的使用功能，不清楚车站的疏散逃生通道，等等。

第二是消防器材管理不到位：目前轨道交通配备的消防器材主要包括消火栓、灭火器、防毒面罩、消防沙等，检查中发现存在不少问题，如消火栓箱内无软管卷盘、灭火器部分存在掉压现象、防毒面罩密封消失等。

第三是用火用电管理不到位：如办公室人员冬天私自使用取暖器、热水壶等大功率电器，从而导致电气线路超负荷过热引发火灾；外单位施工人员未经批准就近从配电箱取电作业；不按规定进行切割、焊接等动火作业。

第四是设备用房管理不到位：轨道交通设备用房较多，部分房间只安装一条桥架或一个设备柜，管理部门可能私自变更使用性质，由原先的设备用房变成材料堆放点；部分设备用房的防火门闭门器因开关阻力较大，进出人员为方便操作私自拆除闭门器，从而导致防火门处于常开状态。

（四）建设与运营同期进行存在消防隐患

城市轨道交通部分区域存在建设与运营同时进行的现象，如某些车站，规划有商业区域，先建设完成的车站已经处于运营状态，后续的商业区域才开始招商引资，装修改造，两者存在于同一建筑内，工程装修产生的灰尘导致火灾自动报警系统设备频繁误报，从而导致真正发生火灾时不能正常报警或联动。

三、城市轨道交通消防隐患的对策

城市轨道交通消防安全工作任重而道远，为消除各类消防隐患，我们应推进落实消防安全责任制，一方面明确轨道交通各分公司、子公司、各层级消防主体责任，各方签订消防安全责任书；另一方面从源头上落实轨道交通建设工程的设计、审核、验收各项工作，真正做到"安全第一、预防为主"，坚决防止带"病"运行。针对本文第二部分所列消防隐患，笔者结合个人的工作经验，提出相应的整改对策。

第一，针对施工遗留问题隐患，建议提高消防系统验收标准。一方面，轨道交通建设单位作为业主代表，需加强前期消防系统设备施工管理，提高施工质量，借助设计单位、监理单位以及消防设备厂家的力量，督促及时整改消防系统调试过程中发现的安全隐患，明确整改时间，落实整改责任人；另一方面，运营单位需提前组织各专业业务水平高、能力强的人员介入施工现场，把握重点环节，从运营的角度，进一步发现施工遗留问题，争取在运营接管前，完成各车站、停车场、车辆段消防系统设备的核对清点工作，从而提高消防系统验收标准。

第二，针对消防设备不可用的隐患，建议根据责任方的情况，制定相应的管理办法。对外，车站可结合消防安全管理规定，面向乘客编制并印刷《乘客须知》《消防小知识》等安全手册，各车站定期进行派发，宣贯消防安全知识；在公共区消防设备上张贴醒目的消防标识，以及"非火灾情况请勿使用""保护消防器材人人有责"等标语，提醒乘客不得随意触碰消防设备。对内，加强专业维保人员队伍建设，组织专业工程师编制《设备检修操作规程》《作业指导书》等规范性文本，定期开展专业知识培训，着重提升人员业务水平。重点岗位、重要检修作业不得1人单独作业，要求2人以上方可开展，实行互控机制，相互检查，相互提醒。

第三，针对日常管理不到位的隐患，建议着重做到以下几点：（1）加强消防安全培训。利用新员工入职三级安全教育、日常员工安全培训开展消防基础知识培训；组织消防控制室值班人员参加"建构筑消防员"取证，提升人员的消防四个能力建设水平。（2）编制相应的火灾应急预案并定期组织应急演练，预案应包含轨道交通治安分局、各辖区消防支队、公交公司等单位力量支援情况；应急演练应定期组织，不断提升人员的应急处置能力。（3）属地部门加强日常巡检力度，针对平面建筑结构特点，编制防火巡查台账，建议车站、主变电所等重点单位2小时巡查一次，其他场所1天一次，各班组结合建筑平面图，排查所有设备用房，不放过任何死角，重点检查消防器材故障情况、违章用火用电情况、安全出口、疏散通道堵塞情况、消防重点部位人员在岗情况等，发现问题及时上报归口管理部门。（4）管理部门定期开展消防安全检查，消防问题采取零容忍态度，一旦发现问题，应及时通报，责任到人，整改到人。

第四，针对建设与运营同期进行的这一隐患，建议运营公司安全主管部门应做好施工管理对接工作，确定公司内部归口管理专业对接人员，与施工单位签订《外单位作业安全协议》，协议中应明确施工负责人、施工作业范围、安全责任划分、安全保证金、安全奖惩制度等方面。协议签订之后方可入场施工，如涉及消防系统变更应及时向当地消防部门备案。应定期组织日常巡视，一旦发现较大火灾隐患，有权制止现场施工，同时向上级部门汇报。

四、结束语

城市轨道交通作为迅速便捷的交通工具，在现代化城市中占据着重要的地位，其内部的消防安全管理尤为重要，笔者通过自身工作经验，提出一定的观点和建议。由于知识有限，还存在很多不足之处，望各位老师和同行给予批评和指正。

高速公路营运企业关键风险点
管控措施浅析

卢国平

（浙江金华甬金高速公路有限公司）

摘　要： 高速公路营运企业有别于一般工矿企业，管辖范围大，风险点多，分布广，受自然环境变化和各种社会因素影响，风险管控难度较大。本文以甬金高速公路金华段为例，分析了营运高速公路在道路交通管理和作业过程中存在的关键风险点和可能发生的事故危害，就如何加强这些关键点的风险管控、防范事故发生提出了对策措施。

关键词： 高速公路　风险点　管控措施

一、引言

高速公路营运企业的安全管理工作分两方面：一是道路交通安全管理，为司乘人员提供安全合格的道路，防范由于道路原因引发的交通事故；二是作业过程安全管理，为收费、清障、巡查、养护等作业人员提供安全的作业条件，保障人身财产安全。由于管辖范围大，风险点多，分布又广，受自然环境变化和各种社会因素影响，风险管控难度较大。为有效履行安全生产主体责任，业主单位需要根据"防为上，救次之，戒为下"的安全管理理念，从人、物、环境、管理等方面分析道路交通和作业过程中存在的危险有害因素，通过风险评价，梳理出需要重点管控的风险点并采取应对措施，达到有效管控风险、消除事故隐患的目的。本文以甬金高速公路金华段为例，探讨在关键设施（桥隧、边坡等）、关键岗位（清障、巡查等）、关键时段（节假日、冰雪等恶劣天气）、关键作业（涉路养护作业）等关键风险点管理过程中，如何通过管理创新、科技创新、制度创新，采取针对性措施达到有效管控风险、消除隐患的目的。

二、整合+科技，随时掌握关键设施的动态变化

隧道、桥梁、边坡等结构物，由于其固有的特殊构造和其他因素的影响，物

理稳定性相对普通路段要差，一旦出事将严重威胁通行车辆的安全，并可能导致长时间交通中断，给社会造成较大负面影响。通过加强结构物的管理力量和有效利用科技手段，可动态掌握结构物状况，及时有效处置突发事件。

（一）隧道风险分析及管控措施

1.隧道风险分析

隧道内车辆行驶环境相对较差，交通事故多发，由于视线和避险空间受限，极易发生连环车祸，尤其是危化品车辆发生意外事故后往往会引发严重的次生灾害，如火灾、爆炸，造成严重的人员伤亡和财产损失。而受物理空间制约，清障施救难度较大，给隧道安全畅通带来很大压力。

2.隧道风险管控措施

保证隧道应急设施的完好和事故的快速处置，是隧道安全管控的关键。一是需要对资源进行优化整合，以清障巡查为骨干组建安保班组，将隧道机电管理人员纳入安保班组统一管理，使得主线及隧道的安全保畅、优化布局有了操作空间，在兼顾全线的前提下，强化了隧道等关键节点的保畅力量。

（二）桥下空间风险分析及管控措施

1.桥下空间风险分析

高速公路绝大多数路段要穿越农村或山区，各类桥梁众多，沿线周边村民经常会将柴草等易燃物储存堆放在桥下，一旦发生燃烧，将直接导致桥梁结构物受损，严重危害桥梁承载能力；有的单位或村民还会将大批建筑垃圾倾倒在桥墩处，或在桥下河道采沙，损害桥梁基础的平衡稳定，严重的将导致桥梁坍塌。

2.桥下空间管控措施

一是梳理出人工巡查难度大、物体堆积频繁的重点桥梁，安装监控摄像机，值班室监控员按规定频率通过监控察看桥下空间状况；二是联合路政走访沿线乡村，建立村庄联络员队伍，及时报告住所附近桥下情况，形成"群防群治"机制；三是针对"老大难"的治理点，借助政府部门主导的"三改一拆""四边三化"等专项活动的东风，联合地方政府开展专项整治，清理后建立路墩路障、围栏围墙等，固化管控成果。

（三）边坡风险分析及管控措施

1.边坡风险分析

高速公路穿越山区丘陵时，出于工程需要建有各类边坡。浙江是地质灾害多发省份，在台风暴雨季节，受雨水长时间浸泡，边坡上不稳定土体在重力作用下容易下滑，诱发滑坡塌方，掩埋车道、过路车辆，导致人员伤亡、交通中断，对高速公路安全通行造成极大危害。

2.边坡管控措施

通过对沿线高边坡和隧道边坡安装GPS高边坡巡检系统，可以快速、准确地收集和储存高边坡各类数据情况。利用GPS定位技术和实时传输功能，掌握边坡病害状况，提高边坡安全管控效率，同时利用GPS卫星定位采集的经纬度坐标，准确掌握巡检人员的检查情况。

三、培训+稽查，提升关键岗位的安全意识和技能

（一）关键岗位风险分析

高速公路营运企业中的高风险岗位主要有清障、巡查作业人员，他们肩负着道路交通事故的应急救援、故障车辆的拖移、道路抛洒物的清理、突发事件的预警等职责，其工作场所在车辆高速通行的主线，由于受不良行车环境、疲劳违规驾驶、预警措施不到位等诸多因素的影响，有随时被通行车辆撞击的风险。

（二）关键岗位的管控措施

要做好关键风险岗位的管控，需要着重抓住两点：一是做好教育培训工作。企业会经常性组织各类安全培训，但由于培训方法枯燥，内容缺乏针对性，培训效果并不佳。为此，需要拓展内训师制度。组织者给某员工或班组指定课题，或由授课者自选擅长的课题，通过各种渠道收集整理资料，结合自身工作经验和本单位实际情况，制作培训课件。二是强化安全作业规范情况的稽查。在清障车、巡查车上安装行车记录仪和GPS，配置执法记录仪，随机稽查行车记录和作业记录，并与绩效挂钩。同时通过实施班组安全生产标准化星级考评，将个人安全行为与班组星级考评捆绑。

四、预防+管控，加强关键时段的全程管理

（一）关键时段的风险分析

关键时段主要有两大类：一是台风、暴雨、冰雪等恶劣天气时段。二是清明、五一、国庆、春运春节等重大节假日。

（二）关键时段管控措施

需要从组织领导、应急队伍、物资准备、预案管理等方面着手，做到事前准备充分、事中加强管控、事后总结评估，形成闭环管理，并将工作重心放在事前管理，做到未雨绸缪。

1.事前准备

措施前置，不打无准备之仗：一是联合高速交警、高速路政、养护公司等联勤联动单位召开联席会议，相互汇报应对准备情况，协调解决存在的问题及困难，对安全保畅工作做全面动员部署。二是各基层站所按"一所一方案、一事一预案"原则，编制工作方案和应急预案，汇总交警、路政相关预案，编印成工作手册，分发共享。三是开展应急准备工作大检查和隐患大排查，发现问题隐患及时整改，一时无法整改的，采取相应的预警措施。

2.事中管控

正确指挥和指令的有效落实是事件快速处置的关键。由业主、交警、路政领导联合组成应急指挥部，坐镇监控值班室，以"统一指挥、联勤联动、分工协作、快速反应"为原则指令各应急队伍开展工作，从指挥部到各基层站所实行24小时值班制，保证指令畅通。领导干部分别联系片区，业务部门对口联系基层站所，管理人员下沉一线，靠前指挥，协同作战，保证指令的落实。

3.事后总结

召开总结评估会议，总结事件处置过程中值得延续、推广的经验，分析存在的问题和不足，为后续的预案修订提供依据，也为应对类似事件提供教训。

五、制度+监管，实施关键作业全方位闭环管理

（一）关键作业的风险分析

高速公路风险性较大的关键作业主要是养护施工作业（包括机电设施、交安设施维护维修等）。由于各种因素的影响，高速公路养护施工极少实施断流施工，往往是边通车边施工，作业环境较为恶劣，由于施工频繁、作业时间长、人员素质相对较差等因素，其面临被高速行驶车辆撞击的风险较清障巡查作业更高。综合各地情况来看，由施工人员操作不规范引发的生产事故和被社会车辆撞击的交通事故时有发生。另外，出于经济效益和专业化的考虑，高速公路营运企业往往不会为了所辖路段的养护工程项目专门建立一支养护工程队伍，而是将工程通过招投标方式承包给各类工程公司，一年中往往会有许多个施工单位进场作

业，安全管理水平参差不齐，给业主单位的相关方的安全管理带来较大难度。

（二）养护作业管控措施

在认真执行公路养护施工作业的国标、行标基础上，需要制定资质准入、安全生产费用管理、作业现场管理、项目安全评价等一系列安全管理制度，形成闭环管理。

1.资质准入制度

招投标和合同谈判过程中，按有关法律法规、标准规范相关规定，严格审查协作单位的专业资质和安全生产条件，从主体资格、安全生产保证体系、近年经营业绩、安全管理机构及人员配备、技术装备条件等方面把好准入关。

2.安全监管联系单制度

合同签订后，施工单位向业主缴纳安全风险抵押金，由业主组织安全交底，签发施工安全监管联系单。开工前，施工单位携带联系单到道路巡查部门接洽，告知相关内容，并做好记录。完工后，施工单位取回联系单，作为退回安全风险抵押金的凭证。联系单制度的实施，使得施工过程的安全监管做到全程无缝对接。

3.安全投入确认制度

施工单位开工前编制安全生产费用使用计划，报备业务部门和安管部门。业务部门和安管部门对安全生产费用使用情况进行跟踪检查，对安全设施进行核对验收、进场确认，并签字、拍照存查，未经确认的，不予计量支付，促使施工单位足额投入安全生产费用。

4.每日微信交底制度

对重点项目，建立由交警、路政、业主、监理、施工单位相关人员组成的微信群。施工单位将第二天施工的安全要点、人员名单及联系电话、施工车辆行驶路线、封道流程等信息发送到群里，并在施工过程中根据现场情况实时推送安全管控注意事项和现场图片。微信群的使用，使得大家对安全要点一目了然，一定程度上做到遥控实时管理，也更便于监理和业主对施工过程的安全监管。

5.多级安全监管制度

对施工现场实施四级安全监管：一是按"管生产必须管安全"原则，业务部门在跟班检查施工质量的同时必须进行作业安全检查；二是道路巡查人员巡视检查，对各施工点每天至少一次进入施工封闭区域进行安全检查；三是安管部门组织随机抽查，每周不少于一次；四是值班室监控员利用主线全程监控摄像机，对重点路段或重点项目的施工进行实时监控检查。对发现的违规问题，根据严重情况按有关制度标准扣除风险保证金。

6.安全评价制度

施工项目完工后，安管部门牵头组织开展安全评价，评价小组根据相关材料和平时安全检查情况对照安全评价细则进行考评打分，依据打分结果评价定级，实施分级管理：D级（不合格）单位列入黑名单，三年内不得参与新项目的承包；在邀请招标时优先考虑A级（优秀）和B级（良好）单位；在项目实施过程中，对C级（合格）单位实施重点监管。

六、结语

安全管理工作的主要目的是防范事故的发生，做好风险管理是防范事故发生的有效途径。高速公路营运企业在全面做好安全工作的同时，要抓住要点，突出重点，强化关键风险点管控，勇于科技创新、管理创新、制度创新，保证高速公路的安全畅通和营运生产的平稳运行。

参考文献：

[1]中国安全生产协会注册安全工程师工作委员会，中国安全生产科学研究院.安全生产管理知识[M].北京：中国大百科全书出版社，2011.

[2]浙江省交通运输厅.高速公路营运企业安全生产标准化考评指南[M].北京：人民交通出版社，2015.

[3]傅峻峻，王星连.高速公路隧道运行基础管理刍议——以甬金高速金华段为例[C]//中国高速公路管理学学术论文集（2015卷）.北京：中国公路学会高速公路营运管理分会，2015：51—55.

[4]刘昭曙.生产经营单位安全生产教育培训工作面临的问题与对策[J].安全，2017，（9）：54—56.

[5]卢国平.高速公路养护作业现场常见安全问题及应对措施研究[C]//中国高速公路管理学学术论文集（2015卷）.北京：中国公路学会高速公路营运管理分会，2015：186—189.

协作单位落实安全生产主体责任的若干思考

尹华东

（浙江交工集团股份有限公司地下工程分公司）

摘　要：本文针对协作单位落实安全生产主体责任问题，就当前主要存在的问题以及解决措施进行了思考，并进一步从协作单位自身安全素质建设、监督机制的安全力度强化等多个维度给予了协作单位落实安全生产主体责任深刻细致的建议。这对于完善企业安全管理制度、保障企业安全生产、促进企业长远发展具有重要的指导意义。

关键词：协作单位　安全生产　主体责任　落实

不安全因素总是防不胜防，因此当我们面对安全生产工作时，往往如坐针毡、如临深渊、如履薄冰。近年来，随着各层级对安全生产问题的重视程度逐渐提高，企业安全生产保障能力也得到不断增强，生产安全事故逐年减少，安全生产状况总体趋于稳定。但是，一些企业安全生产主体责任不落实、管理机构不健全、管理制度不完善、基础工作不扎实、安全管理不到位等问题仍然比较突出。特别是施工企业协作队伍的主体责任落实仍处于较低水平，这导致了生产安全事故总量仍然较大，工伤事故依旧频发，安全生产形势依然十分严峻。下面就协作单位如何落实安全生产主体责任问题进行一些阐述。

一、当前落实安全生产主体责任存在的主要问题

（1）行业市场竞争激烈，项目的成本控制突出，也给安全投入带来间接影响。许多协作单位为追求利润最大化，在不同程度上存在安全投入不足的现象，对安全施工抱着侥幸心理，这就给项目的安全生产埋下了隐患。

（2）建筑施工具有劳动密集型的特点，需要投入大量的人力资源，由于集中了大量的农民工，很多没有经过专业培训，这给安全管理工作提出了挑战。

（3）施工过程中由于工序的变换，工程项目从开工到竣工验收，各个阶段都有因分部、分项工程工序的不同导致作业人员的流动和作业环境的流动的情况。流动性要求项目的安全组织管理具有高度的适应性和灵活性，以便很快有序开展安全

管理工作。

（4）分包单位、协作队伍、协作班组数量多，其资质、规模、资金实力、技术水平参差不齐，如何做好对分包单位和协作队伍的安全管理也是项目管理面临的一个重要课题。

（5）协作单位主体责任认识不到位，忽视安全、轻视管理的现象仍然存在。有些协作队伍负责人对安全生产工作"雷声大、雨点小"，往往停留在口头上，工作执行力度和精准度还有待提高。

（6）基层安全监管力量薄弱，班组一级处于安全监管的前沿阵地，岗位重要，责任重大，却往往是最薄弱环节，常常造成安全监管的末端缺位，存在监管乏力等问题。

（7）项目部安全生产监督管理没有完全到位，存在和本行业、集团公司等不同步的情况，安全监督的权威性和有效性还有待进一步提高，基础工作还有待于加强和夯实。

（8）"安全发展、科学发展"理念，在一些项目领导班子中还未真正树立和贯彻落实。安全生产基础仍不牢固，还存在安全生产工作"说起来重要、做起来次要、忙起来不要"的现象，甚至存在因局部或个别节点施工进度而忽略正常安全生产工作的情况。

二、加强安全生产主体责任落实的建议

（一）强化协作单位自身能力建设，不断夯实基层基础

1.强化源头管理

在项目进场进行协作队伍选择时，要注重对协作单位资质、安全生产业绩、主要人员配备等条件的筛查，参照协作单位信用评价体系，严格协作单位审查、报批手续，对一些负责重点施工内容的协作单位绝不能降低门槛、放宽标准，要切实提高源头安全生产综合防范能力。

2.加强班组队伍建设

当前协作单位安全生产监管人员素质参差不一，多是半路出家，再加上身兼数职，安全工作往往抓不到点子上，在安全生产监管过程中往往会存在不会管、管不好等现象。因此在协作队伍进场后，班组队伍的选拔人选务必要经过项目部审核。同时项目部在这个过程中，要做好班组安管人员的培养、引导，争取实现发展一批、成熟一批、带动一批的目的。

3.推行法人代表安全生产承诺

推行协作单位法人代表安全生产承诺工作，可预先建立规范、完善的"法人

代表安全生产承诺制度"体系，使协作单位真正处于"法人代表安全生产承诺制度"约束之中。其次进一步抓好承诺制的向下延伸，建立从法人代表到现场负责人、安全管理人员、班（组）长直至职工的层层承诺制度，逐级承诺，增强全员安全意识，使安全生产变成自觉行为。

（二）加强协作队伍进退场管理，降低管控风险

第一，协作队伍进场前，与项目必须签订安全管理协议及责任书，以作为双方管理的依据。同时，管理协议和责任书的内容要细化。这样，项目在对协作队伍的安全管理执行过程中就有了可行性依据。对未签订安全管理协议和责任书的视同无力履约，禁止其进场施工。

第二，强化进出场制度。要求协作队伍的所有员工在进场时持有效证件到项目部备案登记，中途离场必须到项目部销号，使项目能准确掌握进场人数、年龄、技术专长、从事工种、有无特种作业操作证、是否为逃案犯等相关重要信息。进出场制度的建立最大优点在于使监督对象统一明了，也为项目在安全教育培训、安全技术交底、工程技术交底乃至工资发放、综合治理等方面的有效管理打下了坚实的基础。

（三）增强项目监管力度，不断强化主体责任落实

第一，强化发现问题意识。要从各行业、企业发生的事故和当前存在的问题中警觉起来，认真开展安全生产大检查，搞好安全生产预测分析，积极采取针对性强、可操作的预防措施，把工作重点放在消除隐患和事故控制上。不在安全天数上看成绩，多在对标落实上找问题。

对安全生产条件不达标或者发生生产安全事故的协作单位，强制监督其提取一定的安全经费，用于改善现场安全生产条件。从集中开展安全生产专项整治向规范化、经常化、制度化管理转变，从单一的大检查向强化基础转变。

第二，必须以极其认真的态度签订《安全管理协议》和落实安全生产责任书，要根据不同岗位、不同人员、不同工种的工作特点和安全责任大小，分别设立责任书内容，做到权责对等。对于已经签订的责任书，要通过不同方式对相关内容进行公示，发动大家共同监督责任书的执行。在责任书的履行过程中，要通过经常性的检查考核，及时发现问题，纠正偏差，保证责任书能够执行到位。同时，要加大对《安全管理协议》和责任书履行情况的考核兑现力度。切实防止协议书、责任书流于形式的现象，以此促进各岗位安全职责的全面落实，这是搞好协作队伍及班组安全管理工作的基本保障。

（四）提升项目管理人员安全生产能力，促进管理水平整体提升

1.加强安全监管人员的服务意识

安全监管处罚是手段，不是目的，预防和避免安全生产事故的发生才是我们的目的。因此，安全监管人员必须清醒地认识到企业的安全工作就是我们工作的落脚点，这就要求我们在日常监管过程中，必须进一步转变工作作风，增强服务意识，在关注结果的同时，更要注重过程，把工作重心不断往前延伸，以预防为主，从预防入手，深入基层；适时地帮助班组查找不足并提出针对性的解决办法，进一步规范班组的安全管理，不断提升班组安全管理工作的层次，使班组的安全管理工作走上规范化、标准化的轨道，真正体现我们安全监管人员不仅仅是班组安全的监管者，更是班组的服务者。

2.加强安全监管人员自身素质的培养

随着时代的变迁，经济的不断发展，许多新设备、新工艺应运而生，给安全生产监督管理工作带来了新的挑战，这就要求我们安全监管人员始终要注重自身素质的培养，不断提高文化理论水平和提升业务能力。一方面通过加紧对新技术、新知识的学习，进一步调整知识结构，拓宽知识面，增强自身的文化理论水平，进一步吸收先进理念，更好地为安全监管工作服务。另一方面通过加紧对新的法律、法规的学习，及时掌握国家对安全生产方面的有关规定，不断调整监督检查的内容和标准，增强业务能力。

3.以"法人代表安全生产承诺"为抓手，促进协作单位主体责任落实

查找企业安全生产承诺制度建设中存在的突出矛盾和问题，积极研究相应对策和措施，持续改进，不断完善，把巩固"法人代表安全生产承诺"当作安全生产工作的抓手和管理的基础，促进协作单位安全生产主体责任的落实。对协作单位因安全生产主体责任不落实、承诺内容未兑现而违反安全生产工作规定的，其中尤其是对"三违"现象，要进行严厉处罚，真正使协作单位把承诺变为压力，把压力变为动力。充分体现安全工作从我做起，以我为主的责任意识，使安全生产主体责任在协作单位中得到进一步深化，从而促进企业安全生产。

参考文献：

［1］马保忠.浅谈建筑工程安全管理与控制［J］.山西建筑，2011，37（3）：241—242.

［2］韩前明.关于建筑施工质量与安全监督的探讨［J］.经营管理者，2010（15）：190.

［3］陈远.建筑工程施工安全管理要点探讨［J］.建筑工程，2011（2）：35.

规范班组安全管理 助推"品质工程"建设

郭苗娜

（浙江交工集团股份有限公司）

摘 要： 班组是企业的"细胞"，是企业最基本的生产单位。班组建设是企业最基础的管理环节，也是企业管理的重中之重。班组管理的水平是企业执行力和竞争力的体现，同时班组建设作为企业基础管理工作还是企业文化建设的载体，班组建设的好坏将直接影响企业的社会形象和经济效益。本文结合日常安全工作中遇到的问题，对如何提高班组安全管理水平提出建议。

关键词： 班组 标准化 规范化 以人为本

作为交通工程建设单位，班组成员处于施工第一线，接触危险源、受到危害的概率最高，且施工现场存在作业行为不规范、安全防护设置不到位、对技术规范了解不全面、违章作业等。同时，班组成员对待安全管理态度不够严谨、认识不到位，意识淡薄，未养成良好的安全作业行为。究其原因，一是部分班组工作缺乏目标性、计划性和连续性，安全管理工作存在很强的被动性；二是班组内部缺乏文化氛围，缺乏凝聚力，致使班组工作落实不下去，无法实现管理目标。但是众所周知，施工班组由于其工作周期短，人员流动性大，一直是施工企业管理的短板。因此，规范施工班组安全管理、强化班组能力建设，培养有安全素养的产业工人势在必行。面对这么一个说起来容易操作起来难的课题，又该如何切实有效地开展班组规范化管理活动，夯实基层安全管理基础，构建班组作业安全网，提升本质安全水平，助推品质工程建设？我认为可以通过以下措施逐步实现。

一、实施班组作业标准化，规范班组作业行为

（一）制定规则、有章可循

施工企业或项目结合不同班组施工内容制定具有可操作性的《班组作业标准化实施方案》和《班组考核管理办法》，明确班组作业过程中人员操作、机械设备、安全防护的安全标准，制定分部分项工程班组安全首件检查验收制度以及班组日常活动规定流程和定期评比、考核方法，并宣贯到每个班组成员，以此来

规范班组成员的日常作业行为。

（二）做好班组进场准备，抓好源头管理

1.班组人员

把好工人入场关。通过对新员工开展年龄限制、岗前安全教育（含三级安全教育、岗位危险告知等）、岗前考核、岗前体检工作进行准入把关，防止无安全意识、安全知识较差、患有传染病、职业禁忌证、超龄人员进入施工队伍造成不良影响和意外损失。

2.机械设备

把好班组机械设备准入关。可以安排物资设备部门、安全管理部门联合对班组机械设备进行进场验收、登记，验收合格登记后，方可准予投入生产。对验收通过、进场后的机械设备做好定期检查、维修、保养工作，并按照"一机一档"的要求进行建档。另外，对专业性强的大型机械设备可与专业设备检测机构建立合作服务关系，弥补企业不足，及早消除安全隐患。

3.班组环境

（1）生活环境：合理规划班组生活区、班组活动区，工人宿舍管理。安装浴室、空调或移动厕所等设施，为工人打造一个温馨舒适的生活环境。依据现场实际条件，可设置班组活动室、阅览室等，丰富工人业余生活。通过培养工人良好的生活习惯，潜移默化地引导工人养成良好的作业习惯。

（2）安全宣传环境：在生活区减少空洞安全标语口号的设置，增加更加直观的事故案例展板、宣传栏、亲情安全提示语等，营造浓厚的安全氛围。亦可收集工人孩子、爱人、父母等亲人的照片，在生活区或施工区进出口位置制作一面"爱的关注"亲情照片墙等，这胜过僵硬的口号教育，更能打动人心，能促使工人从"要我安全"到"我要安全"思想的转变，起到无声胜有声的教育效果。

（3）安全施工环境：根据各班组具体施工部位，将区域划分具体化，并对作业区做好围挡隔离措施；在班组较为集中的位置设置工地应急管理室，备用常用急救药品、防护用品；在条件具备的情况下，设置人、车分流安全通道、高处作业上下专用安全通道等；同时在施工区域配备标准化、定型化、装配化的安全防护措施和安全装置，真正为工人提供安全可靠的施工环境。

（三）建立班组组织机构，配备主要管理人员

以协作队伍为单位确定一个大班组，为了便于管理和考核，可再根据作业内容或岗位合理划分为几个小班组。每个小班组建立组织机构，设班组长、班组安

全员，同时对每个小班组按照工种进行实名公示，明确各工种及个人的职责，使每个施工点安全责任落实到人。

（四）坚持班组安全生产活动规定动作常态化

在班组日常管理工作中实施班组"班前教育、班前检查、班中巡查、班后清理、班后交接、班后小结"6步走日循环常态化及"整理、整顿、清扫、清洁、素养、安全""6S"管理模式，规范班组作业行为，培养良好作业习惯。

1.坚持6步走日循环管理制度

班前教育：由班组长负责组织，上班前集合班组成员进行当天作业任务分配、作业过程安全注意事项提示，以及告知工人上一班作业过程中遗留的安全隐患是否已经消除等事项。

班前检查：由班组长组织，在班前教育结束后，对作业场所进行检查，主要包括个人防护是否到位、作业环境、设备操作是否安全等。

班中巡查：由班组巡查员，即班组安全员负责，根据班组作业情况确定检查频率，检查内容包括设备运行情况、作业环境危险因素、"三违"行为等方面。

班后清理：由班组长组织班组成员对作业现场进行清理，主要包括：各类工具、小机具、零碎材料放入指定位置，对作业平台、场地杂物、废料、垃圾进行清除等。

班后交接：交班班组长把当班期间设备运行状况、现场安全情况、人员精神状态等向接班班组长交底清楚，接班班组长查验后签字确认。

班后小结：由班组长主持，可利用班前讲台、工友学堂对当班工作任务、巡查中发现的问题及执行安全、质量情况进行小结，总结优缺点、提出整改措施，落实整改责任人。

2.实行班组6S管理，优化施工生产条件

整理：要与不要、一留一弃。对施工区域所有材料、工具、设备等进行详细梳理、分类，可用可不用的一律不用，将其清理至专门废料存放区，并定期及时外运。

整顿：物有其所、物归其所。对整理后留在现场的必要物品进行定量、定位，整齐摆放，利用标牌、喷划标线进行明确标识。

清扫：清除废料、干净明亮。将班组作业区域进行清扫，包括作业平台、现场废料废渣等，防止发生污染，现场设置废料集中存放区。

清洁：规范统一、一目了然。将整理、整顿、清扫进行到底，并且做到日常化、制度化、标准化。

素养：长期坚持、养成习惯。利用现场班前讲台、违章曝光栏等，结合日常教育、培训、交底，引导班组工人按质量、安全要点规范作业行为，培养班组成员养成良好的作业习惯。

安全：以人为本、防微杜渐。班组长和分管安全员全面做好班组安全教育、培训、交底、检查、会议等工作，合理投入工具化、定型化、装配化安全设施，提高作业环境安全度，防止隐患出现。

（五）实施班组安全首件制，为后续作业标杆立影

实施班组安全首件验收制度，从施工工艺流程、作业环境、劳动防护用品发放、设施设备、应急措施、安全操作、现场安全防护等方面制定作业标准并组织交底。首件完成后对班组及班组首件组织验收、评价。验收不合格的，总结分析后，重新交底再次进行首件作业，首件验收3次不合格则清退此班组，首件验收合格后进入正式施工，并作为后续施工标准。

（六）合理使用管理工具、规范作业行为

可广泛应用"精益生产"十大管理工具中的标准化作业（SOP）、5S与目视化管理、看板管理等管理工具来进一步规范班组作业行为。比如，在班组日常管理工作中，采用班组"6步走"日循环常态化，作业过程中采用"6S"管理，利用标线、标牌、标识进行安全警示、物品定位、分类的可视化管理等。

（七）实行大班组（协作队伍）安全费用单独计量

对协作队伍实施安全费用单独计量支付。将协作队伍承担的工程量的1.5%—2%比例用于专项安全费用投入，可以根据承担工程内容的难易复杂程度确定比率，如若队伍投入不足，不足部分则由项目部扣除，不予支付。打破协作队伍以往只考虑成本节约而不注重为工人提供安全有保障的作业环境的陈旧思想。

（八）严格班组考核、落实奖惩机制

健全班组激励机制，制定班组考核、评比、奖罚实施办法。定期或每月对各个班组进行考核、评比，奖优罚劣。评比后及时召开考核通报会议，对评比出的优秀班组或"最美"班组颁发奖金、锦旗，对考核成绩较差的班组给予通报批评和处罚。通过考核评比激发班组的凝聚力，通过引导努力在班组范围内形成"比、学、赶、超"的氛围。

二、树立以人为本建设理念，多形式、多举措提高工人素养

（一）鼓励创新

以解决现场施工具体问题为导向，通过制定具体可行的奖励措施，激励引导工人进行"微创新"。不仅鼓励工人在施工设备、施工工艺、施工工法上进行微改进，也要鼓励工人在安全防护措施上进行改良，培养工人的创新能力。改良成果一旦被采用，就按照制定的奖励措施进行奖励。

（二）正向激励，提高工人获得感

为班组、工人搭建切磋技术、争夺荣誉奖励的平台。可以通过每旬检查、每月考评评选最美班组、最美工人、岗位能手、岗位标兵等，表彰公示获奖人员，为胜出人员制作主要事迹画册。同时设置相应渠道，鼓励工人参与到项目日常安全质量管理中来，如设置"质安红黑榜"、开展隐患随手拍活动等。

（三）开展传、帮、带，全方位培养产业工匠

由班组骨干及业务素质较高的成员与新进场工人签订师徒协议，通过师带徒、老带新、一帮一的措施逐步提高工人技能水平及安全素养，使其少走弯路、少犯错误、少出事故，帮助新工人成长、成才，促进老工人业务水平再提升。

（四）加强班组文化建设，落实人文关怀

班组文化建设方面，可以建立工人分级培训体系，开设工友学堂，组织班组作业标准化管理教育与巡回交流，分级分类开展职业技能培训，提升工人安全作业技能。深入开展职工之家建设，通过改善工人住宿环境，举办职工活动，多形式、多举措地开展班组文化建设和人文关怀，增强工人归属感，促进工人能够把班组的事当成自己的事来做。

三、结束语

综上所述，规范班组安全管理工作，应当结合实际制定切实可行的安全管理制度并严格执行、严格实施；通过人本文化建设，培养工人的安全意愿，通过对班组工人的作业技能及安全素养的培养，培育一批产业工匠，培养一支业务素质过硬、安全意识较强、管理能力较高的班组长队伍，从而提高班组安全管理工作的质量，实现班组的安全生产，为品质工程建设奠定良好基础。

浅谈施工企业塔式起重机安全管理

柯　磊

（金台铁路有限责任公司）

摘　要： 塔式起重机是建筑施工现场最常见的起重机械，当前全国塔式起重机安全管理存在很多问题，安全事故频发，本文主要是针对目前塔式起重机安全管理现状进行探讨，并提出安全技术管理中的几个方面要求。

关键词： 塔式起重机　安全

一、引言

塔式起重机（Tower Crane）简称塔机，亦称塔吊，起源于西欧。塔式起重机因作业空间大、起升高度大、工作面覆盖广，从而被广泛使用于施工现场，担负着施工现场绝大多数的垂直运输任务。随着塔式起重机在各个施工领域的广泛使用，其自身的安全隐患也逐渐暴露出来。塔式起重机具有机械设备安装拆卸、生产环境复杂危险、操作人员多元流动的特点，在使用过程中产生失误造成的损失非常惨重，机毁人亡、群死群伤事故时有发生，让人触目惊心。

近年来，全国塔式起重机安全事故数量及比例居高不下，而且呈现逐年上升的态势，尤其是2017年6月26日至7月24日，仅仅29天就发生了14起相关安全事故，9死11伤，血淋淋的现实摆在我们面前，塔式起重机事故如此高频次、高密度的发生，是历史少见的。本人结合日常工作中的一点心得体会，谈谈自己的一些看法，以供大家参考。

二、目前塔式起重机安全管理现状

（一）塔式起重机机械设备老化

不少施工企业的负责人往往一味追求进度目标，目光短浅，只注重进度产值和效益，在设备管理上多表现为"重用轻管""包用不保修"，没有定期对塔式起重机进行维修和保养。同时，为了赶工期、抢进度，而不惜超负荷运行设备，或带

"病"作业，甚至违章作业，其结果就是设备严重磨损老化，故障率居高不下，整体安全性能严重下降，从而安全隐患凸显，直接导致事故的发生。

（二）塔式起重机安装、拆卸不规范

塔式起重机的安装、拆卸是一项专业性非常强的工作，大多数施工企业无安装、拆卸资质和相关专业人员，所以安装、拆卸企业的正确选择尤为重要。如果没有正确地选择安装、拆卸企业，在安装、拆卸过程中容易出现各类问题。特别是排水设施设置不到位，基础经常出现严重积水，腐蚀下部结构；防雷接地设置不到位，未按规定做防雷接地，未按规定做接地测试，恶劣天气下易发生事故；扶墙杆件设置不到位，扶墙杆件材质和数量不符合要求，整体稳定性存在缺陷；基础立柱固定不到位，未按方案进行基础加固；临边防护设置不到位，上下通道未按规定设置防护栏杆，易发生坠落事故；拆卸过程防护不到位，未按规定检查各部件运行状态，易发生倾覆事故；拆卸顺序不合理，未按方案要求按顺序拆卸，易发生倒塌事故。

（三）塔式起重机验收不规范

不少塔式起重机的验收过程过于形式化，不注重细节，不严格遵循验收程序，施工企业的塔式起重机在很多资料手续不全的情况下便进行验收，验收程序只是走个过场，没有实质性的内容，验收资料后补的现象尤为严重；更有甚者，还存在未验先用的现象，为日后的使用埋下很大的安全隐患。

（四）塔式起重机人员不达标

首先是在施工现场经常出现操作人员数量不足的问题，一个塔式起重机仅仅配备司机，未配备信号指挥人员，或者多台共用一个信号指挥人员，不符合安全操作规程要求。再者，信号指挥人员由没有专业知识的农民工担任的现象较为普遍，有的乱指挥，有的谁使用谁就是指挥，导致安全隐患凸显。

其次是日常的操作管理混乱，前期验收时的持证人员和现场实际操作人员不是同一人的情况时有发生，容易发生无证操作的现象，暴露出现场管理的严重漏洞。

（五）塔式起重机管理模式有缺陷

施工现场机械设备管理在施工企业内部管理中常属配角，企业对设备管理的重视程度逐步淡化。有的施工企业甚至撤销了设备管理的专职部门，有的把设备

管理归入安全管理部门，导致机械设备缺乏专业管理。更有企业实际上是把机械设备管理当作一个包袱，直接甩给了承包商或者劳务队伍，是典型的"以包代管"现象，企业安全生产主体责任得不到很好的落实。实际上，机械设备管理是一项专业性非常强的工作，如果没有专业人士对设备进行专业的管理，那么机械设备的安全状况将无法保证。

三、塔式起重机安全技术管理

（一）加强塔式起重机验收管理

一是严格执行塔式起重机的市场准入与淘汰制度，杜绝使用已达到使用寿命或陈旧老化的设备设施。

二是严格审查塔式起重机出厂证照，主要包括：出厂合格证、安装和使用说明书、制造监督检验证明、特种设备制造许可证及明细、设备产权备案等。

三是严格按要求进行基础验收管理，主要包括：（1）防雷接地装置验收，防雷接地装置应使用扁钢或圆钢（不得采用铝导体和螺纹钢），在塔吊基础制作时埋入塔吊相应附着构筑物基础内，并与基础钢筋焊接后引出；（2）接地电阻验收管理，塔吊安装完成后，应及时测试接地电阻值，实测接地电阻应不大于 4Ω；（3）基础混凝土强度验收管理，基础混凝土强度应符合安装说明书中强度要求。

四是严格审查安装、拆卸单位资质，主要包括：资质证书、特种设备安装改造维修许可证、安全生产许可证、安装作业人员的特种作业操作资格证书等。

五是严格审查专项施工方案，主要包括：塔吊基础专项施工方案、塔吊安装（拆卸）专项施工方案、塔吊安装事故应急救援预案、多塔作业防碰撞措施方案、塔吊使用事故应急救援预案等，并核查方案编制是否合理、方案审批流程是否合规。

六是严格按方案要求进行安装和拆卸，增强现场管理人员安全质量意识，提高其责任心，切实加强现场施工管控，确保安装和拆卸过程严格按方案要求进行，杜绝违反安全操作规程的行为。重点突出：（1）安装、拆卸单位管理人员应到岗履责；（2）安装、拆卸过程中应在塔吊坠落半径内拉设安全警戒线，悬挂安全警示标志；（3）安装、拆卸人员应按要求配备安全防护用品；（4）施工单位设备管理人员、现场监理人员应到现场进行检查、监理；（5）安装、拆卸程序要符合安装方案及说明书要求。

七是严格按要求办理验收手续，主要包括：进行自检，并按要求填写自检报告书；自检合格后应委托特种设备质量安全检测中心或有相应资质的检验检测机构进行检测，并出具起重机械安装改造重大修理监督检验报告（检测周期不得超过1年）；组织安装拆卸、使用、监理等单位的共同验收，并填写验收记录表；按规定到有关部门办理特种设备使用登记证等；在现场醒目位置应悬挂操作安全规程、特种设备使用登记证及特种作业人员证件等相关资料。

（二）加强塔式起重机过程管控

1.加强操作人员管理

塔式起重机开机前必须核对操作人员证件，切实做到人证合一，人员配置要满足作业要求，杜绝无证人员进行操作指挥。

2.加强安全技术交底

施工企业应由安全技术负责人组织专题性的安全技术交底，安全技术交底资料应结合现场实际施工状况，被交底人必须为实际操作人员，确保交底具有实质内容。

3.加强日常设备管理

实行划区包保模式，明确责任人，专人专管，按照"五定、三统一、一负责"检查制度（五定：定人、定期、定岗、定责、定点；三统一：统一部署、统一记录、统一分析；一负责：首查负责制）定期对起重机进行安全隐患排查，并如实记录，杜绝弄虚作假、应付检查的情况。检查时应重点突出：（1）基础应无积水，防雷接地装置良好有效；（2）上下通道应有安全防护措施，无施工作业时应封闭；（3）起重机机身力矩限位、超高限位、变幅限位、回转限位、吊钩保险、钢丝绳卷桶及小车断绳等保险装置应处于正常状态；（4）附墙装置、连接紧固件螺栓销轴及主要受力构件应完好无损。同时，对排查发现的问题要建立专项问题库实现闭环销号管理，定人、定责限期整改，整改不到位坚决不得启用。

4.强化培训教育力度

重点要提高培训质量，培训资料要有针对性，紧密结合实际分工种进行培训，相关人员必须培训合格后上岗，并以常态化为目标定期组织培训考试，确保岗位能力符合现场实际操作要求。

5.强调安全规程的执行

严格遵循安全操作规程进行作业，重点监控起重"十不吊"：斜吊不吊，超载不吊，长短、混吊、散装太满、捆扎不牢不吊，指挥信号不明不吊，吊物边缘锋利、无防护措施不吊，吊物上站人不吊，埋在地下的构件不吊，安全装置失灵不吊，光线阴暗看不清吊物不吊，六级以上强风不吊。

6.加强检验检测管理

相关安全技术规范规定，起重机整机检验检测至少2年进行一次，安全装置检验检测至少1年进行一次。为更好避免安全事故的发生，施工企业可根据实际情况加密检验检测频率，委托有资质的相关部门或机构将检验检测频率加密到半年或1季度进行一次。

（三）加强塔式起重机信息化管理

随着信息化技术的推广和普及，我们已经进入了一个全新的信息时代，在工程建设领域中运用信息化技术是提高企业市场竞争力的有力手段，也是最有效的手段之一。在塔式起重机的使用过程中运用信息化技术，能够有效地提高管理效率及动态管理能力，促进安全管理水平实现质的飞跃。诸如建立视频监控系统、安全保险电子集成系统，实现一体化、透明化、动态化的管理，通过实时视频画面、风速报警、超载报警、限位报警等形式，能够有效避免安全隐患和事故的发生。

四、结语

安全生产是人类进行生产活动的客观需要，是人类文明发展的必然趋势，对安全的需求，是人类自身的根本要求之一。当前，施工现场中塔式起重机的安全生产形势十分严峻，它可以说是一把"双刃剑"，管理得当，可以有效提高施工生产水平；管理不当，则会成为诱发安全事故的根源。施工现场是事故多发的高危场所，塔式起重机则是施工中的重大危险源。因此，必须充分认识到安全生产的重要性，切实把加强塔式起重机安全管理作为首要任务。广大企业及个人必须以对人民生命财产安全高度负责的态度，严格管理、落实责任、健全制度，切实提高塔式起重机的安全管理水平。

参考文献：

[1]中国国家标准化管理委员会.塔式起重机安全规程（GB 5144—2006）[S].北京：中国标准出版社，2006.

[2]陈超贤.浅谈建筑起重机械设备安全技术管理[J].城市建设理论研究（电子版），2014（21）：4286—4287.

[3]谢静.浅谈起重机的安全管理[J].科研，2015（5）：72.

NOSA在火电厂安全体系建设中的应用

刘亚静　肖方雄　王　潇

（浙江省能源集团有限公司）

摘　要：NOSA体系已被证实为一个综合安全、健康和环保的实用性管理系统。本文分析了火力发电企业应用NOSA管理体系的必要性，并结合火电厂的特点，阐述了NOSA管理体系在火力发电厂安全管理体系中的应用，从而推动火电厂安全管理体系更趋完整。

关键词：火电厂　NOSA　安全生产管理体系　应用

一、NOSA概述

NOSA是南非国家职业安全协会（National Occupational Safety Association）的简称，现特指企业安全、健康、环保管理系统。该系统由南非国家职业安全协会于1951年创建，它以风险管理为基础，强调人性化管理和持续改进的理念，目标是保障人身安全。其核心思想：所有的活动都是基于风险因素、预测和控制；所有的意外事故均可以预防和避免；所有存在的潜在危险均可控制；减少对环境的影响，每一份工作都能兼顾安全、健康、环境保护，通过安全管理实现持续改进。

NOSA五星安全管理系统内容包括两大部分，第一部分是按建筑物及厂房管理、机械电气及个人安全防护、火灾风险及其他紧急风险管理、安健环事故记录及调查、安健环组织管理等五大类 72 个元素，再进一步细分为 1200 多个项目。它通过对每一个项目从"三个方面、四个层次、五种等级"进行综合计算，衡量出该项风险是否得到了有效控制。其中，"三个方面"是指安全、健康、环境。"四个层次"是指风险意识、文件制度、依从性、实施效果。"五种等级"是指将每个项目根据得分情况划分为五个等级。第二部分是工伤意外事故率（DIIR，Disabling Injury Incidence Rate），NOSA五星安全管理系统除了上述五大类别组成外，还有一个统计工伤意外发生率的指标，它是一个关键指标，显示每年受伤员工占总人数的百分率，即定量评定。NOSA五星安全管理系统的构成如表1：

表1 NOSA五星安全管理系统构成

项目	单元内容	元素数	分数	所占份额（百分比）
1	建筑物及内（厂）务管理	11	450	15
2	机械、电气及个人防护	17	600	20
3	火灾及其他紧急风险管理	8	400	13.3
4	安健环事故记录及调查、	5	400	13.3
5	安健环组织管理	31	1150	38.4
合计		72	3000	100

二、NOSA五星安全管理系统的特点

NOSA五星安全管理系统具体有以下几个方面的特点：

（1）较强的可操作性。NOSA五星系统从建筑物、设备、事故应急处理、资源优化等方面提供了全面、细致、具体化要求，因而具有较强的可操作性。

（2）综合的考核评比机制。NOSA五星系统实行星级评比管理，从无星到五星，从风险评估、标准的符合性、系统的依从性、安健环事故率对电厂安健环管理进行全面考核，进行综合评比，为企业提供了持续改进的方法和途径。

（3）安健环的实质性管理。NOSA五星系统对事故的考核范围不仅包括全体员工、外协人员和参观人员发生的事故，还对环境、健康方面也增加了考核力度。对事故的考核指标比传统安全管理指标更加严格、更加全面，更能体现实质性的管理要求。

（4）NOSA五星系统的基础是完善、规范、制度化管理，对员工进行不断培训，提高员工整体素质，把"以人为本、一切基于风险"的管理理念渗透到电力生产中，对安全生产管理制度、安全物质、安全观念和安全行为产生了巨大的整合效应。

三、NOSA五星安全管理系统与其他系统的对比分析

从管理的目的、目标、核心思想、侧重点、强制性、适用性等方面对当前电力行业所采用的NOSA、OSHMS及自身安全评价体系进行比较，其相关性如表2所示。可以这么理解：NOSA与OSHMS或者电力安全评价体系的关系不是非此即彼的关系，而是可以将NOSA作为OSHMS或者安全评价体系的操作文件，使两者融合为一个综合管理系统。

表2　NOSA、OSHMS及电力安全评价体系的对比分析

项目	NOSA五星管理系统	OSHMS	电力安全评价体系
目的	提升企业安健环管理水平，保护环境和员工健康	改进安全健康状况，保护工人健康	促进安全生产，保护电网设备及人身安全
目标	帮助企业建立安健环管理体系，并评价安健环管理水平	帮助企业建立职业安全健康管理体系	评价安全健康状况和安全管理水平
核心思想	风险评估、PDCA和持续改进	风险评估、PDCA和持续改进	评价标准、检查、整改
侧重点	安全、健康与环保	安全与健康	设备、电网安全
针对性	包含九套不同系统，针对各行各业	针对各行各业	主要针对电力行业
操作性	囊括高层次到低层次要求，操作性强	主要为高层次要求，操作性一般	根据电力企业制定，操作性较强
强制性	遵循自愿原则	遵循自愿原则	行业强制要求
适用性	经过60多年的发展，全球超过8000多家客户采用，适用性较强	具有广泛适用性	在电力行业有较强适用性
管理性质	模式灵活、强调必要的文件化、程序化、标准化	文件化、程序化、标准化	统一、固定模式
审核	关注程序、结果等，并提供详细的建议书和改进目标	关注文件、程序等，判定是否符合	主要关注结果，并提供详细建议书
效果关注	有详细、明确目标	无明确要求	有详细、明确目标

从上述对比表可知，NOSA五星安全管理系统是一套比较完整详细的安全管理系统，由不同的类别组成，详尽叙述了如何以综合的方式来管理企业的职业安全、健康和环保，其功效已经受到业界的广泛认可。

四、火电厂推行NOSA五星安全管理系统的必要性

（一）增强火电厂竞争力的需要

当前国内发电企业安全管理体系仍或多或少存在缺陷，此时引入NOSA五星安全管理系统的理念和方法，并与国内传统的优秀管理方法相结合，用管理制度

来代替传统的管事，用程序来代替过去的惯例，用评价代替审批，对于改善设备、设施状况，保障人身安全、环保、员工健康等方面具有重要意义。从某种意义上说，推行NOSA管理系统能够使发电企业在全球经济一体化的环境下，接轨国际一流的安全管理先进水平，实现增强企业核心竞争力的内在推动力。

（二）能够有效降低和预防不安全事件的发生

近几年，国内发电企业安全形势日趋严峻，安全管理的压力巨大。2016年五大发电集团计划外机组非停、强停次数均较2015年呈上升趋势，部分区域的地方发电企业情况更为严重。原因有如下几点：（1）员工安全意识薄弱，安全知识匮乏，安全行为不规范，导致三违现象频次增多；（2）设备质量、检修质量、安装质量均未能有效把控；（3）生产人员技术技能低下，导致技术监督环节跟不上，同时由于安全管理人员一直得不到厂领导的重视导致其专业水平无法满足复杂的工作需要，这也是导致监督环节缺位的原因；（4）组织管控不力，特别是对关键点的技术要求管控失效。

NOSA安全管理系统秉承"以人为本、风险预控"的宗旨，注重环境、技术、职业健康的协调作用，通过员工的自觉性行为，优化工作环境，从源头上预防与控制危险源，能够有效地限制或消除隐患，防止不安全事件的发生，从而达到全面提升电厂现代化安全管理水平。

（三）能够增强火电厂员工凝聚力

员工作为生产要素中不可或缺的一部分，其水平往往直接影响生产率。NOSA强调"以人为本"，一方面从尊重人、保护人的角度出发，强调员工的知识技能培训，提高员工的技能素质；另一方面强调员工参与企业的营运与发展，追求有共同价值观的集体，并使之成为企业文化的一部分，从而大大增强企业凝聚力。

（四）能够实现安全管理由被动向主动转变

NOSA以风险预控为基础，遵循海因里希的事故冰山理论，通过有效的风险评估，制定一套有效的控制措施，加强和改善作业环境，使作业人员的个人防护得到有效满足，作业行为得到规范，从而克服了传统安全管理模式的不足，通过约束机制和激励机制的综合管控，实现从"被动抓安全"向"主动要安全"的转变。

五、NOSA在火电厂安全管理体系建设中的应用

基于NOSA管理系统，我们建立了火电厂安全管理系统关联图（见图1所示）。

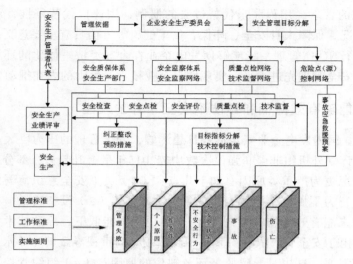

图1 基于NOSA构建的火电厂安全管理系统关联图

由此可见，我们可以从"人—机—环—管理"四个方向来构建火电厂安全管理体系：

（一）以NOSA为平台，建立适合发电厂特征的企业综合管理体系

推行NOSA五星安全管理系统，以全面风险控制为核心手段，以效益、质量、安全、健康、环保为"五要素"目标，整合GB/T 19001、GB/T 24001、GB/T 28001、NOSA五星体系、5S体系等标准建立全面风险控制综合管理体系。其内涵是以安全生产保证体系、安全监督体系为重要支撑，以企业安全目标、管理方针为引领，以全面风险控制为核心管理手段，以执行一套标准体系文件为运行控制，通过实现效益、质量、安全、健康、环保的协同互动发展，实现企业年度安全管理目标，保证企业可持续发展，促进实现企业安全可靠运行战略目标的安全生产综合管理体系。

（二）基于NOSA风险预控，不断优化管理模式，控制人的不安全行为

1.强化风险评估，注重实际应用

一是以年度风险评估回顾及总结，确定明年总体目标、工作计划、保障措施；二是定期开展设备风险、迎峰度夏、重要生产任务风险分析工作；三是对工作票、操作票、技术方案、即时风险预警等进行风险动态控制；四是围绕"安

全、健康、环保、经济"四大要素建立设备新的风险管理模型指导点检定修和维护；五是改善传统的计划性检修模式，认真分析机组运行状况，通过风险评估和诊断，对机组年度检修实施科学的决策；六是充分利用风险评估理论，对机组检修项目进行评估，并采取控制手段，有效保证项目安全优质地顺利实施。

2.关口前移，超前控制，消除隐患

一是狠抓设备隐患、环境隐患、人的行为隐患，有效控制异常和未遂，减少人为失误和差错；二是安全管理重心下移至基层的班组员工，构成班组日常隐患排查、自查自改的有效整改工作机制；三是建立鼓励员工上报未遂事件的长效机制。

3.健全应急管理体系，全面提高应急能力

一是利用宣传栏、公司内网宣传应急知识；二是各危险场所张贴应急处理措施；三是在运行操作、检修工作前的交底过程中使用应急处理措施卡片；四是消防知识、正压式呼吸器等劳动防护用品和急救知识的多项培训和使用操作演练。

4.强化提升机组大修安全管理

一是对所有检修项目进行风险评估，辨识作业项目可能存在的危险源；二是根据人员来源不同、工种不同、熟悉现场程度不同及综合素质不同等，对参加定修的人员进行综合评估；三是根据设备修前评估报告及仓库物资库存情况，认真分析设备解体过程中可能带来的物资供应风险，制定特殊物资供应措施；四是为提升作业人员素质，认真开展多个检修区域的安健环综合评比工作。

5.狠抓全员安全意识，提高员工综合素质

从注重员工培训实效出发，通过开展岗前培训、在岗培训、资格取证培训、事故演习、事故反思、参观与交流、现场引导与实物讲解等多种形式的培训，提高员工的安全意识和能力。

（三）基于NOSA风险管理，强化技术质量管理，减少物的不安全状态

（1）健全质量保证体系，明确责任，责权到位，过程把关。

（2）建立设备风险管理模型。以设备对安全、健康、环保、经济的影响程度建立设备风险管理模型，确定A、B、C类不同设备等级，用于指导设备点检定修管理和维护管理。

（3）建立异常分析制度。强化设备点检管理，建立异常统计、评估、分析、处理制度，深层次分析设备发生异常的末端因素。

（4）实施检修全过程质量管理。认真评估检修质量影响因素，将检修质量管理贯穿到设备解体、备品采购、复装、试运全过程，做好每一个环节的质量检验工作。

（5）充分发挥技术监督网络作用，实现风险提前预警、隐患提前暴露和根除。

（6）鼓励员工积极参与设备改善提案。人人献出"金点子"，解决设备难题，消除设备隐患。

（四）建设"以人为本"的安全文化

坚持以人为本，树立"关注安全，关爱生命"的安全文化价值观，始终把员工安全健康作为实施综合管理体系的一个重要目标。依据员工体质特征、身心健康、人机工效等多个层次进行风险评估和控制，构建起"人机和谐"的安全健康管理氛围。

六、结语

NOSA五星安全管理系统从组织管理、构建筑物、设备设施、应急救援、事故处理、风险管控、资源优化等方面提出了全面、细致、具体化要求。通过将NOSA管理与电力企业传统的安全管理方法相结合，能更容易辨识和处理风险，降低事故概率、改善劳动环境、提高工作效率，有利于实现电力企业内部或电力企业之间设备资源的优化组合及协同效应，提高设备管理效率和水平，有利于增加系统运行的安全可靠性，并最终实现安健环综合管理系统"零意外、零隐患、低风险、零排放"的目标。

参考文献：

［1］蒋涛，李文波.南非NOSA安全五星综合管理系统调研［J］.安全、健康和环境，2005，5（10）：17—18.

［2］王红梅.引进NOSA五星管理体系，建立安健环质综合管理长效机制［J］.矿业安全与环保，2005，32（增刊）：118—120.

［3］张伟.NOSA在水电厂现场作业安全管理中的应用［J］.水电与新能源，2012（2）：62—65.

浙江省天然气维抢修中心安全管理
问题及改进对策分析

吴宗楠

（浙江浙能天然气运行有限公司）

摘　要： 文章阐述了浙江省天然气维抢修中心安全管理当前存在的一些问题，主要包括员工安全管理参与力度不足、工作环境无法有效保证安全、现场安全监督检查缺乏有效手段三个方面，然后借鉴美国杜邦公司和中国石油天然气集团公司等国内外优秀生产型企业在安全管理上的先进经验，提出了相应的改进对策，从而提升维抢修中心的安全管理水平。

关键词： 安全管理　问题　改进对策

一、引言

浙江浙能天然气运行有限公司（以下简称"运行公司"）负责浙江省天然气长输管道的运营和维护工作。自成立伊始，运行公司一直高度重视安全管理，2013年运行公司顺利取得QHSE管理体系第三方机构认证，同时明确和公布了公司QHSE管理方针、理念、目标，为企业经营管理创造了良好基础。然而通过这些年的数据统计发现，运行公司每年发生的安全问题并没有显著下降，而发生的安全问题往往又集中体现在生产部门上。本文从运行公司维抢修中心一名部门管理者的角度出发，客观分析了维抢修中心安全管理上存在的主要问题并提出针对性的改进对策。

二、安全管理的主要问题

（一）员工参与力度不足

通过和班组员工访谈，大多数班组员工很少参与班组安全管理，他们认为自己作为一名基层员工，主要的工作职能是完成班组长交代的工作任务，安全管理和安全监督主要是班组长或是部门安全员的职责，因此参与安全管理的意愿不强、主动性不够；而班组长为了完成年度计划任务，工作重心一般放在如何完成班组工作任务和提升技术管理水平上，即便是开展安全管理工作，主要内容无非就是上级文件的传达、不安全事件的学习、安全台账的建立等，部门安全工作的开展实际主要落在部门安全员身上。作为部门安全员，他们不仅要引导各班组开展班组日常安全管理工作，完成部门安全管理体系建设和各类安全报告的编制，还要完成定期的现场监督检查工作。因此，安全员尽管工作非常努力，但是由于人少活多指标重，整个部门的安全管理并没有得到有效的提升，安全工作不能真正落到实处。

（二）工作环境无法有效保证安全

安全的工作环境是员工开展安全生产的有效前提，然而在实际工作中，往往有两个因素制约甚至影响到员工的工作环境。

一是员工的安全意识问题。比较典型的就是"习惯性违章作业"，有些员工虽然知道作业前要做好风险预控措施，但是因为侥幸或偷懒心理作怪，忽视了某些措施而导致不安全事件发生；另一个常见因素是作业人员受经验制约，这点主要集中在刚参加工作的年轻员工身上。

二是效率和安全的冲突问题。很多作业任务伴随着时间节点和考核要求，而作业任务所需的各种操作规程、作业程序、安全措施的执行又会影响到作业效率，这就导致了效率和安全的冲突。

（三）现场安全监督检查缺乏有效手段

安全员现场安全监督检查作为安全管理的一个有效措施，已经成为部门安全管理的重要组成部分，但是目前安全员进行现场监督检查，主要是凭自己的工作经验，做出是否合格或是否达到相应要求的结论，其经验和态度决定了检查工作的质量和结果。在检查过程中，安全员扮演的是"执法者"的角色，而现场作业员工扮演的是"嫌疑犯"的角色，一旦被发现违规作业，轻则批评教育，重则考核问责，甚至待岗学习，这样的角色定位，使安全员与员工成了对立面；此外，如果检查的对象中包含自己的好友或者上级领导，安全员又会碍于人情世故等原因选择性"执法"。员工在现实工作当中，也会逐渐养成形式主义、敷衍了事的不良风气，看到安全员来检查，就规规矩矩严格按照操作规程作业，安全员离开之后，可能就会是另外一种行为，不利于安全工作的有效开展。

三、改进对策

（一）营造全员参与安全管理的氛围

要改善目前的安全管理状况，首先要在部门内营造全员参与安全管理的氛围，积极倡导所有员工主动参与安全管理，发挥其主观能动性。杜邦安全管理十大基本理论第十条指出：员工的直接参与是关键。没有员工的参与，安全是空想。安全是每一位员工的事，没有每位员工的参与，公司的安全就不能落到实处。较为可行的方法是设立安委会维抢修中心分支，在公司安委会及办公室的领导下，开展安全管理工作，分支成员有权参与部门安全工作决策，组织、指导并带头开展部门各项安全生产工作，同时发挥成员各自专业的经验优势，参与到现场的安全监督检查当中去。此外，要设立一定的激励和淘汰机制，对于所有安委会分支的成员，每月视其工作表现给予一定的奖励，表现不好的成员予以警告或淘汰，确保每个成员参与安全管理的主观能动性。

（二）为员工创造良好的安全工作环境

为员工创造一个良好的安全工作环境，需要让员工认识到讲安全不是为了企业，而是为了保护自己，为了亲人，为了自己的将来，要让员工清楚地认识到安全永远是第一位的，安全意味着责任，一个人的安全不仅是对自己负责，更多的是对关心你的家人负责，如果不能确定一项工作是否安全，那就不要做。这需要维抢修中心对员工进行长期的安全教育培训，营造良好的安全文化氛围。对于部门管理者来说，一定要做到尊重员工，时刻为员工着想，让员工知道部门领导时刻在关心他们的安全。

（三）开展作业安全分析（Job Safe Analysis，JSA）

部门现有的典型作业票、检修/维护作业文件包、QHSE作业指导书等安全管理文件对员工常规作业中的风险辨识、控制措施、作业步骤等均做到了较好的覆盖，员工只要严格落实安全措施并按照作业步骤开展现场作业，安全风险可以降到最低，但是一旦涉及跨专业多工种作业或是复杂的检修作业，经常会发生风险辨识不全面、控制措施不到位的现象，使员工直接或间接暴露在风险之下，给部门安全生产工作带来隐患。针对这类工作，在作业前开展作业安全分析（JSA）是一个行之有效的办法，可以有效减少风险和隐患。

作业安全分析（JSA）的定义是"仔细地研究和记录工作的每一个步骤，识别已有或者潜在的隐患（人员、程序和计划、设备、材料和环境等隐患源）并对其进行风险评估，找到最好的办法，来减少或者消除这些隐患所带来的风险，以避免意外的伤害或者损坏，达到安全进行作业"的一种方式。它与工作票风险辨识的最大区别是：工作票的风险分析人是工作票负责人，仅对其个人能够想到的风险进行辨识；而作业安全分析（JSA）是由有安全工作经验的相关专业人员组成的分析小组来实施风险辨识，分析小组成员将作业分成若干步骤，识别每个步骤的隐患并提出控制措施，最后向所有参与作业的人员进行安全交底。对维抢修中心来说，可以对技改大修、专项整改、天然气管道改线、新设备或系统的检修调试等风险较大的作业开展作业前作业安全分析（JSA）。

（四）现场安全监督检查中使用行为安全观察与沟通六步法

杜邦公司通过对事故发生原因进行统计分析，得出事故的发生96%是由人的不安全行为引起的，而物的不安全状态、环境和管理的缺陷也都与人的不安全行为密切相关。美国著名安全工程师海因里希提出的海因里希法则，也指出了物的不安全状态是由人的缺陷造成的。我国的研究也表明，85%的事故是由人的不安全行为引起的，减少员工现场作业时的不安全行为，可以有效降低不安全事件的发生。现场安全监督检查作为一种安全管理的手段，其主要内容就是检查现场作业人员是否存在不安全行为，但是安全员的经验、态度和沟通方式直接决定了检查的质量和结果，因此，引入一套科学有效的检查方法是非常有必要的。中国石油天然气集团公司在杜邦安全训练观察计划（Safety Training Observation Program，STOP）的基础上，提出的行为安全观察与沟通六步法值得我们借鉴：在现场监督检查过程中，安全员通过观察作业人员的反应、个人防护用品的穿戴、作业人员工作位置和姿势、工器具的使用、作业许可程序合法合规情况、作业人员工作环境六个方面（如表1所示），确认作业人员作业过程是否存在不安全行为，当发现员工存在不安全行为时，使用六步沟通法和员工进行沟通（如图1所示）。行为安全观察与沟通和传统安全检查的最大区别在于，前者中安全员并不是扮演一个"执法者"的角色，检查的目的不是针对员工违规行为做出处罚，检查的重点放在引导员工意识到自己的不安全行为，并一同思考和解决可能出现的其他安全问题。这种方法很容易得到员工的认同，员工也会感受到企业是在真正关心他们的安全，进而减少下一次不安全行为发生的概率。

表1 安全行为检查与沟通检查表

A类：人员的反应（观察30秒内被审核人的各种不正常反应）	B类：未使用或使用未正确使用个人护品和装置	C类：人员的工作位置和装置不正确	D类：工具、设备和仪表	E类：安全工作许可证、高危作业许可证、个人资质证、操作规程、应急预案等	F类：工作环境
□开始调整个人防护装备	□安全帽	□易被物体撞到	□不适合作业	□作业没有安全工作许可证	□无安全警示标志或警示标志不规范
□改变原来的工作位置	□符合安全标准的工装	□易被物体击中	□未正确使用	□许可证或高危作业许可证不可证	□安全和职业卫生设施不符合规范
□重新开始工作	□眼镜或面部保护用品	□易被物体夹到	□工具和设备本身不安全	□特种作业人员无有效资质	□消防设施不符合标准或维护不善
□停止原来进行的工作	□耳塞或其他护耳用品	□易绊倒、滑倒而受伤	□工艺管线、设备、阀门有跑冒滴漏等现象	□不按照作业程序或操作规程进行作业	□临时作业区域未隔离
□收起、不使用或更换原来使用的工具、设备	□符合安全标准的手套及臂部护护	□可能导致高处坠落	□工用具没有定期检查	□没有应急预案或预案准备不足	□作业环境安全条件不够
□驾驶员停止或改变行为	□符合安全标准的工鞋（靴）及腿部护品	□可能致高压流体击中	□指示仪表没有标签	□高危作业安全措施不当或未落实	□员工对工作环境安全标准和风险不知晓
□对不安全行为及状况无反应	□符合安全标准的呼吸系统防护品	□可能接触高温或低温而受伤害	□仪表选值不合适或指示异常	□员工不知晓或掌握相关的安全知识、技能、应急措施等	□HSE设施缺失或不完整
□其他	□防止高空坠落的护品	□易触电	□设备工作异常	□操作规程、应急预案等不完善	□作业现场达不到目视化管理标准要求
	□符合安全标准的防触电护品（具）	□可能接触有毒有害物质	□连锁、报警等异常	□其他	□其他
	□车辆座位安全带或安全带不好用	□易受转动设备伤害	□硫化氢及其他检测仪器不好用或没有定期校验		
	□其他	□工作过度用力或姿势异常	□安全阀、安全报警装置没有按期校		
		□可能吸入或误食误有毒有害物质	□其他		
		□其他			

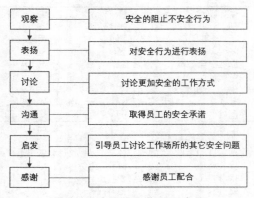

图1 安全观察与沟通六步法

四、结束语

杜邦有一句至理名言："你将达到的安全水平取决于你展示你愿望的行动。"安全工作不是一个独立工作，它是技术工作、管理科学和人员素质在实施安全预备方案的过程和结果，安全管理机制是基础，领导直线管理是重点，全员参与是关键。每个员工从自身做起，紧密配合，循序渐进，维抢修中心的安全管理水平一定能够得到切实提高。

参考文献：

［1］中国石油天然气集团公司安全环保与节能部. 中国石油天然气集团公司2013年HSE优秀论文集［M］. 北京：石油工业出版社，2014.

［2］乐增，江楠. 基于杜邦STOP系统的安全员安全管理模式探讨［J］. 安全与环境工程，2013，20（4）：127—130.

［3］梁田录. 美国杜邦公司安全文化的借鉴［J］. 建筑安全，2010，25（2）：10—12.

［4］傅晓峰. 浅论人力资源管理中的激励问题——以G公司为例［J］. 人力资源管理，2012（6）：193—196.

［5］油气管道安全管理编委会. 油气管道安全管理［M］. 北京：石油工业出版社，2011.

［6］张舒，史秀志. 安全心理与行为干预的研究［J］. 中国安全科学学报，2011，21（1）：23.

［7］张江石，傅贵，刘超捷，等. 安全认识与行为关系研究［J］. 湖南科技大学学报（自然科学版），2009，24（2）：15—18.

［8］赵艳艳，李畅. 任务观察在矿山安全标准化管理系统中的应用［J］. 安全与环境工程，2012，19（4）：88—92.

［9］张玉栋，齐冬艳. 浅析燃气安全管理［J］. 大陆桥视野，2016（2）：59—60.

基于"图形化安措"的现场安全生产管控水平提升探讨

徐春土　李敬彦

（国网浙江省电力有限公司宁波供电公司）

摘　要： 在电力系统生产作业中，班组是最基本组织和执行单元，也是安全生产管控的实际落地点。现场安全生产管控水平，直接影响到电力系统的安全。目前，现场生产作业中，存在站班会执行流于形式、站班会交底效果不佳等情况。为切实提升现场安全生产管控水平，本文探讨站班会如何以图形方式向工作班成员直观呈现工作关键点及其安全措施，立足于现场，着重成效，以期达到现场安全生产管控水平提升的目的，并最终服务于电网安全。此外，本文对其他可行性措施进行了展望。

关键词： 安全生产　站班会　图形化安措　现场管控

一、电力安全生产的含义

电力系统的安全生产是电力企业发挥社会效益和提高企业经济效益的保证，坚持"安全第一，预防为主"的方针是电力生产建设的永恒主题。电力生产实践中，安全有着三方面的含义：确保人身安全，杜绝人身伤亡事故；确保电网安全，消灭电网瓦解和大面积停电事故；确保设备安全，保证设备正常运行。这三方面互不可分，缺一不可。

班组作为电力系统生产工作的基本组织和执行单元，也是安全生产管控的落地点。班组的现场安全生产管控水平，直接影响到整个电力系统的安全生产。

二、目前现场安全生产管控存在的不足之处

在班组现场作业过程中，站班会是安全管控的重要一环。站班会执行过程中，工作负责人要对工作班成员进行"三交底"，即：交代工作内容，交代工作中存在的危险点，交代安全措施。在传统模式中，工作负责人在交底时，往往采用口述的模式，可能存在工作内容交代不全、危险点交代不清等情况。而工作班

成员在参加站班会时，也可能存在注意力不集中、未听清工作负责人所交代的内容、未明白作业中存在的危险点、未搞懂应做的安全措施等情况，现场作业存在一定的安全风险，作业中就有可能导致设备、电网及人身事故。

为切实提升现场安全生产管控水平，"图形化安措"不失为一种有效的安全交底形式。所谓"图形化安措"，就是将作业内容、作业危险点、安全措施以图形的形式形象化展现出来，从"项目全过程管控"和"具体设备安措"两方面着手，实现项目安全措施"点""面"把控，并在站班会上直观地向工作班成员进行交底，立足现场，注重实效，以期达到提升现场安全生产管控水平的目的。

三、"图形化安措"的具体做法

（一）统筹规划，实现大型项目全过程管控

坚持预防为主的理念，强调对安全生产事前、事中、事后的每个工序、每个环节、每个阶段的安全管理。

过程管控：一是把好"筹划关"，工作前统筹规划，梳理工作量，以时间节点把握工作节奏，确定工作危险点。二是把好"现场关"，突出对重点工作的安全把控，并随时根据现场实际调整相应把控措施。

以湾塘变220kV母差及旁路改造工程为例，湾塘变工程采用3天全停集中检修模式，时间紧、强度大，这对现场的安全生产把控提出了更高的要求。传统安全管控仅从工程整体角度出发，将工程任务、危险点、安全措施进行概括，未进行具体工作细化，具体工作的实施过程由各子项目负责人甚至工作班成员自行把握，而在站班会交底过程中，工作负责人仅仅只将工作内容、危险点、安全措施对照施工方案内容进行简单宣贯，容易造成工作班成员对工作内容不清楚、危险点认识不深刻、安全措施布置不到位的情况。

"图形化安措"能够实现工程全过程的危险点管控。如图1所示，以"时间节点控制、突出重点事项"作为出发点，着重细化各项具体工作的内容、危险点、安全措施，通过"图表""进度表"等图形化方式，直观展现现场安全管控，将站班会现场交底的重心落到实处、执行到位。具体步骤为：

第一步：梳理工作量，明确时间节点。各施工班组组织技术骨干，梳理改造工程的工作量，工作负责人结合停电时间，明确具体事项的时间节点。

第二步：罗列危险点，制定安全措施。工区班前会交底时，针对具体工作，详细讨论其中存在的危险点，并制定安全措施，要求做到危险点与安全措施一一对应，专项解决。

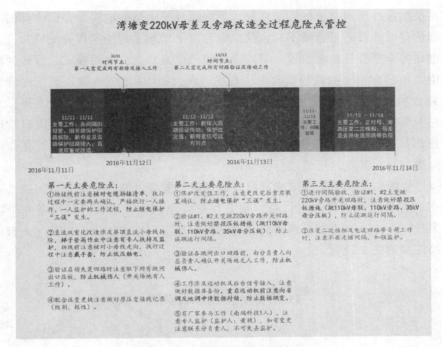

图1　全过程危险点管控示例图

第三步：根据前两步的结果，制定改造工程的全过程管控措施，以"图形化"方式进行展现，其内容包括四个方面：工作量、时间节点、危险点、安全措施。绘制过程中，工作负责人首先绘制工程总进度及各项子工作对应的时间节点，并在此基础上确定每日工作内容；其次对每日工作进行危险点、安全措施的描述，注意在制定过程中工作量、时间节点、危险点、安全措施四者须有机统一。

第四步：将"图形化安措"作为安全措施补充写入施工方案，并制作成展板，在工作现场进行展示；在班前会、现场交底时，工作负责人将结合"图形化安措"进行详细交底，确保交细交透，以此加深工作班成员的印象，并以点带面，强化对当日工作的全过程安全把控。

第五步：在每日工作结束后，工作班成员或工作分负责人需及时将当日工作完成情况向工作负责人汇报，工作负责人根据剩余工作量，对时间节点、安全措施进行调整。

（二）细化到点，具体设备安全措施"形象化"

目前宁波电网智能变电站检修任务的比重逐年升高，相对常规变电站，智能变电站虽然在外部回路上做到了精简（光纤取代了大量的电缆），但内部的虚拟回路却仍是有些看不见、摸不着，这一定程度上增加了现场工作安全风险。在智能变电站安全管控的初级阶段，其安全把控仍照搬常规变电站模式，导致智能变电站中大量的虚拟、抽象的概念无法直观呈现，如GOOSE/SV软压板、检修压板等，并且相关安措布置与常规变电站截然不同，如保护装置改信号工作，常规变电站只需退出相应出口硬压板；而智能变电站除退出相应GOOSE出口软压板外，还需投入装置检修压板，必要时需退出SV间隔接收压板。同时，在作业过程中，更容易对禁投软压板进行误操作。

为了使参与工作的工作班成员更好地理解智能变电站信息流及虚回路，掌握工作中存在的危险点和隔离措施，提升作业安全系数。通过具体设备安全措施"形象化"的方法，直观呈现智能变电站保护装置内部虚拟回路以及与运行设备隔离所需要的安全措施。

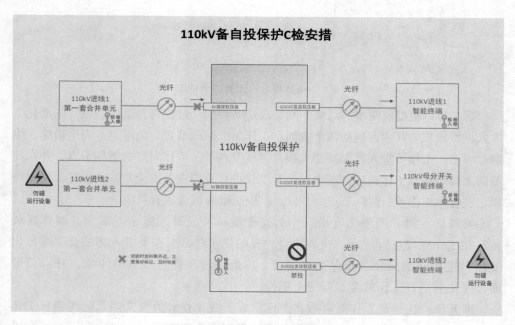

图2　智能变电站保护校验安措图

以智能变电站110kV备自投校验为例，如图2所示，具体设备安全措施"形象化"步骤为：

第一步：根据工作内容、检修范围，确定检修设备与运行设备的交界面。如在进线1检修、进线2运行、母分检修情况下，进行备自投保护传动时，存在误跳进线2开关的风险，需对进线2相关设备进行安全隔离。

第二步：结合SCD文件（智能变电站配置文件），确定与备自投保护虚拟回路有关的智能设备，如图2所示，进线1智能终端及合并单元、进线2智能终端及合并单元、母分智能终端合计5台设备与备自投保护产生了回路联系，其中进线2智能终端及合并单元为运行设备。因此，备自投保护检修传动前需与这两台装置进行安全隔离。

第三步：绘制备自投装置及其虚拟回路、相关设备示意图，明确待隔离运行装置与备自投之间的各类软压板，并做上"禁投""误碰运行设备"等标记，与检修设备做明显隔离。

第四步：将形象化的备自投安措写入施工方案，并制作成展板在工作现场进行展示，并在班前会、现场交底时，由工作负责人结合展板向工作班成员进行交底，明确现场设备状态、危险点及禁投、禁动的压板、空开等。

四、展望

"人、机、料、法、环"是现场生产管理的五个要素。其中，人是现场作业的主体，也是最难管理的一个要素，如何在现场检修作业中交代到位、执行到位、监护到位，是现场安全生产管控的重中之重。本文所探讨的"图形化安措"现场安全管控方式，就是突出以人为本，充分调动工作人员主观能动性，努力消除"交代"这一环节潜在的安全隐患。"执行到位"与"监护到位"这两个环节，则更依赖于作业人员的技能水平和安全素质，这就需要班组在工作中充分利用好每日的班后会，进行工作的总结提炼，形成有效的经验，不断促进班组人员技能水平和安全素质的提高，最终保证电力系统现场安全生产。

浅谈变电运维班组安全生产管理

李峻峰　任薛东　宣海波　宋　鹏

（国网浙江省电力有限公司宁波供电公司）

摘　要： 变电运维班组是保证变电站安全生产的重要基层组织，变电运维班组的安全生产直接关系到区域电网的安全稳定水平，所以一直是各级安全生产部门关注的重点。本文结合运维班组现场安全管理现状，对安全管理暴露的问题进行分析探讨并给出相应的提升策略。最后，归纳总结出提升班组安全生产管理的可行性经验，为各个运维班组的安全生产管理提供借鉴。

关键词： 变电运维　安全生产　班组管理

一、引言

近期，国家电网发生了多起变电站内人身伤亡和设备损坏的安全事故，再次暴露了部分基层班组安全意识不强、安全生产管理混乱的现状，给一线班组安全管理敲响了警钟。

班组安全生产管理水平的高低，直接决定了电力生产是否能够稳定安全地进行。变电运维岗位作为电力生产的第一线，是国家电网安全生产政策和指令落实的关键点，同时也是安全生产的落脚点。因此，运维班组的安全生产管理直接决定了国家电网安全生产的水平，是变电站安全生产工作的出发点和落脚点。

二、班组安全生产管理的现状

根据《国家电网公司变电运维通用管理规定（试用版）》规定，变电运维管理应坚持"安全第一、分级负责、精益管理、标准作业、运维到位"的原则。安全第一指变电运维工作应始终把安全放在首位，严格遵守国家及公司各项安全法律和规定，严格执行《国家电网公司电力安全工作规程》，认真开展危险点分析和预控，严防人身、电网和设备事故。但是，由于班组管理人员管理水平和思维方式存在差异，仍有部分班组未能严格执行变电运维管理五项原则，暴露出以下安全生产管理的问题。

（一）对班组成员业务水平提升不够重视

班组人员的业务水平直接决定了班组人员对安全隐患风险的识别能力。人员业务水平的低下是安全管理的严重隐患。部分班组对于本班组成员业务水平要求不严格，班组学习氛围弱。老员工对新上岗人员，不愿或懒于分享经验。这直接导致班组内成员对学习缺乏动力，业务水平差距悬殊，使班组整体安全意识难以建立，无法及时发现安全隐患。

（二）对习惯性违章不够重视

习惯性违章，是指那些固守旧有的不良作业传统和工作习惯，违反安全操作规程，长期反复发生的作业行为。它容易使人丧失应有的警惕性，是引发事故的必然因素。部分班组对于其员工的习惯性违章不够重视，没有及时进行制止纠正，使其余员工容易忽略身边同事的习惯性违章，甚至加入习惯性违章的行列，增加了事故发生的可能性。

（三）缺乏完善的风险管控机制

部分班组管理人员管理水平欠佳，缺乏风险管控意识，对一些危险性高、风险大的操作没有制定合理有效的风险管控措施。同时班组内也缺乏相应的风险管控条例，班组成员的风险意识薄弱。班组成员在生产过程中容易忽视隐患风险，直到发生事故才进行事后补救，疲于应付。

三、班组安全生产管理的经验探讨

（一）积极提升班组成员安全生产业务水平

提升班组成员安全生产业务水平，能够有效提高班组整体的安全生产水平。为此，班组专门针对各类人员制定了相应的安全生产培训方案。针对每一类人员专门制定培训课件和课程进行培训，保证每一名员工都做到安全意识常记于心。

1. 新入单位的人员（含实习、代培人员）

针对新入单位的人员，必须经《电力安全工作规程》考试合格后方可进入生产现场实习，并在有经验的班组成员带领下方可进行工作。对于刚进单位的实习人员，考虑到其工作现场经验少，班组组织培训人员在课件制作中多附加现场图片和视频进行讲解，图文结合加强实习人员的理解。

2. 新上岗生产人员

新上岗的生产人员虽然具有一定的专业基础知识，但在现场实际工作中经验仍然较为欠缺。培训安排了进行现场见习和跟班实习，通过选派班组内的技术骨干为新上岗的生产人员开展有针对性的现场操作、试验培训，为其指明变电站内危险点并说明预防措施，快速提高其安全生产业务水平。

3.在岗生产人员的培训

班组对在岗生产人员安排了定期的现场考问、反事故演习、技术问答、事故预想等安全培训活动。同时班组应组织员工学习自救互救方法、事故疏散以及现场紧急情况的处理，尤其应保证每一名班组成员熟练掌握触电现场急救方法。当引进新工艺、新技术、新设备时，班组技术员编写相应安全规程并组织专门的培训指导演示。此外，班组内基层管理人员应定期接受安全知识、现场安全管理、现场安全风险管控等知识培训，经考试合格后方可继续工作。

（二）努力营造班组安全生产氛围

班组的安全生产氛围会直接影响班组成员的行为习惯。良好的安全生产氛围能够促进员工相互交流工作经验、相互制止不安全的生产行为，进而逐渐养成安全生产的习惯。

班组通过每周召开一次安全生产会议，进一步提升班组的安全生产氛围。安全生产会议中，首先对近期各地发生的安全生产事故进行分析，让班组成员及时吸取近期安全生产事故的教训，举一反三提前发现自身生产中存在的危险点，将习惯性违章扼杀在萌芽中。其次，会议对上一周的生产工作进行总结，将前一段时间内暴露出的安全生产隐患及时向班组成员说明，同时点出班组成员发生的不安全生产行为，将习惯性违章扼杀在萌芽中。最后，安全会议上会对下一周的重点生产工作进行妥善的安排，提前分析潜在的安全隐患，做好风险管控。

（三）认真做好风险预控管理

班组在生产工作闲暇时，组织班组成员对隐患设备和差异化设备进行全面排查，并整理相关的设备台账，建立健全高风险隐患设备目录，为日后的风险管控打好基础。

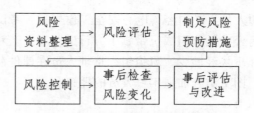

图1　变电站倒闸操作风险管控流程图

对于存在风险的倒闸操作任务，班组在接受倒闸操作指令后就需要开始完整的风险管控流程，包括隐患风险资料的整理，操作前进行特巡并进行风险评估，制定风险预防措施，倒闸操作中对风险进行控制，操作完毕后特巡检查隐患风险的变化，进行事后评估与改进。通过对隐患风险的全面控制，降低高风险倒闸操作任务安全事故发生的概率，保证电力生产安全进行。

（四）深化变电站标准化改革

从近期屡次发生的安全事故来看，多数事故的发生和变电站内的差异化设备有着密切的关系，这也是国家电网大力推行标准化变电站的重要原因。根据国家电网相关标准化文件指示，班组对变电站的标准化改革进行深入的探索实践，从设备、作业和管理三个层面同步进行变电站的标准化改革。

（1）设备层面标准化主要体现在设备命名的标准化和各种工器具的定置定位的精益化。在容易发生误操作的设备上张贴明显的警示标志，并制作简单明了的操作流程图，提醒运维人员提高警惕。

（2）作业层面标准化主要体现在各种标准化作业卡、巡视卡、运维卡以及风险管控卡的编制。标准化作业卡是以科学规划、安全法规和实际经验为依据编写的，是预防安全生产事故、提高生产效率的基础。

（3）管理层面标准化改革体现在明确各基层管理的安全职责划分，完善安全考核机制，从制度层面推动班组管理以及班组成员不断强化安全生产意识。

随着变电站标准化改革的不断深入，标准化的作业流程将降低员工的生产强度，并有效提高生产效率，同时降低安全事故发生的概率。

（五）做好班组管理模范作用

运维班组管理人员是变电站工作的直接领导人，时刻履行着班组安全管理职责，需要做好模范带头作用。

班组管理层最重要的便是要有扎实的业务技能水平，并与时俱进，保持先锋带头作用。一旦出现技术上的疑问，班组管理人员带头攻关，安全准确地解决问题，避免因技术原因而出现安全生产事故。同时，班组管理人员对安全生产相关规程熟记于心，在生产作业现场起到模范带头作用，及时为班组成员解答安全生产相关问题，为班组成员树立榜样。在日常工作中，班组管理对于不安全的生产行为需要抱着零容忍的态度，一旦发现立刻制止，将安全生产事故扼杀在萌芽中。

四、班组安全生产管理的建议

（一）加强班组文化氛围建设

班组文化氛围的建设应包含班组沟通、主人翁意识建设、班组凝聚力建设。

1.班组沟通是班组管理人员了解班组成员心理动态的重要途径

班组管理应定期在工作时间外开展集体活动，在轻松平等的环境中倾听班组成员真正的心声，了解班组成员的困难和思想波动，及时在工作中做出相应调整。

2.主人翁意识是班组需要重点培养的意识

班组管理应该及时让每一名员工都了解到班组的安全工作安排，适时地让每一个人都参与到班组管理的过程中来，将班组成员的思想从"我要安全"转到"大家要安全"上来，真正将班组的安全生产作为自己工作的一部分，相互督促，共同构建班组的安全生产氛围。

3.班组凝聚力是班组软实力的重要组成部分

班组管理应尤其重视班组凝聚力的建设，及时关心班组员工的工作动态和家庭动态。对班组员工细心关心，让每一名班组成员在生产过程中没有后顾之忧，提高安全生产效率。

（二）建立完善的安全激励机制

优秀的安全生产管理需要将安全教育和安全激励机制合理结合。班组应该建立合理的安全生产激励机制，保证员工在完成相应的安全生产工作指标的同时获得合理的安全生产奖励。在日常工作中，班组应该通过奖励机制鼓励班组员工识别危险点和发现安全隐患。实行以奖为主、以罚为辅、公开透明的考评机制，既有利于培养职工树立良好的工作作风，自觉控制不安全行为，又利于安全管理制度的建立和完善，真正做到有章可循。

（三）建立安全生产数据库体系

目前安全生产相关的设备数据虽然基本完整，但还没有进行系统性的分类汇总，还停留在即用即取的程度。建立安全生产数据库的目标是将所有设备的参数和缺陷进行连锁汇总，一旦发现隐患及时进行连锁反措。建立安全生产数据库，首先需要制定一个通用标准，由班组按照标准对本班组的隐患设备进行完善，然后做到多班组间联网、全市联网甚至全省全网联网，将同一类的设备隐患进行同步警示。安全生产数据库应该要做到在调用任何一台隐患设备的参数和缺陷的同时调取到数据库内同厂家、同型号或同批次设备的相关缺陷信息。班组可以结合相似设备发生过的缺陷或已发现的风险对该设备进行细致排查，减少巡视盲点，有效提高电力生产的安全性。

五、结论

变电运维的安全生产管理是电力生产管理中的核心环节，安全生产管理在安全生产保障和事故预防上发挥了不可忽视的作用。通过规范班组管理安全活动，建立安全奖励及安全持证上岗制度，借助安全生产风险管控及数据库体系，有效推动各项安全管理措施的执行和监督，不断提高班组安全生产水平。

参考文献：

[1]李建伟.班组安全生产管理分析与对策[J].农村电工，2015（7）：16.

[2]王建军.基层变电班组安全生产管理创新与实践[J].科技创新与应用，2012（9）：294.

[3]张良楼，徐凤.浅议做好电力安全管理工作的对策[J].经营管理者，2011（2）：155.

[4]韩金尅.加强班组管理 保证安全生产[J].电力安全技术，2010（10）：64—66.

电力员工的事故心理致因分析及危机干预

赵鲁臻　翁　晖　张国锋

（国网浙江省电力有限公司宁波供电公司）

摘　要：电力企业员工的工作环境、工作强度和其他行业有较大差别，设备和人身伤亡事故常有发生。了解和掌握电力基层员工的心理状态，建立事故安全心理状况评价的有效机制，并根据评价等级对员工进行心理疏导，对保障电力基层员工身心健康和电网安全稳定运行具有重大意义。

关键词：电力企业　心理状况　心理疏导　稳定运行

一、引言

长期以来，人们对电力安全生产关注更多的是技术与设备的可靠性，但是当技术的可靠性提高到相当程度，人的可靠性便凸显出来。依据国家电网公司2003—2012年人身伤亡事故通报，电力企业人身伤亡事件共计119起，伤亡人数158人。其中检修作业伤亡47人，所占比例高达56%。人的不安全心理状态如逆反心理、侥幸心理、从众心理与电力事故的发生密切相关。逐步改进检修人员存在的安全心理学问题，减少员工的不安全行为，分析和研究复杂系统条件下人的心理状况，避免事故的发生，对提高电力安全生产水平和生产效率非常重要。

二、电力生产中班组群体特征

班组是电力企业的最基层组织。班组成员的安全行为对保障和提高电力安全水平，实现电力企业的经济和社会效益至关重要。班组长在班组群体中占据比较核心的地位，是整个班组工作开展的关键节点。技术骨干处在核心位置与普通班组成员之间，其职位的升迁或降低，相应的作用会发生变化。升迁可能使其作用加强，降低也可能使其作用边缘化。工作中，许多外部因素会影响班组群体效率，包括群体规模、群体环境、群体目标、相互关系、相容性五个方面。

某供电公司变电检修班组共有成员24名，其中管理岗位7人，包括班组长、技术员、安全员；35周岁以下员工6人，50周岁以上员工11人。该群体成员的行为方式和思维方式有相似性，但是群体年龄呈现两极分化趋势，不排除群体成员间的融洽程度或差异性弱于专业相似性，成员间的冲突不利于班组群体效率。当某一项检修工作较为复杂时，班组青年员工的思维较活跃，老员工较成熟和稳重，这些成员间的差异性会使班组群体更容易适应工作环境的变化。

因此，当一个班组群体效率高时，反映了一个班组核心决策层的领导力，班组群体的凝聚力和良好的安全行为意识。它所形成的正向协同效应，又极大地促进了工作效率的提高。

三、事故心理分析

行为科学的理论指出，人的行为受个性心理、生理、社会、环境等因素的影响。因而，工作中引起人的不安全行为、造成的人为失误和"三违"的原因是较为复杂的。班组群体在分析个体的不安全行为时，应分清是生理的还是心理的原因，是客观的还是主观的原因。针对变电检修专业常见的工作内容，如变压器工厂化大修、断路器试验、开关柜安装、隔离开关大修等十项内容，抽取班组某位成员的调查报告，按百分比制作成表1，统计分析事故安全心理状况评价指标的对应等级。

表1　员工调查报告

评价对象	一级指标	二级指标	三级指标	统计的评价数据				
				很差	较差	一般	较好	优秀
事故安全心理状况	安全职业能力特征	认知能力	理解力	0	0	0	0.7	0.3
			判断力	0	0	0.2	0.6	0.2
			意志力	0	0	0	0.8	0.2
			注意力	0	0	0	0.9	0.1
			决策能力	0	0	0.3	0.5	0.2
		技术能力	操作熟练性	0	0	0.2	0.7	0.1
			操作稳定性	0	0	0.3	0.5	0.2
			操作准确性	0	0	0.1	0.6	0.3
			操作协调性	0	0	0	0.2	0.8
			操作连贯性	0	0	0	0.2	0.8
			反应能力	0	0	0	0.2	0.8
	安全职业心理特征	心理负荷	疲劳程度	0	0.3	0.5	0.2	0
			任务压力	0	0	0.4	0.6	0
			心理紧张	0	0	0.2	0.8	0
			工作满意度	0	0.2	0.4	0.3	0.1
			工作态度	0	0	0.2	0.5	0.3
			心理努力	0	0	0	0	1.0
			时间压力	0	0	0	0.7	0.3

根据表1所示，三级指标为单因素评价矩阵：

$$C_1^{(1)} = \begin{bmatrix} 0 & 0 & 0 & 0.7 & 0.3 \\ 0 & 0 & 0.2 & 0.6 & 0.2 \\ 0 & 0 & 0 & 0.8 & 0.2 \\ 0 & 0 & 0 & 0.9 & 0.1 \\ 0 & 0 & 0.3 & 0.5 & 0.2 \end{bmatrix} \quad C_2^{(1)} = \begin{bmatrix} 0 & 0 & 0.2 & 0.7 & 0.1 \\ 0 & 0 & 0.3 & 0.5 & 0.2 \\ 0 & 0 & 0.1 & 0.6 & 0.3 \\ 0 & 0 & 0 & 0.7 & 0.3 \\ 0 & 0 & 0 & 0.2 & 0.8 \\ 0 & 0 & 0 & 0.2 & 0.8 \end{bmatrix} \quad C_3^{(1)} = \begin{bmatrix} 0 & 0.3 & 0.5 & 0.2 & 0 \\ 0 & 0 & 0.4 & 0.6 & 0 \\ 0 & 0 & 0.2 & 0.8 & 0 \\ 0 & 0.2 & 0.4 & 0.3 & 0.1 \\ 0 & 0 & 0.2 & 0.5 & 0.3 \\ 0 & 0 & 0 & 0 & 1.0 \\ 0 & 0 & 0 & 0.7 & 0.3 \end{bmatrix}$$

根据已建立的安全心理状况评价指标的权重对二级指标进行评价。本文根据长期致力于电力企业安全研究的标准，按照自己的经验分别给各指标赋权，再取平均值为专家赋权的平均值，统计得到安全心理状况评价各指标的权重值（由于篇幅原因，不再对权重值计算进行说明）。权重：

$$A_1^{(1)} = \begin{bmatrix} 0.082 & 0.348 & 0.023 & 0.363 & 0.184 \end{bmatrix}$$

$$A_2^{(1)} = \begin{bmatrix} 0.141 & 0.126 & 0.410 & 0.036 & 0.046 & 0.241 \end{bmatrix}$$

$$A_3^{(1)} = \begin{bmatrix} 0.21 & 0.205 & 0.328 & 0.055 & 0.03 & 0.074 & 0.098 \end{bmatrix}$$

计算得：

$$B_1^{(1)} = A_1^{(1)} \cdot C_1^{(1)} = \begin{bmatrix} 0.082 \\ 0.348 \\ 0.023 \\ 0.363 \\ 0.148 \end{bmatrix}^T \begin{bmatrix} 0 & 0 & 0 & 0.7 & 0.3 \\ 0 & 0 & 0.2 & 0.6 & 0.2 \\ 0 & 0 & 0 & 0.8 & 0.2 \\ 0 & 0 & 0 & 0.9 & 0.1 \\ 0 & 0 & 0.3 & 0.5 & 0.2 \end{bmatrix}$$

$$= \begin{bmatrix} 0 & 0 & 0.114 & 0.6853 & 0.1647 \end{bmatrix}$$

同理得：

$$B_2^{(1)} = \begin{bmatrix} 0 & 0 & 0.107 & 0.4903 & 0.4027 \end{bmatrix}$$

$$B_3^{(1)} = \begin{bmatrix} 0 & 0.074 & 0.2806 & 0.5275 & 0.1179 \end{bmatrix}$$

通过上述计算得：

安全职业能力特征的判断矩阵为：

$$R_1 = \begin{bmatrix} 0 & 0 & 0.114 & 0.6853 & 0.1647 \\ 0 & 0 & 0.107 & 0.4903 & 0.4027 \end{bmatrix}$$

安全职业心理特征的判断矩阵为：

$$R_2 = \begin{bmatrix} 0 & 0.074 & 0.2806 & 0.5275 & 0.1179 \end{bmatrix}$$

权重 $A_1 = \begin{bmatrix} 0.63 & 0.37 \end{bmatrix}$ ，$A_2 = \begin{bmatrix} 1 \end{bmatrix}$

计算得 $B_1 = \begin{bmatrix} 0 & 0 & 0.1114 & 0.6132 & 0.2528 \end{bmatrix}$ ，

$$B_2 = \begin{bmatrix} 0 & 0.074 & 0.2806 & 0.5275 & 0.1179 \end{bmatrix}$$

同理，赋予一级指标权重 $A = \begin{bmatrix} 0.55 & 0.45 \end{bmatrix}$ ，则：

$$B = \begin{bmatrix} 0 & 0.0333 & 0.1875 & 0.5746 & 0.1921 \end{bmatrix}$$

经相关专家建议，我们取评价等级范围的中值作为C的取值，即

$$C = \begin{pmatrix} 10 & 30 & 50 & 70 & 90 \end{pmatrix}^T$$

最终得分：$W = B \cdot C = 67.885 \approx 67.9$

四、评定等级

安全职业能力特征最终得分：

$$W_1 = \begin{bmatrix} 0 & 0 & 0.1114 & 0.6132 & 0.2528 \end{bmatrix} \cdot \begin{bmatrix} 10 & 30 & 50 & 70 & 90 \end{bmatrix}^T$$
$$= 71.246 \approx 71.2$$

同理：

安全职业心理特征最终得分：$W_2 = 63.786 \approx 63.8$

认知能力最终得分：$W_1^{(1)} = 68.494 \approx 68.5$

技术能力最终得分：$W_1^{(2)} = 75.914 \approx 75.9$

心理负荷最终得分：$W_2 = 63.786 \approx 63.8$

表2 评语等级对照表

等级评语	很差	较差	一般	较好	优秀
分数区间	0~20	20~50	50~65	65~90	90以上

表3 某员工安全心理状况总评表

评价对象	得分	评语等级	一级指标	得分	评语	二级指标	得分	评语等级
事故安全心理状况	67.9	较好	安全职业能力特征	71.2	较好	认知能力	68.5	较好
						技术能力	75.9	较好
			安全职业心理特征	63.8	一般	心理负荷	63.8	一般

由表3可以看出，该员工事故安全心理状况处于较好层次水平。其个体认知能力和技术能力处于较好层次水平，但心理负荷处于一般水平。根据评价，查询该员工近一年的安全生产状况，有过两次现场安全违规作业，无设备事故。说明该员工对现场工作的理解程度及操作能力较好，但是存在心理不安全致因，导致出现违规现象。这与总评结果基本一致，认为该综合评价方法的应用是可行的。

五、员工心理危机干预

针对上述员工的综合评价，心理负荷是该员工保证现场安全生产的最大障碍。具体分析，疲劳程度和工作满意度较差，工作压力较大。班组管理层应从大局出发，解决员工心理危机问题。

（一）展开员工心理疏导和职业安全教育

建立人文关怀和心理疏导长效机制，通过定期召开心理恳谈会、网络问卷调查等形式，充分给予班组员工表达想法、袒露情感的机会，保证心理情绪交流渠道畅通。对于工作现场有过违章行为、有事故发生心理阴影的特殊员工，要建立特殊员工心理档案和动态评估机制，有针对性地施以正面的教育和引导，避免沟通出现隔阂。

基层班组建议公司党团及工会等部门开展形式多样的心理健康专题讲座，或者邀请公司劳模和技术能手到班组交流互动，探讨职业生涯规划、工作与家庭方面的问题，进行心理疏导。还可以举办一系列体育活动赛事，丰富广大员工的业余生活，减轻工作带来的压力。

另外，公司可以在中青年职工中间举办提高工作技能的学习班，为职工的技术提升、工作潜能开发创造良好基础，增加个人成就感。

（二）实施针对性安全承载力管控

班组根据公司制定的《生产承载能力预控管理办法》，量化班组承载力的核定工作。在安排工作时，既要考虑每位班组人员的综合能力，又要考虑工作负责人和工作班成员数量间的纵向配比。

针对不同的风险区域，辨别提出风险来源和针对性管控措施。班长要强化专业间、部门间、上下级间的联动管理，确保班组工作人员能层层落实现场风险管控。

将班组承载力与公司年度计划任务进行最佳匹配，使作业人员既能完成生产任务，又面临最小的安全风险。长此以往，可以减轻班员的心理负担，提升他们的工作自信度。

（三）强化事故分析，减轻工作压力

电力事故多发生在春秋季节，工作开始后1小时和结束前1小时容易发生安全事故。因为春秋季节检修任务繁重，工作开始后1小时和结束前1小时这个时间段是员工放松现场安全警惕的关键时间节点。这些事故发生的规律应在班组一周安全例会时反复强调。班组管理人员在安全例会中应对本周工作进行危险点告知和技术指导，合理安排工作，充分做好开工前准备工作，减少工作现场不确定因素给工作班成员造成的心理压力。

六、结论与工作展望

本文抽取某变电检修班组一位员工的工作调查报告，进行事故安全心理状况评价。将评价结果等级与该员工一年来的现场工作状况对比分析，认为这种心理综合评价方法可行有效，值得推广。针对员工综合评价体系中心理负荷障碍，提出了几点建议，希望可以改善电力基层员工的心理状态，减少工作压力，强化工作现场安全，保障人身和电网的安全。

不足之处是实验条件和相关数据限制性，心理学指标体系中的样本数量应进一步补充，以修正指标权重数值。另外，针对解决员工心理危机的策略，还不够全面，应进一步丰富和充实。

参考文献：

[1]张一纯，王蕴，陈葵稀.组织行为学[M].北京：清华大学出版社，2009.

[2]孙多勇.突发事件与行为决策[M].北京：社会科学文献出版社，2013.

[3]陈俊.电网企业员工心理健康问题的产生和有效疏导[J].人力资源管理，2010（12）：60—61.

[4]梁金骏.企业管理中的心理管理[J].经营管理者，2009（16）：112.

[5]陈红.中国煤矿重大事故中的不安全行为研究[M].北京：科学出版社，2006.

[6]张必应.从一起事故谈煤矿班组建设[J].安全与健康，2009（1）：22—23.

第三方施工现场标准化管理在天然气管道保护工作中的应用*

陈　煜　王艺洁　章良娣

（宁波兴光燃气集团有限公司管网管理分公司）

摘　要：第三方破坏是城镇天然气管道事故的重要原因之一。本文结合天然气管网巡线工作经验，分析第三方施工现场管理难点，介绍了第三方施工工地标准化管理体系，为天然气管道保护工作提供借鉴。

关键词：天然气　第三方施工　标准化管理

一、引言

随着社会经济的发展，天然气的应用越来越广泛，城镇天然气管道遍布大街小巷，同时由于城市建设的加快，电力、热力、通信、供水、排水等管线工程、市政道路的拓宽维修、房屋建设及近年来快速发展的城市地铁工程等各类施工越来越频繁、越来越密集，对城市天然气管网的安全运行造成极大的威胁。据统计，近年来国内的室外燃气管道事故约50%为第三方施工破坏造成。因此，对第三方施工工地的管理成为天然气管道保护工作的重中之重。

二、第三方施工现场管理难点

一是管理制度不健全。长期以来，对第三方施工现场的管理没有规范化的制度，巡线人员无法可依、无据可循，对施工现场的管理全凭个人经验及师徒间口口相传的老办法，粗犷的方式方法使第三方施工现场的管理存在较多的疏漏：如只要求外来施工单位配合擅自施工，或无视保护协议内容、野蛮施工，在燃气管线及设施保护范围内机械开挖；再比如，巡线人员在巡查过程中不与施工方进行有效的沟通，对地铁、城市快速路改造等施工工期长、施工项目多、施工人员流动性大、施工工艺复杂的大型工程，巡线人员无法及时准确地掌握现场施工动态，无法在燃气管道及设施保护范围内及时进行旁站监护。

*本文刊登于《城市燃气》2017年第10期，第19—21页。

二是巡线人员专业技能参差不齐。部分巡线人员文化水平不高，专业技能欠缺，不能识别所有的危险源、隐患点，没有采取正确的保护措施。

三是由于部分管线图、实不符，导致巡线人员对施工人员的管位交底不准确，施工过程容易引起误伤管线。

三、建立第三方施工现场标准化管理体系的必要性

施工现场管理标准化就是将现场管理工作内容具体化、定量化、统一化，把现场巡查内容和检查方法等转化为工作标准，实现现场"规范化"、布局"科学化"、培训"经常化"。针对第三方施工现场管理中的难点及问题，我公司管网管理部门专门制定了一套第三方施工现场标准化管理体系，包括预防燃气管道设施第三方破坏巡线管理操作手册、第三方施工现场三级管控系统、巡线人员绩效考核制度及施工现场标准化管理相关内容。这一管理体系既有对发现施工现场到该第三方施工完工过程的每一个操作步骤、管理要点的详尽说明，也有提高巡线人员专业技能和提高巡线人员责任心及工作积极性的有效措施，多部门协同作战、各部门相互配合、相互监督、相互落实，从多方面入手促进巡线人员对第三方施工现场进行更加有效的管理。

（一）预防燃气管道设施第三方破坏巡线管理操作手册

1.第三方施工现场管理基本范畴及要求

第三方施工现场巡查划分片区，责任落实到人，各片区设片区负责人1名。施工现场的巡查频次不少于1次/天，巡查人员的配置应有便携式测漏仪（PPM级）1台，以及工具包，内含宣传保护资料、安全警示标识（喷漆等）、《地下燃气管线现场安全交底意见书》、《燃气管道及设施安全保护协议》、《违章施工停工通知单》、《施工现场巡查（监护）原始记录》、图纸、燃气规范及相关制度、记录本、笔、阀井钩、安全帽、外勤通手机。巡查内容包括：在燃气管道附近新建或拆迁中的楼宇；在燃气管道附近受损毁的围栏、建筑物及设施；道路回填后的地面下沉迹象以及有大型车辆经过路线和存在不寻常负荷的第三方施工现场；埋设过浅的燃气管道、土地修葺或树木种植；机械挖掘、打桩、顶管等方面的施工现场等。

2.巡线管理操作程序与步骤

第三方施工现场管理分为施工现场开工前准备工作和巡查施工现场两个阶段。

（1）施工现场开工前准备工作。发现新施工现场后，巡线人员对该现场范围内是否有埋地燃气管线进行判断，如有，则要求对方签订《燃气管道及设施安全保

护协议》（以下简称保护协议），并提供具体的施工范围，巡线人员根据施工方提供的施工范围查阅、复印相关管线竣工资料，识别施工范围内的危险源并制作现场危险源辨识台账，同时，巡线人员联系第三方施工方及分公司测绘小组，约定具体时间到现场进行安全交底。

巡线人员在安全交底时，应根据现场危险源辨识台账设置警示标识，划出管线安全保护区域，并拍照留存。随后，巡线人员发放安全宣传资料，进行安全宣讲，并与施工方签订《地下燃气管线现场安全交底意见书》。

（2）巡查施工现场。做好上述前期准备工作后，巡线人员将现场危险源辨识台账提交分公司安技科及110抢修中心。该现场正式纳入标准化现场管理体系。安技科及110抢修中心收到现场危险源辨识台账后，启动第三方施工现场三级管控机制，见图1。

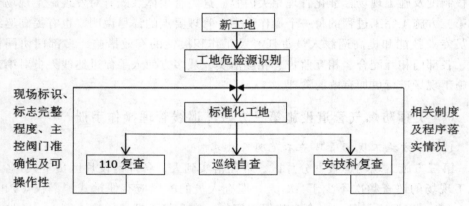

图1　第三方施工工地三级管控体系图

巡线人员对施工现场进行每日巡查，查看施工区域内警示标示、保护区域标识是否完整，如有缺失及时进行增补；了解施工进度及施工工艺等情况，并采取有效的保护措施；督促施工单位按照保护协议落实各项燃气管线保护措施；阻止施工单位有可能危及燃气设施和安全警示标识的行为；发现有安全隐患时，要求施工单位立即停止施工，并签发《违章施工停工通知单》，要求施工方进行整改。巡线班负责人对各个现场进行自查，检查各项工作是否落实到位。

110抢修中心到现场进行复查，重点检查施工现场警示标识、标志是否完整，巡线人员制定的现场危险源辨识台账中涉及的主控阀门是否准确，主控阀门是否存在被埋、被占压等情况，如遇突发情况，主控阀门是否具有可操作性。

同时在整个施工现场管理期间，安技科随时对各个现场进行抽查，检查各项规章制度及管理程序是否落实到位。110抢修中心及安技科检查中发现的问题及时反馈给巡线人员并督促巡线人员进行整改，巡线人员也应及时向110抢修中心及安技科回馈整改情况。

施工结束后，巡线人员将前期准备工作中制作的现场危险源辨识台账、签订的保护协议等，以及整个施工现场巡查过程中填写的各种记录单、拍摄的照片汇总，建立以第三方施工项目为索引的管道保护台账存档。

（二）巡线人员培训、绩效考核及"标准化巡线评比"活动

为了提升一线巡线人员的专业能力，我公司根据巡线人员的实际情况，制定了有针对性的培训课程，如：燃气管线竣工图识图培训、专门针对第三方施工现场管理的培训、第三方施工现场应急桌面推演。为增强巡线人员责任心，我公司制定了以"避免管线第三方损坏事故发生"为目标的绩效考核方案，绩效考核的目标和各类指标与巡线人员个人的年终奖挂钩，以激励为主，奖勤罚懒，梳理分公司企业文化价值导向。同时，促使巡线人员在日常工作中标准化作业。

四、结束语

建立和完善天然气管道标准化管理体系，是保证天然气管道系统长期、稳定、安全运转的必要手段。第三方施工现场标准化管理体系是在总结了大量一线巡线工作经验教训的基础上制定的，在落实应用的过程中，巡线人员及其他各部门人员应发挥主观能动性，不断深入、探索并勇于创新，通过实践发现不足予以改进。我公司自实行该管理体系以来，第三方施工导致的燃气管道事故率得到了控制并呈现下降趋势。安全是企业的生命线，尤其是城市燃气管网的安全运行关系着千家万户的平安，我们需要不懈地努力，寻找更先进的技术和管理办法，为人民群众的生命财产安全保驾护航。

参考文献：

[1] 胡灯明，骆晖. 国内外天然气管道事故分析 [J]. 石油工业技术监督，2009，25（9）：8—12.

浅析核电厂人因失误事件与预防

周茂江

（中核核电运行管理有限公司）

摘　要： 文章通过大量人因失误事件案例，对核电厂人因失误事件的发生原因进行了简要分析，总结出一些可能增加人因事件概率的潜在因素，并结合自身工作经验，给出了一些减少人因失误事件概率的建议，希望对减少核电厂人因失误事件的发生能起到积极、有效的作用。

关键词： 人因事件　经验主义　预防　防人因失误工具

一、人因失误事件

人因失误事件，顾名思义，可以理解为因人的固有特性和缺陷，所导致的和期望的或规范的行为标准有偏差的行为而产生的失误。以近年来世界核电行业及航空航天领域发生的几起重大事故为例，其原因都直接或间接与人因失误有着密切的关系。人因失误是导致事故发生的重要贡献因子或主要原因。如：1979年3月28日美国三哩岛核电站事故、1986年1月28日美国挑战者号航天飞机失事、1986年4月26日苏联切尔诺贝利核电站事故，以及1999年11月美国火星气象卫星坠毁事故。

根据统计，在包括核电在内的各行业中，人因事件比例占比极高。WANO对1993—2002年共940份事件分析报告进行的统计和分析发现，人因事件总数有551件，占940份事件分析报告的58.6%；在所有航空事故的统计中，涉及或直接由人因导致的事件占90%以上；海上航运发生的事故中也有80%—85%是人因导致的。这样的数据揭示了人的因素在安全事件中起着关键的作用。安全问题，说到底就是人的问题。

在核电行业的发展过程中，已经积累了大量的人因失误事件，并将会持续出现。如何将核电厂发生人员事件的概率降到最低，是值得我们每个人深思的问题。

二、人因失误事件诱因

人因事件的发生导致一道道安全屏障被突破，它包含各种原因，且事件的发生往往并非单一诱因的结果，总是各种因素叠加所致。总结起来，这些原因包括了工作量大、时间紧迫等客观因素，以及习惯性思维、经验主义等主观因素和人因工具使用不到位等等。

（一）工作量大、时间紧迫

由于人的固有属性，使其不能像机器一样，可以完成大量频繁的机械性工作，且不出现差错。当某个人遇到工作量大、时间紧迫的工作时，必然导致其主动性和思维能力下降。同时，时间紧迫感会降低人发现异常的能力，使人因事件发生概率大大增加。

换料大修是核电厂生产活动中的一个重要环节，具有时间紧、项目多、工作量大、机组状态变化频繁等特点。参与大修人员数量众多，成分复杂，参与时间不一。工作量大，时间紧迫势必导致人因事件上升。图1为国内某核电厂人因事件比例分布图。

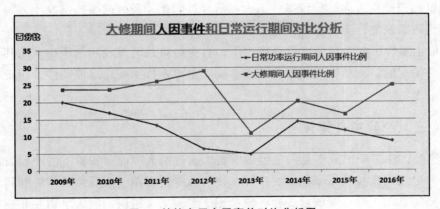

图1　某核电厂人因事件对比分析图

由图可知，该核电厂历年大修期间人因事件数量比例均高于日常功率运行期间的比例，以2012年为最。从近几年来看，日常功率运行期间人因事件数量总体呈下降趋势，大修期间有上升趋势，且2016年大修人因事件比例有大幅升高。查阅具体数据，高级别事件包括人因事件集中爆发。

以上数据充分说明工作量增大、时间紧迫等会增加人因事件发生的概率。

（二）习惯性思维

习惯性思维，在生产实践中好比一把双刃剑，使用得当，可以对生产生活带来积极的影响；使用不当，会带来极其恶劣的消极影响。因为人的固有属性，当某个人处于一种惯性思维中时，如果没有他人给予积极的纠正，自身很难发现问题，往往带来消极影响，进而导致事故恶化而无法及时缓解。

以国内某核电厂为例。2017年1月23日，某核电厂汽轮机组轴封系统出现异常，轴封蒸汽压力骤降，3台低压缸轴封系统运行异常。凝汽器真空随之变差，机组核功率急剧上升至99.8%。由于热功率上升接近功率限值，且凝汽器真空继续变差无好转现象，当班操纵员手动快速降功率后机组稳定。现场操纵员对轴封系统进行紧急干预调节，轴封压力恢复正常，机组重新升至满功率运行。

事后调查发现，事件起因为主轴封供汽调节总阀调节能力差导致汽轮机轴封系统出现异常降低，主控发现后及时安排现场人员主动干预。在干预过程中，现场操纵员手动调节阀门时多次敲击方向错误，导致阀门一直往关闭方向动作，轴封蒸汽几乎丧失，凝汽器真空恶化。多次调节过程中，在惯性思维作用下，现场操纵员并没有意识到其操作行为是在关闭阀门。当得知轴封压力丧失后，仍未及时调整阀门动作方向，导致事件扩大。后经过纠正，及时改变阀门操作方向，轴封蒸汽逐渐恢复，事件缓解。

以上事件可知，在惯性思维作用下，自身很难及时发现问题所在。尤其是出现异常情况时，人员会受到紧张情绪影响，很难发挥主观思维能动性，纠正自身错误。

（三）经验主义错误

经验，在工程实践中是一笔宝贵财富。通过前人或前事积累下的经验教训，可以为后续工程实践带来积极的指导，使后者少走弯路，为后续工作的顺利开展打下坚实基础。但过度依赖经验，便会犯下经验主义错误。因为事物并非一成不变，而是处于不断变化发展过程中的。

以国内某核电厂为例。2017年2月25日下午，某检修公司员工持票进行1TEG001CO膜片式空压机年检及润滑工作，工作负责人验证电隔离后进入现场，走错间隔至2TEG002CO空压机，并误拆除进出口管道法兰螺栓，主控出现9TEG501AA，三废控制室出现9TEG006AA，KIT洪伟2TEG024EC报警，主控广播通知工作负责人停止工作。机械部QC人员现场检查发现工作组走错间隔，询问主控后恢复2TEG002CO设备螺栓，主控充气后保压无异常。

事后调查发现，工业安全人员第一次对2TEG002CO排气管道法兰螺栓7—8cm处测氢，仪表"爆表"，已是异常现象。但工业安全人员通过将测量探头往后移动一些，仪器读数逐渐变小，就结合"以往经验"判断，应该是系统残气。忽视了测量数据异常，未对异常提出质疑，导致未能及时发现拆错了设备的失误。

事件中经验主义导致又一道屏障被突破，引起了一次走错机组间隔的人因事件的发生。

（四）防人因工具使用不到位

防人因失误工具是人们在生产实践过程中开发出来的，积极正确使用可以有效减少人因事件的发生。通过人因工具的有效使用，可以大量降低人因事件发生的概率。但因为各种因素的存在，人员往往并不能完全积极、主动、正确地使用防人因工具。

比如2016年12月6日，国内某核电厂项目调试部电气队工作负责人完成对3号消弧线圈控制屏进行接地次数清零的相关工作，准备恢复3LBA6131JA到初始状态"断开"时，误断相邻的抽屉开关3LBA6111JA，导致4个接触器3LGE106/107/108/109JA跳闸，3ATE002/03PO等重要设备失电，失去运行功能。

事后调查发现该工作过程中人员存在多项失误，如监护人员未能正确履行职责，即监护防人因失误工具未正确使用。同时，操作人员并未仔细核对操作对象，即明星自检防人因失误工具使用不到位。

三、如何减少人因失误事件的发生

人因事件的发生既和客观的时间紧迫、工作量大密切相关，又与主观思维存在一定联系，我们应从这两方面入手，着手减少其发生的概率。同时，因为在工作实践过程中总结出的防人因工具对人因事件的发生能起到很好的预防作用。应加大防人因失误工具的切实应用，以减少人因事件的发生。

（一）减少导致人因失误事件的客观诱因

既然工作量大、时间紧迫会导致人员主动性和思维能力下降，我们应合理安排工作，从源头上消除此两项因素带来的不利影响。

时间紧迫可以通过合理安排开工时间，尽可能给出足够工期，让工作人员有足够时间来完成工作。如果确实无法做到给出足够时间，比如技术规范限制、机组状态或设备状态限制，可以通过提前做好准备工作以及加派人手等方面改善。

另一方面，工作量大导致的人因概率增加事件可以从合理均分工作、增加工作周期或加派人手等方面，以减少工作量大给工作人员带来的心理压力与体能压力。核电厂大修期间的工作量普遍较大，我们可以将一些可放到日常进行的工作放到非大修期间开展，错开大修时间，减少大修工作量，从而降低人因失误概率。

（二）避免惯性思维和经验主义

主观惯性思维和经验主义会降低人员的主观能动性和思考能力，从而增加人因事件的风险。

因此，每当一项工作开始前，工作人员应始终做到把它当作一项新的任务来处理。开工前通篇熟读规程、文件和图纸，做到心中有数。再适当结合自身工作经验，或利用他人经验，避免重犯之前出现过的错误，同时又可避免盲目自信带来的不利影响。

（三）强化防人因失误工具的正确运用

防人因失误工具是在工程实践过程中发展起来的，是指能预防人因失误的个体或集体的行为方式、工作方式或思维方式。秦山核电地区防人因失误工具有以下11个：自检、他检、监护、独立验证、三向交流、遵守/使用规程、工前会、工后会、质疑的态度、不确定时暂停、2分钟检查。

无数事例证明，每一次人因事件的发生，都伴随着某项或某几项防人因工具使用不到位。我们应从以下几方面做到防人因失误。

1.加强防人因失误工具培训

核电厂应组织相关培训部门通过课堂授课，班组集中自学，网页自行演练等多种方式相结合的培训模式，让员工可以被动和主动地去学习和掌握防人因失误工具的具体内容和含义。通过不断地培训和使用，员工应能做到灵活自如的运用防人因失误工具。

2.加强防人因失误工具实践应用

实践中，不但要让员工了解防人因失误工具的内容及含义，还应让每位员工，尤其是新员工有实践练习的机会。利用已经发生的人因事件或人为编制陷阱，通过开发相关演练防人因失误工具的实践活动，让员工在演练中学会使用防人因失误工具。

3.适当的奖惩结合

核电厂可以适当建立相关制度，建立先进典型。对于积极使用防人因失误工具，利于核电厂安全稳定运行的重大事例给予一定奖励，提高人员积极性。同时，对不正确使用防人因工具导致的人因失误事件给予一定的处罚，提高工作人员的使用积极性。

四、案例分析

核电厂防人因失误工具的准确运用，可以降低或避免人因失误事件的发生；相反，如不能正确运用防人因失误工具也可能导致人因事件的出现和加剧人因事件的后果。以下举两个例子予以说明。

案例一：2016年5月3日，某核电厂运行人员按计划执行T1SAP001试验，试验中主控操纵员和现场操作员未严格执行程序，将1SAP001/002CO同时置于"试验"位置，产生了1SAP001/002CO同时不可用，违反了运行技术规范的相关规定。

事后调查发现，T1SAP001程序共分为6个步骤，每个步骤前主控操纵员应通过电话向现场操作员下达操作指令，现场操作员在执行完毕后应通过电话向主控操纵员汇报。正常试验过程中至少应进行6次电话沟通，这些电话沟通属于操作指令，在程序中设置有打钩框。本次试验过程中仅仅在试验开始前现场操作员电话告知主控操纵员即将开始试验，试验过程中并未按程序要求进行必需的电话沟通和打钩确认，执行程序跳项，违反遵守/使用规程防人因工具要求。此次事件过程中，如果现场人员能严格使用违反遵守/使用规程防人因工具，完全可以及时发现问题，避免此次事件的发生。

案例二：2016年5月25日下午，某检修公司员工持票进行1TEG001CO膜片式空压机年检及润滑工作，工作负责人验证电隔离后进入现场，走错间隔至2TEG002CO空压机。工作人员到达现场后发现设备无标牌，遂联系主控安排人员核对。运行人员到达现场后发现该设备为2TEG002CO，与工作负责人工作对象不符。工作负责人重新到达1TEG001CO开工。

事后调查发现工作负责人到达现场时并没有仔细核对机组号，只是习惯性地认为这是正确机组，便进入设备房间，自检和监护均不到位，未能正确使用防人因失误工具。同时，发现现场无标牌后，不确定时暂停，及时通知主控核实。不确定时暂停这一防人因失误工具的运用，又避免了错误的进一步扩展，及时制止了事态的发展。

　　由前可知，每一项防人因工具都为避免人因事件的发生带来了积极影响，构筑起了防止人因事件发生的一道道屏障。正确运用防人因失误工具，将可以避免各类人因事件的发生。

五、小结

　　因为人的固有特性和缺陷，在生产实践过程中，不可避免地会出现各类诱因导致的人因失误事件。但是，通过各种客观条件的改善，以及强化工作人员对防人因失误工具的正确运用，可以将人因失误事件发生的概率降低，从而减少或避免人因失误给生产、生活带来的不利影响，为核电机组安全稳定运行打下坚实基础。

参考文献：

［1］中国核工业集团. 核电厂人因管理基础［M］. 北京：原子能出版社，2010.

安全示范班组的创建示例*

何彭君

（杭州钢铁集团有限公司）

摘　要：班组是企业的细胞，是企业的最基层组织，班组安全是企业安全的基点。本文以杭州钢铁集团有限公司开展"安全示范班组"创建活动为例，在如何落实安全生产责任，开展班组安全管理活动，实现班组安全管理标准化等方面，系统地提出了实施步骤和对策措施，取得了较好成效，创建模式对于其他企业安全生产也具有很好的借鉴作用。

关键词：大型企业　班组安全管理　安全标准化

一、引言

班组是企业的最基层组织，是加强企业安全管理的基础和前沿阵地。大力推进班组安全建设，抓住企业安全生产关键环节，对及时排查治理隐患、有效落实岗位安全作业标准、防范安全生产事故发生具有重要意义。杭州钢铁集团有限公司始建于1957年，至2015年成为浙江省最大的钢铁联合企业，有炼铁、焦化、转炉炼钢、电炉炼钢、中型材、棒材、小型材、热轧带钢、高速线材、发电等工艺和产品。经过50多年的发展，其已经成为一家以钢铁、贸易流通、房地产为核心业务，环境保护、酒店餐饮、科研设计、高等职业教育、黄金开采冶炼等产业协调发展的大型企业集团，有各行各业的班组1200多个。为实现班组安全管理制度化、规范化，实现班组"零事故、零缺陷、零违章"，把企业安全生产工作重心下移到现场、关口前移到班组，通过创建"安全示范班组"活动，定指标，提要求，以"树立一个、示范一片"的要求，引导和推动了班组自主安全管理能力，通过班组人人平安实现企业安全生产。

---

*本文刊登于《事故预防与风险管理的理论与实践——2018安全科学与工程技术研讨会论文集》，化学工业出版社2018年版。

二、创建基本要求、目标任务与方法

（一）创建基本要求

创建"安全示范班组"活动要以深入开展"反违章"活动这一主线，把"安全第一、预防为主、综合治理"的安全生产方针落到实处。通过开展创建"安全示范班组"活动，不断提高班组安全管理水平，提高职工安全素质和自我保护能力，做到"我不伤害自己，我不伤害别人，我不被他人伤害，我保护别人不受伤害"，逐步实现班组安全管理标准化，为保持公司安全生产健康平稳态势发挥积极作用。

（二）目标任务

把安全生产方针、政策、法律法规和公司的各项安全生产制度、规章、岗位安全作业标准、安全规程落实到班组的生产、管理、技术的各个方面，落实到所有环节、所有岗位和所有人员。在保障职工健康安全的前提下组织生产工作。通过开展"安全示范班组"创建活动，健全和完善岗位安全生产责任制，促进班组安全生产实现标准化、规范化和制度化，杜绝"三违"，及时发现和消除各类事故隐患，努力实现安全生产零事故。

（三）创建方法

1.重要意义

2010年12月，国家安监总局和全国总工会等单位在人民大会堂召开了推进班组安全建设工作专题会议，国务院副总理张德江在会上做了重要讲话。近年来，公司贯彻落实党和政府的一系列安全生产重要指示，积极开展职业健康安全管理体系和安全标准化工作，加强现场危险控制，公司安全生产呈现出总体稳定的发展态势，但一些重大险肇事故和重大事故隐患以及"三违"行为仍时有发生，造成这种不安全状况的原因很重要的一条，就是安全基础工作不够扎实，班组安全管理呈薄弱趋势，部分员工安全素质差，全员安全责任和措施没有真正落到实处。切实抓好班组建设，确保班组安全，是公司整个安全工作的重要组成部分。实现班组规范化管理、标准化建设，是强基固本、夯实安全管理基础，推动各单位安全发展的关键环节。加强班组建设，是减少"三违"、防范事故的有效途径；加强班组建设，是坚持以人为本、构建和谐企业的基本要求。

2.总体要求

要站在强化安全基层基础管理、提升班组管理水平和维护职工生命健康权益的高度，充分认识学习推广"安全示范班组"的重要意义，并学习借鉴"白国周班组管理法"的先进理念，将其作为加强企业班组建设、促进企业安全生产的重要手段和方法，结合实际，学习推广和应用。要采取重点指导、树立典型、整体推进的方法，加强班组安全生产建设的组织领导，按照《安全示范班组达标考核细则》的要求，建立完善班组安全生产管理体系，规范班组长管理，加强班组现场安全管理、安全文化建设和教育培训工作，提高隐患排查治理的能力，提高班组现场应急处置和自救能力。

3.宣传贯彻

一要成立行政一把手为负责人的创建活动领导小组，制定创建任务量化内容和详细的考评细则，确保"创建"活动的效果；安全示范班组创建工作要做到有方案、有落实、有检查、有考核、有评比。二要广泛宣传创建活动的重要意义和创建内容，学习优秀管理办法；认真组织学习《安全示范班组达标考核标准》，做到班组长切实掌握创建工作要求。在此基础上，要求各车间认真分析各个基层班组、各个工种岗位的现状和问题，找出差距，在"严、细、实、真、干"上下功夫，落实细节抓推广。三要充分发挥安全生产党政工团齐抓共管的优势，把各项组织活动开展到班组，不断加强班组建设。要把"安全示范班组"创建工作作为干部挂钩班组活动一项考核内容。四要把安全管理的重心下移到班组，切实提高班组安全建设和管理水平，努力构建"人人都是安全员，天天都是安全日"的监督机制，建立全方位、全天候、全过程的安全防控体系。

4.自查、改进和提升

第一季度要做好动员和实施方案制定工作，并选取本单位一线作业安全风险高，人员结构层次多，安全管理难度大且有一定安全管理基础的班组列为重点推广对象；第二、三季度重点抓好方案的实施工作，在创建过程中，一定要选树典型，营造创建安全示范班组的强大氛围。加强对典型班组的工作指导和宣传推动，组织开展班组建设先进经验交流活动，以点带面，全面推进，并组织一次初检工作；第四季度重点抓好"创建"活动和安全示范班组申报和验收评选工作。

5.评选表彰

对符合要求的班组授予"安全示范班组"荣誉称号，并对单位和班组予以一定的奖励。

三、安全示范班组达标考核细则

（一）班组安全管理体系（35分）

1. 建立、健全班组、岗位安全生产责任制（5分）

班组长是班组安全工作的第一责任人，对班组安全工作全面负责。每个岗位每个人在安全工作中都有明确的具体任务、责任和权利。不符合扣5分。

班组必须设1名兼职安全员（也可以班组长兼任），协助班组长全面开展班组的安全管理工作。不符合扣2分。

班组有多项作业时，明确每项工作的负责人即为安全负责人。不符合要求扣1分。

班组实行安全轮流值周（日）制度，除学徒工（见习期）外，每周（日）轮换1人进行安全值日，安全值日员的主要任务是协助班组长、安全员开展好周（日）的安全工作。不符合扣1分。

认真落实"一岗双责"各项工作要求。不符合扣1—3分。

2. 建立完善班组安全生产管理规章制度（5分）

主要包括：（1）班前会制度；（2）交接班制度；（3）安全检查与隐患排查治理制度；（4）事故报告和分析制度；（5）班组学习制度；（6）现场安全文明生产制度；（7）设备操作规程、检修维护操作规程、工艺技术操作规程、安全操作规程、重要岗位操作票制度；（8）安全奖惩制度；（9）放射、危化等特殊岗位相关制度。未建立扣1分/项。各单位根据实际情况还可以建立：安全标准化管理制度；班组和各岗位安全评估制度；月度安全工作要点等，加1—2分。

3. 积极开展岗位危险源辨识控制工作，推行班组安全生产风险预控管理（15分）

班组各岗位、各工种作业程序、作业活动划分清晰、充分，主要作业活动没有明显漏项。程序不明、作业活动划分不清晰、作业活动排查有漏项扣1—3分。

各岗位、工种危险源辨识充分，覆盖本岗位、本工种所有作业活动、所有设施，并填写班组《岗位危险源辨识排查表》。危险源辨识不充分、未正确填写排查表扣1—3分。

危险源风险评价合理，符合公司危险源辨识指导意见和危险源辨识、评价、控制程序文件要求，填写《危险源辨识与风险评价汇总表》。风险评价不合理、控制对策不到位扣1—3分。

每季度开展岗位危险源辨识工作，及时发现岗位、作业活动过程中存在的危险源，尤其是在生产工艺、设备设施、人员变化及发生事故等变化因素出现后，要及时开展针对性危险源辨识工作，完善岗位安全作业标准。不符合扣1—3分。

根据《杭钢集团公司岗位安全作业标准基本规范》，在岗位危险源辨识、风险评估的基础上，制定各岗位、各工种的安全作业标准，实行风险超前预控，提高员工对生产作业中出现的各种不安全因素的认知和防范能力。不符合扣1—3分。

4.加强班组安全信息管理（5分）

班组要做好班前班后会安全信息记录，认真填写事故、事件、各类故障处理、隐患排查治理、员工安全培训等信息，提高班组安全信息基础管理水平。不符合扣1分/项。

5.完善班组安全生产目标控制考核激励约束机制（5分）

签订全员安全责任书，把企业的安全生产控制目标层层分解落实到班组每个员工，实行班组安全生产目标考核制度，严格安全生产考核奖惩，将安全生产作为班组、班组长、组员推优评先的"一票否决"指标。不符合扣1—3分。

车间对班组安全生产工作每月进行一次考核，并对结果实行备案管理。不符合扣1分/次。

（二）班组安全文化建设（25分）

1.班组全体员工必须经过安全培训，考核合格后上岗（8分）

班组长经过安全培训，考核合格，持证上岗。不符合扣2分/人。

特种作业人员和特种设备作业人员经过安全培训，考核合格，持有《特种作业操作证》和《特种设备作业人员证》才能上岗作业。不符合扣2分/人。

严格执行"三级安全教育"，并符合规范要求。不符合扣1—2分/人。

实习生签订师徒合同，以师带徒，明确安全要求，提高安全生产实际操作技能。不符合扣1分/人。

2.加强日常安全培训教育，持续提高员工安全技能（10分）

采用新技术、新工艺、新材料、新设备时，员工进行有针对性的安全教育和测试。不符合扣1—3分。

工伤休假复工人员、已（未）遂事故责任者、"三违"人员经过安全教育后方可上岗。不符合扣1—2分。

组织开展安全操作规程、岗位安全作业标准、危险源辨识控制措施、事故应急知识等学习，每季度组织一次考试。不符合扣1—3分。

组织开展事故应急现场处置方案演习，每月一次，提高应急救援能力。不符合扣1—3分。

3.开展安全宣传和文化建设工作（7分）

积极参加安全生产月、职业病防治宣传周等各项活动。不符合要求扣1—2分。

充分利用典型案例，开展警示教育，汲取事故教训，增强事故防范意识。不符合扣1—2分。

加强班组安全文化建设，积极开展切合实际、形式多样、体现班组特色的安全文化活动，强化安全生产法制意识和安全责任意识，学习园地有安全内容，班组安全氛围浓厚。不符合扣1—2分。

开展班组"亲情助安"活动，签订"单位、班组、员工、家属"四位一体安全互保协议，将员工人身安全与家庭平安幸福紧密结合，以亲情呼唤安全意识，以真情强调安全责任，构筑全方位、立体化的"大安全"防线。做好加1—3分。

员工结合自身工作实际和岗位特点，总结提炼确立自己的安全理念或格言警句，使其成为自觉遵守的安全价值观和行为规范。做好加1—2分。

（三）建立规范的班组长管理机制（10分）

1.完善班组长和班组安全员任用机制（2分）

班组长和班组安全员应具备高中及以上文化程度（45岁以下），熟悉班组主要危险源和安全对策措施。不符合扣1—2分。

2.规范班组长和班组安全员管理方式（3分）

车间根据月度班组评价情况，对班组长进行奖罚；并根据班组安全生产绩效情况以及月度对班组安全生产工作的考核结果，适时确定解聘或续聘。发生负有直接责任或主要责任事故或者较大影响的事件时，应及时予以调整。不符合扣1—2分。

3.组织开展班组安全活动，总结分析班组安全工作（5分）

班组每月必须组织一次安全活动，时间不少于30分钟。不符合扣1—3分。

单位领导要组织科级干部参加班组安全活动，指导班组长开展安全示范班组创建，促进科级干部进一步重视班组安全、关注班组安全，及时为班组解决实际困难和问题。不符合扣1—2分。

（四）现场安全管理（30分）

1.开好班前会（以安排任务、强调安全和警示提示为主要内容，让每一位职工明白本岗位的隐患和问题、安全注意事项和采取的措施）（4分）

把开好班前会作为现场管理的第一道程序，针对上一班作业现场存在的问题，结合当日的具体生产（检修）任务及工作环境，详细布置安全工作（明确安全值日人），要针对每个环节、每个岗位，布置好当班安全生产及各岗位应协调处理的事项，并明确工作中应注意的问题，识别不安全因素，落实相应的防范措施。不符合扣1—3分。

根据组员的思想倾向和季节变化，讲解安全注意事项。不符合扣1—2分。

及时传达上级有关安全生产指示和事故案例。不符合扣1—2分。

班前会情况（班组异常情况）做好记录。不符合扣1—2分。

2. 严格执行交接班制度（4分）

各岗位要做好现场对口交接工作，同时填写好交接班台账，必须把相关安全生产原始记录一一交接清楚，防止问题不明、措施不当而危及安全生产。不符合扣1—3分。

3. 现场、危险源安全检查（7分）

认真开展班组现场安全检查，有岗位安全检查表，安全检查项目和安全检查标准明确（各单位要组织人员，必须包括专业技术人员，编制班组岗位安全检查标准），异常情况做好记录，人员熟悉检查要求。不符合扣1—5分。

4. 开展隐患排查整改（5分）

设备、设施、场所无隐患，特种设备持证使用，各类安全装置齐全可靠。不符合扣1—3分。

作业场所物件定点堆放、整齐，安全通道畅通；工作和休息场所保持整洁。不符合扣1—2分。

安全标志和职业病防护警示标识配置到位、清晰。不符合扣1—2分。

各类安全用品（具）定期检测、安全有效。不符合扣1—2分。

做到隐患排查制度化，对查出的隐患问题制定相应的整改措施，及时整改，做好记录；班组不能整改的要及时上报（并在车间安全例会上专门反映），并配合上级部门及时整改落实。不符合扣2—5分。

5. 执行各项安全规章制度，杜绝"三违"行为（5分）

员工熟练掌握各类安全制度、规程、岗位安全作业标准，班组职工无"三违"行为。不符合扣2—5分。

6. 严格执行危险作业（动火作业）许可审批制度（5分）

现场危险作业按规定办理相应级别危险作业审批。不符合扣1—3分。

作业人员熟悉危险源和相应对策措施。不符合扣1—3分。

危险作业审批材料符合安全生产规范要求。不符合扣1—3分。

（五）加分项与否决项

1.加分项

班组安全管理创新、有特色；总结和提升班组安全管理经验，并有书面材料，加3分。

2.否决项

（1）无轻伤及以上事故；（2）无重大人身险肇事故和生产、设备、消防、交通等考核事故；（3）无集团公司查处的习惯性违章行为；（4）无集团公司查处的重大事故隐患；（5）考核分小于95分。

四、管理效果分析

通过三年的创建"安全示范班组"活动，岗位员工安全责任得到进一步落实，员工的安全意识和安全素质得到了一定提高，员工"三违"行为得到了较好控制；班组安全管理制度逐步建立和完善，岗位安全作业标准不断完善并得到较好执行；形成了比较浓厚的班组安全文化氛围，班组有安全管理理念，员工有安全格言警句，开展"亲情助安"活动；一些岗位重大事故隐患得到及时发现和处置，避免了重大事故发生。截至2015年12月，集团公司1100多个班组通过综合检查评价，其中217个班组达到"安全示范班组"标准。公司连续三年实现零工亡事故，年重伤率小于0.3‰，年轻伤率小于1.3‰，安全生产保持了良好平稳的态势。

参考文献：

[1]张力娜.班组安全管理100个经验与方法[M].北京：中国劳动社会保障出版社，2007.

[2]饶国宁，陈网桦，郭学永.安全管理[M].南京：南京大学出版社，2010.

[3]袁昌明，张晓冬，章保东.安全系统工程[M].北京：中国计量出版社，2006.

JHA危害分析方法在外包安全管理
过程中的应用实践

孙明达

（中石化镇海炼化分公司）

摘　要： 本文通过梳理承包商现场作业HSE风险，阐述外包业务面临的高风险压力情形，提出外包业务JHA危害风险评价分析的管理思路和应对策略，进一步提升承包商现场安全管理水平，最大限度降低承包商作业风险，确保公司生产现场安全风险受控。

关键词： 外包业务　风险评价　承包商　违章

外包业务管理是企业生产经营活动的重要组成部分，但施工现场的承包商安全管理始终是个棘手的问题，寻求破解承包商安全风险管理的抓手，减少安全生产过程中"三违"现象的发生，促进承包商自主安全管理水平提升，最大限度地减少甚至避免安全事故的发生，不断提升企业的安全业绩，成为企业落实"以人为本、安全发展"理念的一项十分重要的工作。本文拟结合镇海炼化外包业务安全风险管控实践进行初探。

一、外包业务面临承包商作业高风险压力

通过对企业承包商承接的外包业务的安全风险现状分析，目前承包商安全管理呈现出队伍分散、整体素质不高、自主管理弱化，以及主管部门责任不落实、监管措施不到位等"五大风险"。镇海炼化通过开展外包业务JHA风险识别和评价管理，努力将外包业务的风险降至最低，确保镇海炼化安全生产平稳运行。

二、开展外包业务JHA风险分析的管理思路

工作危害分析（JHA）是一种安全风险分析方法，适合于对作业活动中存在的风险进行分析，制定控制和改进措施，以达到控制风险、减少和杜绝事故的目标。JHA风险评价的工作流程包括外包评价的目的、根源和方法步骤。

（一）外包业务风险评价目的

外包业务工作危害分析的主要目的是防止从事此项作业的承包商人员受伤害，也不能使他人受到伤害，不能使设备和其他系统受到影响或损害。分析时既要分析承包商作业人员工作不规范的危险、有害因素，也要分析作业环境存在的潜在危险有害因素和工作本身面临的危险、有害因素。

（二）评价外包业务的风险根源

运行部作为外包属地的监管单位，外包评价人员应通过外包作业现场观察及所收集的资料，对所确定的承包商对象，识别尽可能多的实际和潜在的危害，具体包括：

一是资产（设施）的不安全状态，包括可能导致事故发生和危害扩大的设计缺陷、工艺缺陷、设备缺陷、保护措施和安全装置的缺陷；

二是承包商员工的不安全行动，包括不采取安全措施、错误动作、不按规定的方法操作，某些不安全行为（制造危险状态）；

三是外包作业可能造成职业病、中毒的劳动环境和条件，包括物理的（噪声、振动、湿度、辐射、高温、低温、生产性粉尘等），化学的（易燃易爆、有毒、危险气体、氧化物等）以及生物因素；

四是承包商现场管理缺陷，包括安全监督、检查、事故防范、应急管理、作业人员安排、防护用品缺少、工艺过程和操作方法等的管理。

（三）外包业务JHA风险评价方法步骤

在识别出外包业务现场作业活动、设备设施、作业环境等存在的危险有害因素后，应依据风险评价准则，选定合适的评价方法，定期和及时对作业活动和设备设施进行危险、有害因素识别和风险评价。一是在进行风险评价时，应从影响人、财产和环境等三方面的可能性和严重程度进行分析。二是从作业活动清单中选定一项作业活动，并分解为若干个相连的工作步骤，识别每个步骤的潜在危险、有害因素，然后通过风险评价，判定风险等级，制定控制措施。三是作业步骤应按实际作业步骤划分，不能过粗，亦不能过细，要能让人明白这项工作是如何进行的，对操作人员能起到指导作用为宜。

（四）建立外包业务工作危害分析（JHA）记录表

具体的外包风险从外包任务、岗位、危害和主要后果等方面填报，并从风险等级、现有控制及改进措施等落实。模板如表1所示。

表1　JHA记录表模板

外包工作任务：　　工作岗位：　　作业编号：　　分析人员：　　审核日期：

序号	工作步骤	危害	主要后果	L	S	R	风险等级	现有控制措施	建议改正措施

其中L表示事故发生的可能性，S表示事故发生后果的严重性，R表示风险度。一般来说，把风险度（危险度）表示为事故发生的可能性和后果严重性的函数：$R=f(L, S)$，在JHA分析记录表中，$R=L×S$，根据企业自身情况（包括行业特点、规模大小、资金、安全管理现状等）将R取值范围划分为轻微风险、可接受风险、重大风险、巨大风险等。

三、外包业务JHA分析的应对策略

（一）外包业务风险识别评价的侧重点

外包所在运行部、中心风险评价小组应定期对隐患排查发现的隐患进行风险评价。评价人员应根据所确定的评价对象的作业性质和危害复杂程度，选择一种或结合多种评价方法，包括工作危害分析（JHA）、预危害性分析（PHA）等，填写危害与风险评价记录表。记录由各识别单位存档，永久保存。在选择风险识别方法时，应考虑：

a）活动或操作性质；b）工艺过程或系统的发展阶段；c）危害识别的目的；d）所分析的系统和危害的复杂程度及规模；e）潜在风险度大小；f）现有人力资源、专家成员及其他资源；g）信息资料及数据的有效性；h）是否法规或合同要求。

（二）外包业务风险识别评价的具体做法

根据镇海炼化"确保外包业务风险管控无盲区"的要求，企管处、安环处按照《镇海炼化HSE风险评价和隐患治理管理规定》要求，组织各外包业务商务部门和所在单位等17家单位，运用工作危害分析（JHA），对原有的106项外包业务进行危害识别和风险评价。根据外包作业环节的风险因素，对运行类、维保类和服务类三类外包业务进行全面的风险识别评价，并按照外包业务风险排序，梳理出22项合同列入中等风险，另有84项合同存在低风险度。下一步，企管处将进一步完善业务外包管理制度和相应的方案、合同模板，并按照不同的风险级别，由安环处和属地单位组织承包商对各类风险因素进行针对性落实，确保外包业务过程管理安全受控，具体统计如表2。

表2 外包业务风险评价结果汇总统计表

低风险				中等风险			
服务类	维保类	运行维保类	运行类	服务类	维保类	运行维保类	运行类
37	32	8	7	14	5	1	2
84				22			

表3 风险评价结果（风险度）达到中等以上外包业务

序号	具体合同名称	最大值	作业环节	风险因素
1	液体产品出厂充装	10	EO装车过程检查确认	检查不到位，未及时发现EO泄漏，导致人员伤害、着火爆炸
2	碱渣装置外包	10	1.碱渣风机脱水工作 2.碱渣压酸碱工作 3.碱渣氧化运行调节阀精细操作	1.未能执行两人同时前往，一人作业一人监护，作业时人站在上风向的要求，导致人员中毒 2.未能执行两人同时前往，一人作业一人监护，作业时人站在上风向的要求，人员灼伤 3.生产异常，导致超温超压
3	乙烯动力中心站外输送系统运维	10	检修现场吊装作业	吊装不平稳，安全措施不到位，导致人身伤害
4	公司电梯维保外包业务	10	按规定开具相应作业票	违章、违规作业，导致火灾爆炸人身触电（伤害）
5	内部污水污泥干泥转运	10	1.槽车路上行驶 2.检查静电接地	1.槽车行驶至系统动火位置，管架上有火星掉落，导致火灾爆炸 2.静电接地未做或不规范，卸料时静电大量积聚，导致火灾爆炸
6	内部污油、烯烃部废物和厂区外长输管线泄漏物转运	10	1.槽车路上行驶 2.槽车法兰连接或车顶确认槽车 3.检查污水水温、可燃气、硫化氢等 4.检查静电接地 5.卸车人员爬上槽车顶检查卸料情况	1.槽车行驶至系统动火位置，管架上有火星掉落，导致火灾爆炸 2.其间高含硫化氢污油漏出，导致人员伤亡 3.水温、可燃气、硫化氢等超标，导致火灾、中毒 4.静电接地未做或不规范，卸料时静电大量积聚，导致火灾、爆炸 5.槽车顶离地较高，易发生人员坠落，导致人身伤害

序号	具体合同名称	最大值	作业环节	风险因素
7	部分生产区现场清理、搬运	10	油轮靠泊系缆作业	未按要求作业，手、脚夹入脱缆钩或缆绳崩断，导致人身伤害
8	储运部油品罐区消防喷淋系统全年维护维修	D3	1.喷淋疏通作业 2.泡沫发生器玻璃板更换作业	1.未采用防坠器、生命线、安全带等多重保险措施，高风险区域未搭设脚手架施工；或少于3人进行喷淋疏通作业（要求一人疏通作业，一人罐顶防护，一人罐下监护），导致人身伤亡事故 2.低闪点、易挥发、含硫化氢、苯等高毒介质的储罐收油工况下，在泡沫发生器的排放口处作业，导致火灾爆炸、人身伤亡事故
9	住宅小区服务管理	C4	居民用气安全管理	居民燃气设备设施未定期检查维护，导致燃气泄漏，造成火灾、爆炸、中毒
10	公司火灾自动报警系统及雨淋阀系统维保（Ⅱ标段）	9	定期测试，按要求切换系统手/自动状态	未按规定要求进行切换，造成设备误动，引起装置生产波动
11	公司火灾自动报警系统及雨淋阀系统维保（Ⅰ标段）	9	定期测试，按要求切换系统手/自动状态	未按规定要求进行切换，造成设备误动，引起装置生产波动
12	炼油一、四部催化废剂密闭装袋	9	1.装满后将滑轮车移出卸剂区域，由叉车将废渣装至卡车 2.卡车将废渣运至公司堆场	1.叉车使用移动，装卸过程中对人员造成伤害 2.卡车对人员造成伤害
13	装置保运（除国内四套外）	9	电气设备的维护 1.确认设备名称位号 2.停送电操作	1.实际设备与工作票中设备不一致，导致设备误动或造成人员触电 2.未按相应试验规程进行停送电操作，造成设备损坏、装置生产波动或人员触电
14	铲车租用	9	作业环境、物资包装检查熟悉	不了解作业环境、物资包装情况下，盲目作业、野蛮操作，导致损坏物资或人员伤害
15	汽车、吊机租赁	9	吊装作业	吊装不平稳，设备损坏和人员受伤
16	放射源仓库管理	9	放射源入库	射线源防护不当或作业人员防护不到位，导致人员辐射伤害
17	港储部安保	C3	清理海涂渔网	未按要求作业，导致作业人员掉入海涂，造成人身伤害
18	港储部绿化养护	C3	水域管理	1.水面清洁和水生植物养护作业人员未按要求佩戴个人防护器具，导致溺水 2.水域安全防护设施不完备或水域安全监管不到位，导致溺水

续　表

序号	具体合同名称	最大值	作业环节	风险因素
19	生产附属区绿化养护	C3	水域管理	1.水面清洁和水生植物养护作业人员未按要求佩戴个人防护器具，导致溺水 2.水域安全防护设施不完备或水域安全监管不到位，导致溺水
20	生产区绿化养护	C3	水域管理	1.水面清洁和水生植物养护作业人员未按要求佩戴个人防护器具，导致溺水 2.水域安全防护设施不完备或水域安全监管不到位，导致溺水
21	道路清扫项目	C3	河道保洁	水面清洁作业人员未按要求佩戴个人防护器具，导致溺水
22	办公楼物业管理	C3	高处作业风险	安全防护措施不到位，导致跌落

（三）针对外包业务风险的防范对策

依据JHA轻微风险、可接受风险、重大风险、巨大风险等风险等级决定优先控制顺序，落实控制措施，以改进安全管理现状，保护员工生命安全健康和公司财产安全。

1.外包风险评价措施应重点考虑的因素

外包业务现场控制措施主要包括技术与管理两方面，这些措施应考虑是否需制定、完善管理程序和操作规程，风险监控管理措施，应急预案，员工的HSE教育培训，检查监督和奖惩机制等，如表4。

表4　外包业务风险对策措施

风险度	等级	应采取的行动/控制措施	实施期限
20—25	巨大风险	在采取措施降低危害前，不能继续作业，对改进措施进行评估	立刻整改
15—16	重大风险	采取紧急措施降低风险，建立运行控制程序，定期检查、测量及评估	立即或近期整改
9—12	中等风险	可考虑建立目标、建立操作规程，加强培训及沟通	1—2年内治理
4—8	可接受风险	可考虑建立操作规程、作业指导书，但需定期检查	有条件、有经费时治理
<4	轻微或可忽略的风险	无须采用控制措施，但需保存记录	引起重视，日常岗检监管

2.根据外包风险等级落实针对性措施

对经初步识别为中等及以上的风险，各单位（部门）应制订现场控制措施，进行必要的风险控制，以消除、降低或控制风险。

（1）健全承包商管理体系。针对以往外包业务承包商要建立哪些管理制度未明确现象，由企管处组织相关专业部门，对外包业务至少制订以下内部管理制度：包括HSE教育培训管理制度，HSE检查和隐患排查制度，应急方案和演练等制度。对违反公司HSE管理要求的行为，各单位按照《安全违章累计积分考核办法》要求对承包商及其违章人员安全违章实施累计积分考核，明确承包商（分包商）及其作业人员违章累计积分考核规则、标准及相应的惩处措施，建立并实施"承包商累计积分"考核机制，建立健全以提醒、约谈为主，与业绩信誉挂钩，触碰红线"一票否决"的递进式惩处机制。

（2）开展JHA等风险分析评价。外包业务所在单位负责，每年初各外包所在单位要组织承包商对外包业务进行风险分析，明确有什么风险（安全、环境、生产等），识别结果由业主和承包商双方签字确认。平时加强动态风险分析和隐患排查，针对外包业务未开展风险分析，对JHA分析方法不熟悉，未建立隐患排查机制等现象，由安环处完善外包业务风险（事故）相关制度，将识别出来的风险因素编制入作业指导书中负责组织工作危害分析（JHA）、预危害性分析（PHA）等风险识别评价工具应用的宣贯，对外包所在单位相关管理人员和承包商开展风险分析培训。外包业务风险评价结果和相应的控制措施，纳入承包商HSE学习培训考试和应急演练内容中。

（3）完善承包商外包应急管理机制。公司曾对106项外包业务进行分析，有62%以上的承包商没有完善的应急预案；已编制的应急预案中，有25%以上的应急预案操作性不强；近一年来，40%以上外包业务未按时开展过应急演练。外包业务商务部门负责提出应急预案管理要求，并组织审核承包商应急预案；业务外包所在单位应监督检查承包商每月应急演练情况，提升承包商现场操作的应急水平。

（4）规范外包作业规程、操作法。目前运行类、维保类外包业务的作业指导书（包含操作法、技术规程、检修方案等）编写审核职责明确，但不统一。因此需统一作业指导书编写审核要求，明确服务类外包业务是否需要作业指导书或在何种情况下需编制作业指导书。生产处明确外包业务的操作法统一由承包商自行制订，由业务所在单位会签；操作规程制订跟随资产走，即谁的资产由谁制订规程，其中承包商制订的须经公司相关专业部门会签，企管处在外包业务管理制度和合同模板中进行明确。

（5）加强外包现场作业票管理。经对本公司所有外包业务的调研，曾出现个别外包业务承包商作业时不办作业票或作业票不经所在单位会签。为此，需进一步明确外包业务承包商作业票证管理。一是由安环处负责，对外包业务作业如何办理作业票进行全面清理，坚持所有作业需办理作业票并经所在单位会签，其中识别为低风险的作业列入清单进行统一会签审批；中高等级风险作业须一单一签，并落实相应的防范措施，企管处通过分类《业务外包合同模板》予以明确，商务部门并在签订外包合同中明确。二是业务所在单位要加强承包商票证管理要求，并将业务外包承包商作业票管理要求落实到每天巡检工作标准中，商务部门要将作业票各种要求汇总形成标准化表单，各单位执行到位不到位只需按表逐项打钩检查即可；商务部门定期组织各专业部门对外包业务进行监督检查。运行类：一月一查；维保、服务类：一季一查。

四、下一步外包业务安全风险评价应考虑的问题

从评价情况看，我公司各单位对风险评价的方法掌握不全、衡量标准化不一，说明镇海炼化在外包风险评价方面还需要进一步强化宣贯和专业培训。从各单位《外包业务风险评价结果汇总统计表》看，公司外包业务中没有高风险和严重高风险的业务，实际上公司的环氧乙烷充装显然存在高风险危害因素。从系统性对外包业务进行JHA风险评价工作看，我公司从外包申请开始，从制度上保证了外包业务风险识别评价从无至有的规范运作，强化了属地岗位对承包商的监管责任和承包商自主管理意识。目前公司已迈出外包业务风险管控的第一步，2017年公司上报集团公司事故为零，被评为2017年度集团公司安全生产先进单位、职业健康先进集体。

下一步主要思路：一是公司继续对外包业务风险评价要求制度化、表单化，要求外包业务每年进行一次重点识别评价；二是要求外包所属单位根据风险评价结果对承包商进行日常宣贯、考试，形成JHA风险识别机制化；三是安环处明确深化外包业务承包商HSE观察、"低头捡黄金"等安全管理机制，企管处则明确查找 "低老坏"问题管理机制，并完善合同模板，将相关管理要求纳入合同中，不断推进外包业务JHA工作日常化、规范化、标准化工作，更好地促进公司外包管理安全平稳运行。

成品油销售企业承包商及施工安全管理的
难点与对策研究

赵理佳

（中国石化销售有限公司浙江绍兴石油分公司）

摘　要： 安全生产是企业生存和发展的前提条件，施工安全管理要通过创新管理手段融合优秀管理方式，完善本企业安全管理的新体系，从而有效提升安全管理水平。2016年1月1日起，中国石油化工集团公司发布实施了《安全管理手册》，手册中明确了承包商安全监管要求。本文结合中国石化销售企业及承包商建设项目实际情况和特点，分析承包商安全管理现状、难点与存在的主要问题，结合目前国内建筑市场的实际情况和建设单位现场施工安全管理的实际效果，从承包商管理及施工安全管理的角度，有针对性地提出强化安全管理手段与改进承包商管理的措施和建议，具有一定的前瞻性和可操作性。

关键词： 销售企业　承包商　安全　管理

一、引言

根据中国石化集团公司的事故来看，承包商事故占比很高，让企业付出了沉痛的代价，从而暴露出在承包商施工作业安全管理上还存在薄弱环节。

二、现状分析

（一）承包商普遍存在问题

（1）承包商队伍中人员素质差异较大，尤其是挂靠单位的承包商聘用的临时农民工安全意识较差。据统计，目前建筑业使用农民工人数已经达到3300万，占建筑行业从业人数的85%以上，承包商对一些农民工安全教育培训缺失，即招即用。（2）承包商施工作业专业性差，贪图方便，习惯性违章普遍出现，屡禁不止。（3）承包商安全管理专职人员一人多岗，施工过程中注重施工进度和质量，从而忽视施工安全的重要性。（4）施工作业现场实际与规划图不符，随意性施工，从而导致通道不畅，现场文明施工效果不理想。（5）承包商人员对加油站生产特性知识及应急预案的欠缺，出现紧急情况时不能迅速有效地实施自我防护和应急处理。（6）部分施工项目规模小，地处偏远，标底价格低，一些承包商低价中标后，不愿意或者不舍得对设备设施等安全资金投入，只看眼前利益，导致安全生产经费投入严重不足，安全保障大打折扣。

（二）监管方存在问题

（1）建设单位现场监管责任人的权责不清，对承包商约束力度不够；（2）专业安全管理人员紧张，各施工站点到站频率低，现场监管责任人存在不懂、不专业、不会管的问题；（3）施工安全监管过程中存在作业票未在现场签批、安全措施未落实违规签批、随意授权签批等问题，作业前JSA作业分析不到位，安全措施未落实；（4）部分改造施工站点，自身内部管理混乱，形象面貌脏、乱、差，安全标准化管理不到位，如何要求施工承包商落实安全、文明、有序施工；（5）上级检查、监督人员手段有限，提出问题后，欠缺处罚措施和跟踪解决办法，不能有效管控全过程。

三、安全管理制度落地

（一）严格控制承包商准入关

集团公司2016年1月实行"双证"（持有国家法律法规要求的资格证件、持有中国石化安全监管局颁发的承包商安全培训合格证）准入要求，对入围承包商进行资质审核，安全教育。建立健全承包商积分考核制度，细化考核细则，对承包商在开工前、施工中、完工后进行全方位的有效监督管理。每次对已完成的施工项目通过基建部、安全部、零管部、加油站等直接作业关联单位进行承包商项目评价、打分，对项目的工程质量、安全措施、现场作业情况等多个方面进行客观评价，对优秀的承包商进行奖励。对不合格的承包商进行企业"黑名单"处理，把考核结果作为下次施工项目中对承包商的重要招标条件，并在系统内进行结果共享，让"黑名单"的承包商在本系统"遇难"。

（二）细化承包商签约文件中的安全条款

施工项目开始前，招标文件、施工合同等相关协议中增设安全条款并细化，明确承包商施工前应缴纳安全生产保证金，以及承担施工过程中发现的违章并处以经济处罚的条款。让安全管理人员对在施工现场发现的违规违章作业进行处罚时有规可依，有理可据，并将处罚结果结合项目完工后的承包商积分考核。

（三）承包商负责人的施工前约谈机制落地

承包商中标后到进场前的准备期间，建设单位对承包商负责人进行约谈。约谈中明确中国石化施工安全管理要求，落实安全专职人员、安全措施、质量标准、检查制度等，知晓安全协议、安全督查处罚条款等内容，对施工中发现的"三违"问题、隐患问题、安全环保问题的处罚给予支持。

四、安全教育培训强化

分公司每年进行承包商基建工作会议，进行一级安全教育，进入施工现场后，进行二、三级安全教育，施工期间每天对新进班组员工进行安全教育，施工内容可以涵盖法律法规、安全标准、措施落实、风险识别等。针对施工项目特点、风险情况有针对性地进行安全教育，经考核合格后，颁发施工人员许可证，方准进入施工现场从事施工作业。

（一）做好施工项目技术交底

承包商进入后，建设单位基建、安全、零管等相关部门应向施工单位、监理进行安全技术交底工作，让承包商、监理知道项目安全方面的要求，现场有什么危险源。

（二）强化作业票管理制度

建设单位应根据关于印发《中国石化作业许可管理规定》的通知（中国石化安〔2016〕20号）文件精神要求，严格落实特殊作业五个"必须"：一是特殊作业必须严格执行作业许可管理制度；二是特殊作业前必须进行JSA作业分析；三是作业票必须作业现场签发；四是签批人必须持证签票；五是作业过程必须全程视频监控。落实作业票签批管理制度，严格按照要求进行施工前JSA风险分析，有效落实作业签批流程执行情况，作业票签批规范有效。

（三）细化作业安全分析（JSA）

作业安全分析简称JSA，通过整个JSA分析团队的力量，预先或定期对作业环节中存在的危害进行风险识别、评估并制定有效的防控措施，从而最大限度地消除和控制风险。通过确定分析的对象，成立JSA分析小组，分析作业步骤，识别危害因素，确定现有的控制措施，参考集团公司《HSE风险矩阵标准》（Q/

SH0560-2013）评估风险等级，制定补充措施，最后把分析结果与作业人员沟通，并跟踪与JSA绩效评估，见图1。

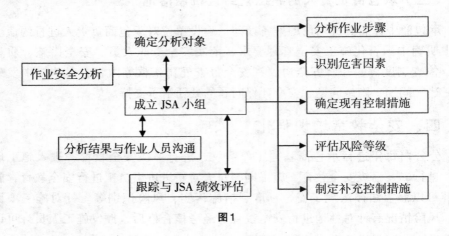

图1

（四）落实施工现场施工安全展板的实行

施工安全展板作为施工现场安全管理简洁化、可视化、便捷化的一种管理模式，通过研究施工过程中的高风险作业内容，制定可靠的风险管理方案，落实可行的安全管理措施，消除施工作业中的风险问题，达到施工作业安全无风险的效果。

五、安全监督检查严肃把关

（一）落实对承包商施工机具的进场标准

施工机具是整个施工项目推进的有力工具，在这"抓进度不管安全"的错误施工氛围中，机具的本质安全尤为重要，把好源头关能够有效控制机械事故、触电事故的发生。每年国家都会出台《淘汰"落后生产能力、工艺装备、落后产品"目录》，对国家明令淘汰的机械设备不准进入施工现场。

（二）加强施工现场日常检查工作

安全员每天对照施工现场检查表进行检查，对发现施工人员"三违"作业、安全隐患等问题，书面填写施工现场整改通知单，抄送监理单位，并限期督促其及时进行整改，多次发现相同类问题，应依照安全协议、处罚细则等依据进行经济处罚，责令停工等，将处罚结果上报至相关部门。

（三）加强现场安全管理监督力量

结合目前情况，现场进行监管的安全管理人员存在业务专业知识水平偏差的情况，部分项目施工现场甚至无承包商安全管理人员或一人身兼数职。对于一些改造项目，现场施工主要还是需要靠站长等基层班组长来把关，但有些站长安全责任心不够、业务素质不强，这些都有可能造成施工现场监管不到位。项目开工前，建设单位首先应确定项目现场管理员，并佩戴明显标识，负责施工现场安全管理问题，落实"现场安全第一责任人"制度。每天通过《施工现场安全监督检查表》逐项进行检查，对不符合项进行督办处理。现场管理人员应具有责任心，并具备现场管理相关技能，要敢管、会管。

（四）加强安全环保督查队的督查力度和频次

安全环保督查队作为企业安全监督检查的手段，发挥督查效果切实落实安全责任，严格施工现场管理，促进安全隐患治理，起到促进提升作用，定期做好"四不两直"的安全检查，是消除各类隐患、实现安全生产的有效手段。督查过程中实行"好典型推广、坏典型曝光"，提高总体水平。督查队应对区域范围内的施工现场进行统筹安排，制订督查计划，出台督查细则，执行奖惩制度。

六、结束语

承包商是企业高速发展过程中不可分割的一部分，承包商安全管理也是企业高速发展过程中不可或缺的一部分。2012—2014年，承包商事故占集团公司生产安全事故总数的66.7%，其中2014年高至73.7%，当时承包商管理一度成为安全生产管理中的突出问题。随后集团公司通过专项集中整治，2015年承包商事故起数占比下降41.7%。数据说明，安全管理通过人、机、物、环的状态管理与控制，可以有效控制事故的发生。下一步将准备对施工管理出台规范指引，改进和完善承包商管理制度，理清施工过程的程序和高风险的控制点，落实安全生产主体责任，树立忧患意识，做到警钟长鸣，最终实现企业的安全生产。

参考文献：

[1] 李利，梁丽. 浅谈成品油销售企业承包商安全管理[J]. 经济研究导刊，2011（23）：219—221.

[2] 徐华安，张新年，伍先礼. 论施工项目安全管理[J]. 安全、健康和环境，2002，2（4）：12—13.

现阶段分包商班组安全管理问题探讨

方 宁

（中石化宁波工程有限公司）

摘　要： 基于现阶段施工总承包模式下分包商安全管理的现状，通过对青岛海晶"40万吨/年聚氯乙烯搬迁项目"SPVC装置安装工程的实践、交流以及归纳总结，初步探讨现阶段分包商"班组"安全管理的方式方法，以进一步促进班组的安全管理。

关键词： 分包商　班组　安全　管理

一、引言

班组是企业的基层组织，是企业"三基"工作的着力点，班组安全管理工作的好坏直接反映了企业安全管理水平。在企业里，绝大部分生产安全事故发生在一线班组，是事故的主要"发源地"，只有班组的安全工作搞好了，才能确保各类违章行为减少，安全管理才能收到实效。如果对班组安全管理不善，对违章违纪听之任之，发生事故的概率将大大增加。

因此抓好基层班组安全管理，既是企业安全生产管理的基础，也是我们施工企业安全管理工作的最终落脚点，又是集团公司抓细抓实"三基"工作的具体体现。加强分包商安全生产管理同样必须从他们的班组搞起，只有从班组抓起才能实现"安全管理重心下移"，才能将"安全第一、预防为主、综合治理"的安全方针、各项安全法律法规和规章制度真正落到实处，以顺利实现安全生产目标。

二、现阶段班组安全管理现状

现阶段施工建筑行业，高资低能的、小型的、私营的建筑施工企业比比皆是。有的分包商为了争取市场，挂靠高资质企业进行施工生产；有的分包商为了实现利润的最大化，层层分包、以包代管的现象时有发生。分包商对班组的建立和管理，更多的只是一种形式，实质是没有真正的班组管理。

以青岛海晶"40万吨/年聚氯乙烯搬迁项目"SPVC装置安装工程项目（以下

简称"青岛海晶项目")为例：公司按相关规定分包给了4家安装单位。但每一家分包单位来现场进行作业的也就是1个或2个综合性的施工班组，再加上班组的施工人员大部分是临时组合起来的，存在着班长身兼多职、班组大小不等（有的一个班甚至有五六十人之多）等各种现象，直接导致了班组管理粗放，使班组安全管理流于形式；另外在施工现场从事施工生产的直接作业人员70%以上都是进城务工的农民工或短期合同工，他们的安全意识还较为薄弱，没有经过正规的安全培训和教育，安全素质相对较低，有些参加教育培训后，感觉管理太严格，就直接走人。经对青岛海晶项目的数据统计，在项目整个实施周期里接受项目部安全教育的人数共计756人，安装高峰期的周平均人数为326人，其中固定的管理人员为38人。流动比例为2.62：1，有些甚至出现早上才教育完，中午就走人，人员流动很是频繁。以这样的施工人员构成的班组，加之一些分包商以追求利润最大化为目的，对于安全投入本着能省则省的原则，如果还不抓好班组安全管理，将会给我们施工总承包企业带来巨大的安全风险。

三、班组安全管理重点

（一）规范班组编制和班组安全管理程序

针对在施工总承包项目分包单位存在的这种现状，只有先规范班组的编制，梳理班组的管理程序，明确班组的管理方法和管理制度，才可能从根本上规范班组的管理，提高班组的自我安全管理能力，从而实现班组的安全生产，进而保证整个项目安全生产。

首先，应该要求分包商严格执行《宁波工程公司分包商班组建设管理规定》，建立班组建制、健全班组管理制度，继承并发扬宁波工程公司"大级工"负责制、"互联互保"制、"兼职八大员"、班前会、周一安全活动等一系列的管理要求。其次，分包商应按工种或作业关联度紧密程度把各个班组分割成合理的大小（原则上不超过20人），以避免产生一个大班长对大班组管理不细致、管理不实、管理精力不足的问题，班长在施工成员中产生，这样使各项管理制度可以得到更好的落实，为班组的安全生产打下良好基础。

在青岛海晶项目的实施过程中也遇到了这样的问题，大部分的分包商把各工种混编成一个班，人数达到五六十人之多，高峰期甚至达到一百多人。为此，项目部多次召开专题会，宣讲宁波工程公司的相关管理制度，要求重新编制班组，每一个班组必须设置班长和兼职安全管理人员，如果几个班组作业关联度相对较高，联合更能做好安全管理工作，可以组成更高一级管理层级——对一级的管理模式，设置专职的队长和安全管理人员。

经过这样的编班，不但减轻了大班长的工作量，又确保了班组安全活动的质量，"三交一清一查"工作得到更好落实。首先，因为各工种按专业工种和作业关联度高低进行编班后，各班长对班组成员的工作技能、安全素质、身体状况更能全面掌握，安排工作更能得心应手；其次，班组长精力充沛，更能做到履职尽责，确保了作业前查劳保用品、作业中查防范措施落实、作业后查作业票证关闭、工完料尽场地清，并能更好地进行总结提高；再次，经过分班，各班组长已经不再是该班组的"老板"，为了维护班组人员的安全利益，会积极地去争取各项安全保障，杜绝了一部分违章冒险作业的产生；最后，分班后各个班组增加了一名兼职安全员，增加了监督检查的人数和频次，进一步加强了直接作业环节的检查力度，达到进一步推进安全生产的目的。

（二）安全教育培训

要确保安全，根本在于增强班组成员的安全意识、强化安全责任、提升安全素质、提高自我防范和避险自救能力。因此抓好安全教育和培训，是开展安全工作的基础。目前分包商班组安全活动中存在的主要问题：一是组织松散，活动时间得不到有效保证。二是内容贫乏，结合生产实际不够，没有对安全生产起到指导、促进作用。三是形式单一，对员工没有吸引力，在安全宣传教育上没有起到有效的作用。四是部分职工没有树立良好的安全思想意识，主动参与安全活动的积极性不高。五是安全活动记录作为一种班组基础管理的原始记录，不能全面反映安全活动的主要内容，更有弄虚作假等现象。所以要抓好班组安全管理工作，需要从以下几方面经常性地开展安全教育。

1.对班组长进行责任和意识教育

在班组安全建设中，班长是班组的核心，既是生产者又是管理者，具有承上启下的特殊作用，对班组的安全生产起着决定性的作用，加强班组建设的主要内容是选好配强班组长。如果班组长的安全责任心不强，不能认识到安全工作的极端重要性，放松对班组成员的安全管理，对本单位成员的违章违纪现象视而不见、听之任之，那么发生事故的概率将大大提高。因而强化班组长的安全责任意识、培养班组长的履职能力，提高班组长的风险识别能力，是非常重要的，也是非常有必要的。

首先，总承包商对分包商的班组长进行专项安全教育和培训，主要从安全生产的法律法规、安全责任清单、本工程的主要危险源、所从事工作的危险性以及项目安全计划、如何做好班组长等各个方面进行教育和培训。明确班组长是班组安全生产的第一责任人，要求班组长牢固树立"管生产必须管安全""谁安排、谁负责"的安全理念。在青岛海晶项目的施工过程中，我们紧紧抓住班组长安全教育和培训这个关键点，重点加以落实，使班组长的安全意识、责任意识有了明显的提升。在项目实施过程中，班组长不但能够积极配合项目部安全工作的开展，而且还能每日做好班组的安全管理，落实作业过程的防范措施，并能注意日常检查和识别风险，为海晶项目的安全生产打下了良好基础。

2.对施工人员采取针对性安全教育

现阶段的建筑施工项目，大量农民工仍是施工作业的主力军，农民工流动性强、技能弱的特点使得建筑施工项目工地存在着"安全意识薄弱、安全素质普遍较低"等实际情况。对于这种现状总承包商必须对一线施工人员进行教育培训，以强化安全意识安全技能，确保提升避险、应急处置、自救互救等能力。因此项目安全管理部门必须切实抓好入场教育培训这个关键环节，利用入场教育，根据工种特点及施工内容、作业季节、周边环境、作业特点等，把相应的安全操作规程及施工过程中存在的安全风险详细告知，使之明白所面临的可能伤害及防范措施，而且对一线施工作业人员，用事实教育更能打动其心。在青岛海晶项目，我们充分利用典型事故案例进行教育，既直观、又能触动其心，使之明白不遵守安全规章制度、不注重自身的安全防护、违章违规作业所造成的伤害会相当地大，一旦发生安全事故将不可挽回，通过事故案例教育，收到了良好的效果。

（三）开好班前会，提高班组安全活动质量

每天出工前要开好班前会，落实"三交一清一查"已经成为公司各项目班组活动的一个固定节目。那么实施的情况怎么样，实施的效果又如何，成为我们安全监督管理部门乃至施工企业普遍关注的问题。根据对青岛海晶项目安全管理和抽样调查的结果来看，情况不容乐观。班组日志里面记载的安全讲话内容不是"注意安全"就是"佩戴劳保用品"之类十分空洞的话语，更体现不出"七想七不干"的内在要求，没有针对性可言。

我认为一个好的安全讲话，应该从工作任务的布置着手，讲清楚此项任务存在的危害因素以及所处的工作环境因素，制定和落实有针对性的安全防范措施，并根据职业技能及安全知识掌握情况，合理分派适合本项任务的人员。同时，班组长应把作业危害分析（JSA），通过班前会的方式传达给施工人员，起到了班前会应有的作用。而且我认为，在周一的安全活动中还应把上级的指示、文件精神及事故案例等传达给每个施工人员，确保做好文件要求的相关工作，吸取事故教训，做好举一反三工作。

在青岛海晶项目的实施过程中，我们不但要求班组长做好安全交底工作，而且把防腐阶段的JHA分析进行公示，要求分包商悬挂到各个施工点，使参加施工的每一位人员都可以熟知自身施工中存在的危害因素、各项危害的防范措施，大大提高防腐作业的安全性。在此基础上，项目部和分包商的管理人员，定期参加班前安全活动，不但对班前会进行了有效监管，提高了班前会的质量，也为管理人员参与班组管理提供一条有效的途径。

（四）灵活运用激励机制，提高安全工作积极性

在对分包商安全管理过程中，对于表现优秀的班组和员工，进行适当的正面激励能激发和鼓舞施工人员的士气，更有利于项目安全管理工作的开展。

物质激励是激励的一般模式，也是目前使用最普遍的一种激励模式。事实上，除了物质激励外，精神激励也会产生强烈的效果。采用精神激励的办法，常常能够取得物质激励所难以达到的效果。因此，我觉得必须把物质激励和精神激励结合起来，才能真正调动广大一线员工的安全生产积极性。在青岛海晶项目的实践中，我们遵循公平公正的原则，并注意掌握奖励的时机和奖励的频率。我们平时对日常巡检中发现的安全生产做得好的人员、安全防护用品规范使用的人员，进行当面表扬和会上表扬，对多次受到表扬的人员进行物质奖励。这样一来，获奖者取得了荣誉，也带动了获奖者周边人员的遵章守纪，起到了正面激励应有的良好作用，实际上也促进了班组工作的开展。

四、结语

总之，分包商的安全管理是现阶段储运安装公司乃至宁波工程公司安全管理的瓶颈。2017年，集团公司下文《关于强化提升中国石化"三基"工作的指导意见》为如何加强基层班组建设，抓细抓实"三基"工作指明了方向，要搞好一个单位的安全管理，必须加强班组安全管理。在现有的大环境下，如何科学有效地加强班组安全管理是突破现阶段建筑施工企业安全管理瓶颈的有效方法之一。

施工企业事故信息管理系统的设计研究

刘　斌

（中石化宁波工程有限公司）

摘　要：以互联网HAT［Hiyari（隐患），Accident（事故），Trouble（故障）］信息收集流程进行数据收集，开发适用于施工行业的移动执法设备、EHS隐患整改追踪系统、重大危险源自动辨识软件等互联网技术。促进形成统一、规范的信息化安全检查，利用移动智能终端APP数据与PC端管理数据同步交互分享和协同办公功能，在互联网云端进行事故信息数据的储存和管理，建设起以移动智能终端—施工企业级客户端—集团级客户端—相关服务机构客户端为架构的事故信息管理系统。实现了定点监测、移动执法、施工企业自查自报的生产安全管理的立体防控网，为"科技治安"提供了强有力的技术支撑与服务。

关键词：施工行业　互联网技术　事故信息管理系统

一、引言

随着我国施工企业的不断壮大，很大程度上促进了国家经济社会的发展，同时也带来了安全生产问题，行业内事故总量仍然较大。究其根本原因，还是生产安全事故信息传播力度不够，一些生产经营单位的管理层和一线员工安全知识匮乏、意识淡薄。而在以往的事故信息的收集工作中往往靠人的常规管理和努力，对收集资料的类型往往涵盖面较窄。其次，在法律法规的更新、事故隐患排查等方面的数据资料也是较为单一，做不到事故信息资源共享。并且在安全执法检查过程中，绝大多数是依据人员经验进行隐患排查，通常有检查时间长、依据不合理、执法过程不规范的问题，事故隐患原因和整改措施不能第一时间共享到施工企业安全管理部门，从而不能为安全管理提供科学的决策数据。

施工企业事故信息管理系统的建立，并不仅仅集中在统计重伤、死亡的事故案例，更多的是利用移动智能终端进行事故隐患排查，在安全执法过程中利用移动执法设备和无线打印机完成执法信息的录入及处置，并可进行现场打印及电子签章，然后通过线上线下结合的工作方式，使得隐患信息及时反馈到施工企业级安全管理部门，确保了安全监管工作的高效，切实提高施工企业安全监管及自身安全生产水平。

二、施工企业事故信息管理系统的框架流程

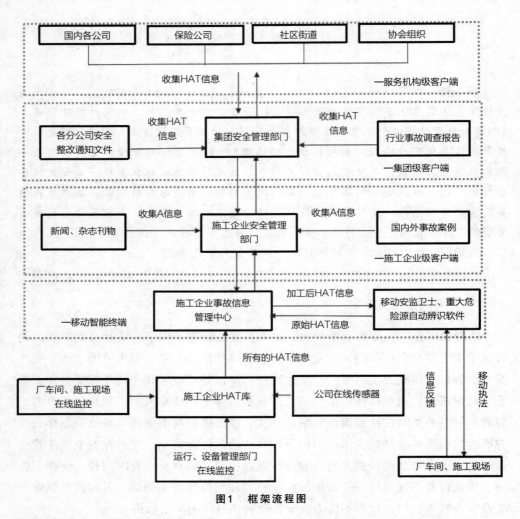

图1　框架流程图

图1所示是施工企业事故信息管理系统的框架流程图，集团级客户端通过关注整合内部安全整改通知文件和行业监管部门下发的事故调查报告，进行统计保存。

企业级客户端通过相关在线传感器及智能监控系统，针对施工企业各个施工

项目，运作车间进行信息化的事故信息资料收集。主要包括厂车间、施工现场在线监控员工、设备的隐患、故障和事故信息。相关公司的在线传感器对公司施工作业平台周边环境及生产、物流、仓储过程中的隐患信息进行收集。通过针对不同环境所收集的HAT信息构建起施工企业HAT库。

移动智能终端通过打开移动安监卫士App，点击"我的任务"后就"开始检查"，按责任制度、劳动防护、危化品管理等检查类别逐项检查，对具体检查项目逐一判定是否合格，对于不合格的点位进行现场拍照存档，完成检查后，生成现场检查执法文书，执法数据及时上传到事故信息管理中心，可以实现App与PC端的数据共享。

三、施工企业事故信息管理中心的建设

（一）施工企业事故信息管理子系统建设

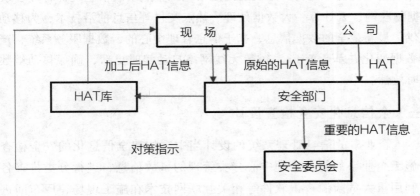

图2　HAT信息流图

该子系统的建设是采用SQL语言，通过一系列查询条件，对数据库检索并显示的过程。如图2为HAT信息流图，对于收集来的HAT信息，需要借用互联网进行信息的储存操作，采用互联网云数据处理的概念进行事故信息的储存，利用的手段使多人能够利用互联网及时地传递文字、影像等事故信息资料，各部门单位需要建立统一的网络工作站，能够做到事故信息实时网络共享。对于重要的事故，信息进行施工企业内的通报，并报送各车间备份，便于工作单位检索事故信息。

同时需要在办公室设置信息室，存入详细信息的光盘、事故集、安全隐患事例，新闻杂志刊物收集的事故及隐患信息存放于信息室中，便于施工企业各部门职工参阅。

施工企业车间、班组需要设立安全委员会，定时召开安全会议，针对较为严重的安全生产责任事故做出指示，宣讲事故发生的原因及责任认定，各班组成员积极讨论，针对类似安全事故提出对策（如对危险源的控制、车间设备的检修、工艺流程的修订，以及新设备、新工艺、新材料的运用）存入施工企业事故信息管理子系统。

（二）施工企业事故信息统计管理子系统建设

该子系统模块主要实现登记注册类统计图、事故原因统计图、事故类型统计图、伤害程度统计图、死亡人数统计图、千人死亡率统计图等，依据OHSAS 18001（GB/T 28001）、ISO 14001体系要素开发，同时融合了国家安全生产标准化的管理要素（覆盖GB/T 33000—2016《企业安全生产标准化基本规范》），梳理了25000多条隐患排查项内容、3000多个事故案例、4000多余部法规标准，并且保障数据实时更新完善，建设起满足于施工企业事故信息统计管理子系统。

依据物联网、云计算、大数据处理、热点交付等信息前沿技术，为移动智能终端提供了最新最全的数据信息，基于信息管理中心的云数据服务系统，产品自动检测数据变化并基于WiFi、3G等无线网络自动实时更新，确保移动端数据完整性和时效性。

（三）全信息化安全检查设计

在施工企业事故信息管理系统的设计当中，构建全信息化的安全检查设计是依据施工企业事故信息管理中心分类管理的事故信息，进行分类排查各隐患单元，利用重大危险源辨识软件等相关互联网技术在施工现场、厂车间进行信息化安全检查，并且通过移动智能终端（移动安监卫士）、EHS隐患整改追踪系统，将检查出的安全隐患信息反馈到施工企业事故信息管理中心，并共享到其余客户端。

四、系统中可开发的互联网技术

（一）重大危险源自动辨识软件

重大危险源自动辨识软件是基于完善企业安全生产信息化的互联网技术，其中该软件的设计难点是危险源的自动分类，并如何通过多样品单元危险源辨识公式进行危险源自动辨识。

目前市场上较为成熟的重大危险源自动辨识软件的设计核心是导入了GB 12268列明危险货物品名表及其危险性分类判定规则，并内置了GB 18218的重大危险源判断规则和多样品单元计算公式，可以实现重大危险源智能辨识并一键生成辨识报告。

在进行全信息化安全检查设计过程中，利用重大危险源自动辨识软件等互联网技术可以对施工现场进行重大危险源一键辨识，极大程度地简便了施工现场危险源辨识过程，并且促进了安全检查信息化进程，为构建施工企业全信息化安全检查提供了专业技术知识支持。

（二）移动安监卫士的现场应用

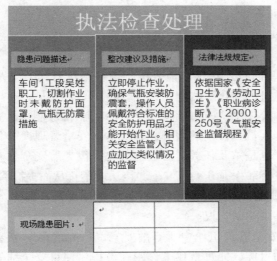

图3　移动执法图

如图3是移动安监卫士进行现场检查的效果图，点击"我的任务"后就"开始检查"，上传现场隐患图片，软件可以立即分析得出工段吴姓职工，切割作业时未戴防护面罩，气瓶无防震措施，同时划分风险等级，做出立即停止作业，确保气瓶安装防震套，操作人员佩戴符合标准的安全防护用品才能开始作业，相关安全监管人员应加大类似情况的监督措施意见。法律依据是依据国家《安全卫生法》《气瓶安全监察规程》，利用无线打印机现场打印整改通知单。

通过移动安监卫士的开发，在安全检查中做到了有法可依，有据可依，执法过程更加规范，也避免了与现场人员的"人情账单"，依据规范化的"整改账单"更能彰显安全执法的严肃性。

（三）EHS隐患整改追踪系统

EHS隐患整改追踪系统主要应用于隐患排查，可以提供检查模板，还可以指定特定的岗位的检查频次，如没有按规定进行检查，会通过漏检统计予以体现；在隐患整改流程中，可以跟踪哪个环节处理了多少时间，如果没有及时整改是由于哪个环节哪个人导致的延迟，最终不仅可以统计某个基层单位的及时整改率，还可以统计没有及时整改的隐患都是哪些人负责的。通过上述工作跟踪数据，从而使得EHS考核具有了可量化的基础，最终推动安全工作的全面提升。并且通过信息化手段实现EHS管理的固化，管理的固化可避免因人员流程而造成管理水平的波动，从而实现管理经验的传承。

五、结论

（1）系统能够实现施工企业与服务机构、集团公司、移动智能终端之间的安全生产信息互联互通，有效共享，提高跨部门协同能力。

（2）利用互联网技术对现场检查结果进行现场打印，规范了执法行为，提高了执法效率和质量，强化了痕迹化管理。

（3）法律法规、标注规范更新量大且频率高，能够利用互联网式的信息收集方式有效地为安全人员提供高效服务；其次专职安全管理人员日益缺乏的现状，快速培养业务骨干也是重要任务，通过信息化手段导航安全检查能够极大地减少使用法律法规的差错率，提升工作效率和执法质量，从而提高管理人员素质。

（4）检查数据自动汇总统计，进行数据挖掘，设定决策条件和基本程序，为安全管理决策提供辅助建议。

（5）信息化安全管理工作中所有的要素、所有的环节都要求定义明确的责任人和明确的工作目标。通过上述工作跟踪数据，使得安全绩效考核具有了可量化的基础，最终推动安全工作的全面提升。

参考文献：

[1]徐江.安全管理学[M].北京：航空工业出版社，1993，21（3）：1—3.

[2]常占利.安全管理基本理论和技术[M].北京：冶金工业出版社，2007.

[3]罗云.现代安全管理[M].北京：化工工业出版社，2004.

[4]朱近之.智慧的云计算[M].北京：电子工业出版社，2010.

[5]拉库马·步亚.云计算原理与范式[M].李红军，译.北京：机械工业出版社，2013.

[6]维克托·迈尔–舍恩伯格.大数据时代[M].盛杨燕，译.杭州：浙江人民出版社，2013.

[7]裴庆利.基于互联网＋的生产安全管理信息化架构研究[J].齐鲁大学学报，2015，29（4）：89—95.

浅析心理学在安全管理中的运用

祝 锋

（中石化宁波工程有限公司）

摘 要：生产安全事故88％以上是由人的不安全行为导致的，在安全管理中应从人的心理出发，制止不安全行为，减少生产安全事故。

关键词：安全心理学 安全管理

1879年，德国生理学家、哲学家和心理学家冯特（Wilheim Wundt）在莱比锡大学创建了世界上第一个心理学实验室，标志着心理学这门独特的科学正式诞生。心理学研究的两个重要内容，即心理过程和心理特征，揭示了人的动机和行为的内在联系。

安全心理是人们在特定的环境中，从事物质生产活动所产生的一种特殊的心理活动的反映，它是指作业者在劳动生产过程中伴随着生产工具、机器设备、作业环境、人际关系等所产生的安全需要、安全意识、安全情感和安全态度等心理活动。

一、作业人员在作业过程中的不安全心理

在海因里希的统计中，由人的不安全行为引起的事故占总事故的88％以上。而按心理学观点，人们心理活动的过程，是通过自己的感觉器官获得对客观事物的感觉认识，在此基础上通过大脑的思考、分析、判断等思维活动，形成思想，指挥行动，产生行为。所以，只要有不安全心理，就会产生不安全行为，就必然会造成事故隐患，也就存在着演变成事故的可能性。安全心理学认为，人的安全心理活动既有共性又有个性，人的不安全行为与人的当时意识、心理状态有着密切的联系。作业人员心理状态影响安全生产行为，造成的安全生产事故主要有以下几种表现：侥幸心理；省能心理；逆反心理；凑兴心理，多发于青年，从凑兴中得到心理满足，导致非理智行为。

此外，还有受各种激情影响情绪波动，思想不集中造成判断失误，骄傲自大过于相信自己的能力，爱面子、自尊心强，赌气做事，及环境因素影响情绪波动等作业人员心理状态不稳定的现象。

二、不安全心理因素的调节和控制

不安全的心理会导致不安全的行为，而不安全的行为则是违章作业和事故的起因。要想不发生或减少事故的发生，实现安全生产，关键是要控制和约束人的不安全行为，而行为又受心理因素控制。为确保生产安全，应从以下几点来调节和控制心理因素。

（一）正确运用激励机制

马斯洛认为，人具有内在的动机，动机是由需要产生的。合理的需要能推动人以一定的形式，在一定的方面去进行积极的活动，从而达到有益的效果；较高层次的需要，只有在较低层次的需要满足后才能占优势。各人的动机结构是不相同的，各层次的需要对行为的影响也不一致，只有未被满足的需要才能影响行为。

在运用激励机制时要把握激励对象所处的需要层级，对症下药，可收到事半功倍的效果。如：当前，我们正处于社会转型时期，经济的快速发展，各种利益主体的互相转化，对个人、整体都会产生各式各样的心理反应，需要也不尽相同。在煤矿、建筑等高风险领域，一线作业人员主要以无一技之长的农村务工人员为主，我们可采取以经济奖励为主、精神鼓励为辅的措施。实践证明，小小的物质奖励能大大提高其安全作业的积极性。对于一线管理人员，他们自身也渴望安全，我们可以把物质激励与形象激励有机地结合起来，鼓励其遵章守纪，坚持"四不伤害"原则，同时树立正反两面的典型，以榜样的力量推动安全工作。实践证明，形象化激励比物质激励的效果更加显著，更能使其全身心地做好本职工作，实现自我价值。

一般来说，正面表扬或奖励容易调动积极性，但有时候，惩罚、批评也能起到一定效果。在提高他们思想认识的同时，要为被激励者排忧解难，改善不良的心理反应，诱导高尚的动机，引导他们产生积极的行为。表扬、奖励一个单位或一个人就能鼓舞一大片人；惩处、通报一个单位或事故，能以儆效尤，教育一大片人。切记，激励最重要的原则是奖惩分明。

（二）正确运用自我调节机制

人不可能永远处在好情绪之中，一个心理成熟的人，不是没有消极情绪的人，而是善于调节和控制自己情绪的人。自我调节就是要自我控制，从而做到自觉遵守安全操作规程和劳动纪律，保证安全生产。从心理学的角度来分析，通常情况下，人的精神状态与工作效率成正比。但是，精神状态与安全状态不一定是正比的关系。当人的情绪处在兴奋期（即精神状态的高潮期），或情绪的低落期，都容易发生差错或失误，属事故多发期。而当人处于精神状态的稳定期，这时能力发挥稳定，工作起来有条不紊，不易发生事故。

因此，我们要常告诫自己保持冷静、淡然的心态，要努力提高个人修养，遇到困难和挫折打击时不要气馁，学会自我调节精神状态，努力摆脱消极情绪的不利影响。在工作压力大或精神状态欠佳的时候，要合理安排工作，劳逸结合，业余时间多参加文体活动，忘却烦恼，或找知心朋友、同事、领导倾诉，沟通思想释放压力，自我调节紧张状态。

（三）运用相互调节、制约机制

一个人在群体中要比独处时的行为复杂得多，当个体因素影响其在群体中的行为时，就会发生许多变化。相互调节、制约，就是要相互提醒、相互帮助、相互制约，共同搞好安全生产工作。人际关系之间的相互理解、默契和支持，会对双方心理状态产生重大的影响。稳定的心理状态与人的安全行为紧密相关，因此，相互调节、制约对安全生产起着重要的作用。相互调节、制约可分为群众调节和制约、组织调节和制约。

群众调节和制约，就是人与人之间要形成良好的人际关系，相互关心、相互帮助、相互提醒、相互监督。看到同事违章要立即予以制止与纠正，要敢于挺身而出，理智地防止事态进一步发生和发展。在现实生活中，因一句话、一挥手而避免和防止事故发生的事例不胜枚举。

组织调节和制约：（1）建章立制。建立、健全安全生产责任制，制定完备的安全生产规章制度和操作规程，使作业人员有章可循，监督管理人员有法可依。（2）做好安全宣传教育、培训工作。增强全员安全生产意识，提高作业人员安全素质，尤其是安全心理素质和自我保全能力的提高。因此，企业在进行"三级安全教育"的同时，作为EPC总承包商要做好入场安全教育，充分利用周一安全活动、班前会、专项安全活动等形式，树立正反两面典型，以身边的人和事，用事实教育作业人员，提高安全意识，培养安全心理，积极营造人人讲安全、事事为安全、时时想安全、处处要安全的氛围。

（四）调整安全心理状态，控制不安全行为

人的行为性质取决于人对环境因素或外界信息刺激的处理程度，与人的心理状态有着密切关系。人若总是聚精会神地工作，当然可以防止由于不注意而产生的失误；但实验研究证明，这是不可能的。单纯依靠外界提醒作为抓好安全工作的主要杠杆是不科学的。

第一，要切实关心作业人员，利用班前"三交一清"的机会，真实了解作业人员的身体、情绪变化，事前预测分析人的心理周期，控制临界期和低潮期，合理安排工作。避免出现生理因素、不安全心理因素、不安全行为、事故的多米诺骨牌效应。

第二，要努力改善生产作业环境，尽可能消除如黑暗、闷热、潮湿等恶劣环境对作业人员的心理机能和心理状态不良的干扰，使作业人员能够身心愉悦地去工作。

第三，要加强作业人员的思想工作，经常和作业人员交流思想，了解掌握思想动态，教育作业人员热爱本职工作，进而随时掌握作业人员心理因素的变化状况、排除不良的外界刺激。

第四，要合理安排工作，注意劳逸结合。人的有效活动行为，往往是事前心理状态的反应和结果。人在疲劳状态下遇突发情况就会惊慌失措，灵敏度降低，造成仓促做出错误反应，从而引发事故。

三、结论

总之，控制人的不安全行为是防止和避免事故发生的重要途径。企业安全生产的关键是人，而心理活动是影响人行为的关键因素。在企业安全管理中正确运用心理学的原理，准确抓住安全生产中人及其心理这一关键因素，使安全工作做到有预见性和主动性，提高安全管理水平。这样，才能更好地保证整个系统的可靠性、可用性、有效性，提高企业的安全管理水平。

参考文献：

[1]陈士俊.安全心理学［M］.天津：天津大学出版社，1998.

[2]陈宝智，王金波.安全管理［M］.天津：天津大学出版社，1998.

[3]毛海峰.安全管理心理学［M］.北京：化学工业出版社，2004.

石油化工施工安全管理的体会

张峥光

（中石化宁波工程有限公司）

摘　要：石油化工装置施工，风险高度集中，安全事故频发，从"人、机、料、法、环"角度采取相应的管理手段，筑牢安全生产防线，打造平安工地。

关键词：违章　事故　方案　风险　管理

石油化工项目建设施工过程中，从地下到地上、从土建到安装、从施工到生产准备，环境不停变化，施工风险也在不停转变。施工的固有风险在各种因素的作用下叠加，其中火灾、高处坠落、物体打击、触电、受限空间窒息、中毒等事故是常见的安全事故。特别是承重脚手架、大型机械设备倒塌极易引起群死群伤的重大事故，后果不堪设想。

一、直接作业环节安全违章的常见问题及后果

（一）动土作业

（1）对地下情况不熟悉，盲目开挖。

直接后果：挖断通讯、动力电缆、地下油气管线、暗渠。

间接后果：装置运行触发连锁保护，引起非计划停工；火灾、闪爆等。

典型事故："11·22"中石化东黄输油管道泄漏事故（开挖火星是直接诱因）。

（2）开挖作业，无监护人员、无警戒告示。

直接后果：无关人员或周边作业人员，在挖机视觉盲区发生碰撞，造成人身伤害。

（3）土方堆放不规范。

直接后果：局部坍塌、造成埋地管路移位、地下设备设施受挤严重。

间接后果：人员被埋、上部结构受损。

典型事故：2009年6月27日上海楼房倒塌事故。

（4）渣土、余土未及时清理，扬尘无控制措施。

直接后果：施工环境差，空气污染严重。

（二）临电作业

（1）未严格按照三相五线制设置施工临时用电；（2）临时电缆表面皲裂、破皮现象严重；（3）用电负荷过载；（4）漏电保护器，限定电流过大，超出安全保护范围；（5）一闸多接；（6）设备接地不符合规范要求；（7）线路架空未采取绝缘手段，直接用铁丝捆扎；（8）手持工具电源线过长，未在5m范围内设置开关箱；（9）配电箱内电源端子裸露；（10）雨天施工，用电设备设施防雨等级偏低。

直接后果：频繁跳闸。

间接后果：触电死亡。

（三）高处作业

（1）临边孔洞未及时防护；（2）脚手架搭设后，使用过程中频繁修改，跳板绑扎铁丝被擅自拆除；（3）垂直交叉作业；（4）安全带破损、超期服役，过程中无可靠系挂点或选择无效系挂点；（5）高处落物；（6）材料堆放过多、位置选择不当；（7）防滑、防坠、防落物措施未落实；（8）作业平台附着点失效，整体坍塌。

直接后果：高处落物、人员坠落。

间接后果：人员伤害、死亡，设备设施损坏。

典型事故：2016年11月24日7时40分左右，江西丰城发电厂三期在建项目工地冷却塔施工平台坍塌，造成74人死亡，两人受伤。

2014年4月28日中石化胜利油建工程有限公司脚手架坍塌事故，共造成5人死亡，6人受伤。

（四）用火作业

（1）动火无火星捕捉措施；（2）电焊的二次线未就近设置；（3）三气瓶超出服役期、气带接头存在漏气；（4）可燃气、助燃气瓶相互间安全间距不足，与动火源间距不足；（5）有毒有害、可燃性气体挥发环境，动火过程无周期性检测；（6）动火点未按规定地点作业，擅自移动位置，对周边含油污水、污油系统未做防护；（7）个人防护用品不规范。

直接后果：运行设备受损、火灾、爆炸。

（五）起重作业

（1）对起重物重量不清，盲目吊装；（2）强行摘除报警设施，超重吊装；（3）吊车支腿未全面打开、地基处理不实、地锚设置强度不足；（4）吊点设置不合理；（5）吊索具选择不当；（6）贪图便利，散件集中捆绑吊装；（7）吊笼过小，被吊物超出吊笼允许范围；（8）自制工具、工装未经核算、试验；（9）无证作业；（10）强对流天气，未采取锁车、趴杆措施。

直接后果：高处落物。

间接后果：落物伤人、吊车倾覆。

典型事故：1999年7月，发生在美国密尔沃基州米勒公园，LTL1500吊车（最大起重量1500美吨，折合计1360吨）吊装棒球场钢结构时的倾覆事件。2001年7月17日，沪东造船公司龙门吊倒塌事故。2016年4月13日，东莞起重机倾覆重大事故。

（六）受限空间作业

（1）惰性气体窒息（主要是氮气）。典型事故：2016年7月19日，河北省邯郸市武安市广耀铸业有限公司混铁炉环保除尘项目施工，5名工人氮气中毒死亡。

（2）有毒有害气体中毒。典型事故：2013年11月20日，宁波工业供水北仑青峙支线管道项目较大窒息事故。

（3）触电。

（4）高处落物。

（5）高处坠落。容易发生在烟道系统、大型设备内件安装、改造。

（6）闪爆、着火。典型事故：2016年6月15日，中石化石家庄炼化公司设备起火事故。近几年电站脱硫脱硝改造着火事故频发，着火事故往往伴随动火作业产生。

（七）盲板抽堵作业

（1）泄漏；（2）闪爆；（3）中毒。

高风险作业，稍有不慎就易产生事故。

二、导致直接作业环节事故频发的原因

通过对一些典型案例的分析、学习，能找到以下事故发生的直接原因：（1）作业人员未经过安全教育，直接进入施工环境，擅自作业；（2）没有进

行风险评估和危害识别或识别不到位引发事故；（3）施工方案安全风险分析不足，形成重大管理盲区；（4）不执行施工方案，方案与实施两张皮，盲目施工引发事故；（5）作业前，没有对环境进行检查、检测，在局部条件发生变化时，引起事故；（6）安全措施不落实，存侥幸心理、野蛮施工引发事故；（7）不遵守操作（作业）规程冒险作业引发事故；（8）施工机具、机械、设备设施缺陷引发事故；（9）工艺处理不彻底，带隐患交付施工，违章施工引发事故；（10）片面追求进度，忽视客观因素。

从以上原因分析看，均能从"人、机、料、法、环"五大环节找到管理失控的因素，当各类因素叠加在一起，人员的失控、机具设备失效、材料性错误、施工方案出现偏差、环境的转变，一线贯穿之下，必定会造成事故。

三、安全管理的重点对象

（一）重要方案

石油化工项目建设的重要施工方案包括深基坑施工方案、大型设备吊装、超高脚手架搭设、高压管道试压、气压试验等。

施工方案是项目安全实施的基础所在，在编制过程中，会参考以往项目的实施经验，但一定要结合自身项目实施的特点，避免千篇一律，犯经验主义的错误。重大方案编制工作，项目经理要组织，开展研讨，定稿后报公司各部门审核，由公司技术负责人审批。按照SH/T—2012《石油化工建设工程项目施工技术文件编制规范》规定，对于工艺较复杂、质量要求较高、危险性较大的施工方案，可以组织专家评审。

石油化工装置大型化趋势明显，超高超大超长设备、框架不断显现，运输、地基处理、吊装等环节风险高度集中。往往施工方案要结合整个平面布置、场地条件、设备交货，不断优化、变更。施工方案在变更管理上，一定要严格按照施工方案审批程序，不得图省事、走捷径。经过专家论证的方案，在发生变更时，必须征得原评审专家的同意，方可实施。

（二）重要环境

1.自然气候特征

石油化工项目的建设，往往要经历1—2年的时间，其间难免要经过一年四季的考验。夏季、冬季特殊的自然条件对施工影响非常明显，在风险管控上提前措施不当，会造成极大的损失。

2.施工环境营造

施工道路通畅、物资进场有序、堆放整齐，人车通道分离，是项目组织实施过程中的目标追求，也是安全管理的有力保障。

石油化工装置无土化施工，是当前项目组织的一个重点环节。通过无土化施工目标节点的设置，结合项目进展情况，按区域硬化，形成良好的作业环境。

由于土地资源有限，提质升级、改扩建项目用地紧张，石油化工装置场地布局日益紧凑。平面、空间在项目进入高峰期后，矛盾突出。所有物资的进场、堆放必须按品种、节点目标、数量进行控制。

立体管理上，尽量采用模块化施工方法，减少立体交叉、高处作业。

项目现场要设立文明施工小组，对于地面保洁、余废料清理实现统一管理，阶段性开展集中清理，解决气带、电缆线、焊把线乱拉乱扯现象。

（三）主要大型施工设备

石油化工装置建设按不同阶段，投入的施工机械不同，安全控制风险同样也存在差异，不可一概而论。

桩基施工阶段，主要核心设备为打桩机，柴油打桩机是设备控制重点，设施在进场，要组织场外验收；组装过程，检查确认到位；组装后，试运行检查。

土建施工阶段，挖掘机、水泥泵车、水泥槽车，以市场租赁为主，或者商品混凝土供货商提供服务，对于设备提供商及司机要有明确的管理要求，避免造成设备陈旧、操作人员素质低下的格局。升降机、物料提升机必须要通过安装验收，固化操作人员。

设备安装阶段，25—1250吨不同等级的汽车吊、履带吊、塔吊，甚至个别装置要采用4000吨履带吊，重点要排查车辆的使用年限、安全设施完好程度、提供设备的租赁商综合实力；脚手架钢管厚度、扣件强度、钢跳板的强度等必须按批次进行检验，不能让残次品流入工程现场。

（四）新材料、新设备、新工艺的应用

对于新材料、新设备、新工艺的应用，要成立专家组全程管理，提前对相似材料、设备、工艺进行调研，编制详细过程控制方案以及应急处理手段，过程中及时收集信息，分析研判，逐步推广使用。

四、安全管理的手段和措施

石油化工项目建设到目前为止，依然是劳动力密集型的产业，一套大型石油

化工装置建设期，业主、设计、监理、施工、生产运营、供货商服务人员等等，一般要集结1000余名人员参与其中。超大型的项目群建设，短期内甚至要达到几万名人员。

"人"的不安全行为，往往是安全事故的一个诱导因素。当大量的不安全行为集中呈现的时候，施工现场的安全风险将遍地存在，随时随地有出现偏差的可能。

（一）进入项目，把牢源头

（1）入场教育要入心入脑，不能为教育而教育；（2）要转变单一追求教育时间的方式，尽量增加案例事故教育，触动从业人员的内心；（3）安全教育的对象，不能疏漏管理人员，要从管理意识上进行强化；（4）安全技术交底，不能只追求全员教育，要抓住核心少数，让关键岗位的伙长、班组长清晰安全风险所在，计划采取的安全措施，必须配备的防护设备和机具；（5）安全技术交底，要分阶段性进行，根据项目阶段，设定若干个起始点，将安全技术交底贯彻到人；（6）充分发挥黑名单作用，将以往不守规矩、不能遵守制度的极少数人拒之门外。

（二）过程实施，强化控制；铁的手段，杜绝违章

（1）对于施工区域，要采取分割管理，责任到人。（2）HSE体系履职人员到位，开展好周月、专项检查。（3）有检查，必要有整改，有提高；对检查结果要进行分析归类，找出成因，采取措施，及时纠偏。（4）坚持周一集中喊话、领导班子结对子，管理人员下班组等安全活动。（5）班前会要发挥作用，管理人员给予指导，从而形成自下而上的安全管理氛围。（6）充分发挥奖惩机制，定期表彰先进，随时处罚违章人、事；对个人采取违章积分制，累计违章扣分满12分，清退出项目，一年内不再录用。（7）采取单位考核排名制，定期发布公告，反馈各单位总部，形成总部、分公司、项目部不同层级的交流机制。（8）采取视频监控，全方位、全视角管理，弥补人员巡检盲区，起到远程管理、警示教育、信息采集的作用。

（三）收尾阶段，重点避免管理力度衰减

施工收尾阶段也是生产准备开始阶段，安全风险处于施工风险、生产物料风险相叠加的状态，而施工组织经过长期的项目运行，已经进入疲劳期。施工作业人员大部分即将撤离现场，人心浮动，极易造成闪失。

（1）根据剩余工作量，组织施工人员有序撤离，定日期、定目标、定群

体，有计划、有组织地撤离施工现场；（2）对于业主的生产准备信息，可通过微信群、现场告示牌、协调会，及时将信息传递到每一名作业人员；（3）重大介质引入，例如引蒸汽、燃料气、氮气等，装置现场采取局部或全部停工手段，待各项确认工作完成后再恢复施工，并升级票证管理等级；（4）项目管理团队要有警惕意识，各项安全检查、例会不能因施工任务锐减而降低标准。

五、结束语

石油化工项目的安全管理伴随着项目进程在不停变化，有一定的周期性规律。初期，信心满满，充满了激情；高峰期，矛盾叠加，安全生产压力集中，疲于奔命；后期，疲倦不堪，盼望着项目尽快结束，憧憬下一个项目能够更加地完美。当第二个项目开始，又一次陷入了一个周期轮回。

石油化工的施工安全风险因行业而生，因人而起，不会消亡，并且在周期性的转变。无论是地下工程还是地上工程，安全风险都有迹可循。只要细致研究、沉心应对，一定能够将安全事故困在牢笼之中，实现安全生产目的和目标。

参考文献：

[1]唐利国. 石油化工施工安全管理探索研究[J]. 工程技术（引文版），2015（22）：43.

[2]于勇. 论石油化工工程项目建设安全管理[J]. 现代商贸工业，2010，22（21）：336.

[3]王学敏. 石油化工项目施工安全管理工作浅析[J]. 化工装备技术，2011，32（3）：57—60.

浅谈视频监控在现场安全管理中的应用

顾志平

（中石化宁波工程有限公司）

摘　要： 视频监控系统是安全监管系统的组成部分，能够发挥及时发现隐患、制止违章行为、防范事故发生的作用。视频监控因其直观、方便、信息内容丰富而广泛应用于许多场合，它不仅可以作为安防的一种手段，近些年来也逐步成为安全管理的一种重要辅助手段，广泛用于各项目的施工现场。

关键词： 视频监控　施工现场　安全管理

一、视频监控发展现状

视频监控系统发展了短短几十年时间，从19世代80年代模拟监控到数字监控再到网络视频监控，发生了翻天覆地的变化。从技术角度出发，视频监控系统发展划分为第一代模拟视频监控系统（CCTV）、第二代基于"PC+多媒体卡"数字视频监控系统（DVR）、第三代完全基于IP网络视频监控系统（IPVS）。

全IP视频监控系统与前面两种方案相比优越性、应用性更加显著。该系统优势是系统内置Web服务器，并直接提供以太网端口。这些摄像机生成JPEG或MPEG4、H.264数据文件，可供客户从网络中任何位置访问、监视、记录并打印。它的巨大优势在于：一是简便性，所有摄像机都通过有线或者无线网络的方式传输摄像机输出的图像，以及下达水平控制、垂直控制、变倍等控制命令。二是全面远程监视，任何经授权的操作员都可直接访问任意摄像机，也可通过中央服务器访问监视图像。

二、视频监控系统架构

最近几年，在安防监控市场上越来越多的厂商推出高清视频监控系统，摄像机的清晰度可达200—500万像素，也是目前在现场使用最多的产品。该系统主要有前端子系统（高清摄像机）、传输子系统（视频传输网络）、存储子系统（集中式存储）和显示与控制子系统（集中与分控监视）等，如图1所示。

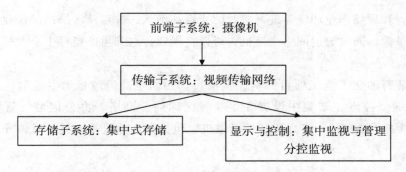

图1　监控系统示意图

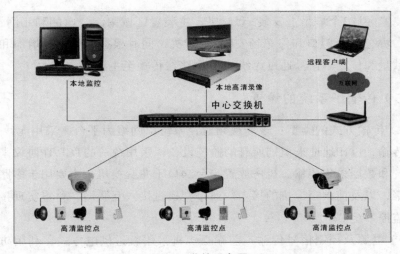

图2　监控设备图

　　监控系统设计时，根据监控点的具体位置、环境等情况，选用不同类型的摄像机，通过视频传输子系统实现本地和远程视频的监控与访问，如图2所示。一般配置一台32路硬盘录像机放置于现场机房，所有摄像机均通过光纤通道和无线AP的方式接入硬盘录像机，用监视器或者显示器显示图像，并可通过网络接入大屏监控系统，实现实时监控。

三、视频监控的设置

　　在施工现场，视频监控一般选择在作业点的高处、有良好的视野和空间，根据实际需要布置在不同的部位，通过角度调整、转向、变倍等功能对现场各区域和作业点进行实时监控。通过监控系统，能及时对区域内安全设施的设置、人员作业行为和现场作业环境等进行实时的查看和确认，并对该区域内的作业过程进行实时录像。同时通过网络交换机，可以将视频传送到生产指挥中心及其他远程客户端。

以某石油化工施工项目为例，该项目选用固定高清球机为主要监控手段，现场前端监控点主要集中设置在主装置区四周、高塔、办公区域、管廊等区域。主要选用200万网络高清红外摄像机，包括高清球机和枪机，具体安装位置如下：

（一）现场视频监控的设置

主装置区域3个塔吊上安装3套球机，主装置区域南侧、西侧和北侧各安装1套球机，办公区大门口和停车场安装2套球机，同时根据实际情况增加和调整摄像机的数量和位置。信号通过无线AP和网络线传输至主机。

（二）传输子系统的设置

（1）传输方式的类型：现场视频监控系统以网络为平台，采用无线AP和有线光纤传输，以IP地址来识别所有的监控设备，采用统一的TCP/IP协议来进行图像、声音和数据采集传输。机房放置一台24口千兆交换机，主要用于多路视频信号的汇聚，以及前端摄像机的接入。通过交换机接入互联网，科室实现接入公司大屏幕监控系统。

（2）电源及控制信号传输：前端摄像机采用就近供电方式，利用防水电源线从最近的交流电接入并部署到每个监控点，采用无线AP和网络线传输方式，通过变压后利用摄像机电源线输出给前端摄像机。

（三）监控室的设置

监控室设置在现场办公区域内。用于放置存储子系统、显示子系统、控制子系统类的设备。存储子系统选用1台32路网络硬盘录像机，可对16-32路200万像素高清摄像机图像进行管理、存储，存储的图像保存30天；显示子系统采用专用监视器或者液晶显示屏。控制子系统，即硬盘录像机（NVR），可以通过该系统控制摄像机的监视范围，并实现抓拍、视频录制、录像拷贝和存储等功能。

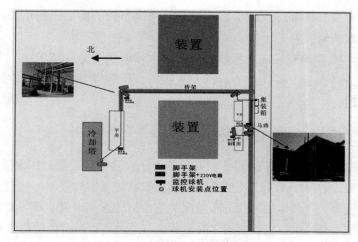

图3 现场监控的设置图

四、视频监控的应用

视频监控作为现场安全管理的一种重要补充手段，在进行传统现场管理的同时，通过多方位多点视频的实时传输，实现对各个作业点的实时监控和记录。对存储在本地的监控视频，可通过回放，对现场作业安全情况进行评估，对发现的问题和违章现象进行及时处理，弥补了因现场管理力量不足而导致的管理缺位。

对人员不易到达的部位，充分利用了监控的优势，对作业部位进行检查，并将问题进行及时发布和整改。如某个高处作业点正在实施安装作业，安全监管人员很难从通道到达顶部，对作业点进行安全检查和确认，使用视频监控就很容易解决这个问题。通过查看安装在高处的视频监控画面，可以方便地获取该点的实时情况，并将发现的问题及时通知到相关方，及时进行整改。在消除安全隐患、提高工作效率的同时，大大降低人员在现场管理过程中发生其他安全事件的概率。

项目有重大风险作业时，需要有专家进行评估和指导。专家若不能亲临现场进行指导的话，可通过远程视频监控的方式解决，通过生产调度中心接入现场作业的实时画面，对施工作业方法、可能出现的问题进行及时指导和预判，可有效避免施工问题和事故的发生。

在现场部分区域，由于视频监控安装位置和角度、建筑物等影响，造成视频采集和画面查看不便或者获取不到实时信息，为弥补固定视频监控区域的死角和盲区，可以投入使用4G移动布控球和大华眼镜等补充手段。

移动布控球的优势是能够依靠4G网络，不需要其他辅助设备，就可以直接实现本地存储和现场画面远程传输，特别适合快速布控的场合，使用灵活方便，是固定视频监控的重要补充手段。

无法设置4G移动布控球的区域可以使用大华眼镜。它有体积小、携带方便等特点，用于登高和悬空部位作业，以及进入塔、罐等设备内部受限空间作业时的补充监控手段。

五、视频监控实施效果

视频监控系统的使用，达到了全方位的安全管理覆盖。通过固定监控+移动监控相结合的方式，保证了施工现场全方位的视频监控及实时输出，达到无死角、无盲区，使现场每一个部位的风险分布情况、防范措施落实情况、现场监管情况、工人个人行为等，都可以在控制终端实时显示，有效地进行全方位的监督和把控。

视频监控在现场的使用，优化了安全管理的模式。将传统意义上人盯人的管理方式，转变为采用人机结合的方式，多手段、多方式，提高了现场安全管理效率。

视频监控系统的使用，可有效降低现场管理人员的劳动强度，有效保护人身安全，弥补单纯靠人工管理在某些方面的局限性。

通过远程客户端的操作和运用，可以实现公司生产调度中心与现场的同步管理，增强指挥的协调性和统一性。对于现场高风险作业，可通过此功能，组织专家对现场安全风险进行更加直观的分析和评估，指导现场安全高效施工。

同时，视频监控系统的使用，对规范人员作业行为起到威慑的作用，促进人员从被动管理到自我约束，提高自主管理能力，减少现场作业违章，降低人为安全事故事件发生的概率。

六、结束语

视频监控系统的使用，是互联网和传统管理行业结合的产物，是利用信息通信技术以及互联网平台，通过与传统行业的融合，降低劳动强度、加强过程控制和提升生产效率的工具。安全管理就是如此，需要多关注行业内新的发展和动态，将新的发明和创新运用于管理之中，确保顺利、安全、高效地完成每一个项目。

浅谈应急预案管理中存在的问题及改进措施

肖 毅

（中石化宁波工程有限公司）

摘 要： 近年来，随着社会生产力的不断进步，各类社会建设活动不断增多，在社会物质财富高度聚集的同时，由于生产安全事故导致的物质财产损失事件屡见不鲜。因此，人们想方设法防范和减少各类安全事故。通过多年的探索和实践经验，发现事故应急处理是减少损失和伤亡的重要途径，这为应急救援预案的诞生奠定了内在动力基础。在实际应用过程中，要想充分发挥应急预案的作用，首先必须制定贴合实际、切实可行的事故应急预案，保障预案措施与实际情况相符，在事故处置过程中具有可操作性和可执行性，才能临危不乱、处置有序、措施合理，充分发挥事故应急预案防灾减灾的根本目的。

关键词： 应急预案 问题 对策研究

安全事故猛于虎，一起安全事故，轻则导致一个家破人亡，重则伤及一个行业、毁坏一个地区、瘫痪整个国家。多年来，人们致力于对事故的预防和治理，也取得了较大的成效。然而各类安全事故仍频频发生。如何减少和降低事故损失，最大限度保障人民的生命财产安全，已经成为人们关注的焦点。

因此，笔者通过对青海大美聚乙烯项目的深入调研后，认为项目部在应急预案的构思、编制、应用、管理等过程中存在一些问题，并提出了相应的完善措施。

一、工程项目概况

本项目是青海大美甘河工业园区尾气综合利用制烯烃项目工程中主要的工艺装置之一，采用美国UNIVATION公司UNIPOL PE气相法技术，以乙烯为原料，以丁烯-1或己烯-1作为共聚单体，在一定温度和压力下进行聚合反应，生产聚乙烯产品。装置包括原料精制、聚合反应、产品脱气、排放气回收、挤压造粒、掺混和配套的辅助设施。

根据项目实际情况，项目建设采用"业主+PMC+EPC"模式复合型项目管理模式。

二、应急预案编制过程中存在的问题

应急预案是针对重点地区、重点单位或部位可能发生的安全事故或其他灾害，根据应急救援的指导原则和战术原则，以及现有装备而拟定的。因此，在编制预案时最重要的是要把握好实事求是这个原则，才能达到在安全事故或灾害现场发挥作用这一根本目的。然而，目前项目部在制定预案时没有把握好这个原则，反而出现几个误区制约了预案应用的实际操作性。

（一）事故应急预案内容制定不细

主要表现在对救援力量部署、救援方案、注意事项等方面的内容表达模糊、混乱不清。如在救援力量进退路线的安排部署上，有救援路线，无退防路线，交代了各救援力量的任务分工，却忽视了相互间的分工协作；在救援方案上，通常只选定了救援方式，却未进行有效性评估；注意事项没有针对性，未根据项目实际情况提出具体要求。

（二）事故应急救援步骤制定格式化

项目部在制定各级应急预案时容易出现的问题是在制定救援对策时，往往把各救援队伍的行动交代得过细，如救援力量抵达时间、现场救人方法、救援时哪些人利用什么工具等，这样的问题在于布置太具体，看起来就像是在演戏。忽略事故现场瞬息万变的实际情况，企图计划指挥而忽视临场指挥，预案反而失去了实际意义。

（三）事故现场设定过于简单

事故设定是预案制定的关键环节之一，对救援力量部署、施救对策等内容起着决定性的作用。如果事故设定过于简单，如只确定一个事故点或是不设置事故发展变化中易引起的次生灾害（如危化品的燃烧、压力容器的爆炸、建筑物的倒塌、人员连续伤亡、被困情况变化等），整个预案就显得过于简单，没有起到做好打大仗、打硬仗、打恶仗的准备作用，对平时的应急救援训练工作的指导意义也就不强。

（四）项目部制定的分级预案与实际现状脱节

对于聚乙烯生产装置发生爆炸、泄漏等一些较大规模、较大影响的事故，项目部和分包单位都制定了同类型的应急预案，但是如果项目部和分包单位在制定过程中没有做好统一、衔接工作，往往会造成力量部署，如停车位置、事故现场设置、救援和退防路线的设置甚至任务分工不协调；一旦出现紧急突发事故，应急指挥中心调动多种力量协同作战时，就很可能造成各救援队伍多重任务叠加而无暇顾及，造成救援现场混乱，错失救援良机。

（五）各级制定预案时侧重点不突出

制定同一个事故的应急预案，项目部和分包单位在制定时往往把握不好出发点，没有侧重，重点不突出，甚至出现雷同，那预案就失去了具体的指导意义。

（六）应急预案中的分级启动不合常理

如预案中死亡人数、财产损失的统计分级，有些不切实际，本应是事后或至少是在事中做的事情，不应该作为事前预案启动条件。

三、应急预案应用中存在的问题

制定应急预案的最终目的就是要在实战中得到充分的应用，预案的应用可分为平时应用和实战应用两方面，但是在应用过程中出现几个常见问题往往导致预案不能发挥最大作用。

（一）应急预案领导熟悉，职工不熟悉

项目部在制定预案时，大多是领导或专业部门的事情，制定出来的预案往往是领导和专业人员熟悉得多，而其他人员对制定出的预案熟悉机会和程度有限，导致在实战中对应急救援中心的指挥作战意图理解不透，执行不到位。

（二）项目情况或装备力量改变没有及时更新

实际情况改变后未及时对预案进行调整，这是很多救援部门的"通病"。往往在预案熟悉过程中才发现重点部门或部位已经发生了变化，或是人员、物资装备发生了变化，没有及时对预案进行更新修订，从而导致预案措施失效。

（三）应急联动得不到保证

预案一般是由应急救援中心牵头制定，但是预案里涉及通讯、装备、医疗、生活等后勤保障工作其实是一项跨岗位、部门甚至跨单位的工作。项目部的预案在制定时就没有与这些后勤保障部门进行沟通，导致实际应用时应急联动远达不到预案中的要求。

（四）未对应急救援效果进行评估和改进

未对预案进行定期评审或评估，可行与否不得而知。特别是在演练和实战后未对预案效果进行评价，未对实际应用中的不足之处加以改进并更新，使应急预案的实际可操作性得不到保证。

（五）指挥上切忌盲目冒进和撤退

救援现场时间就是生命，指挥者往往会在没有充分准备的条件下下达救援命令，这种情况可能会造成更大的人身伤亡，影响救援效果，甚至使救援行动陷于瘫痪。因此，要及时准确上报事故救援进展状态，认真研究现场情况并科学分析，切忌盲目冒进。如果预测现场情况将发生重大变化或事故将进一步扩大时，总指挥应果断下达撤退命令，及时做出战术安排，给救援人员足够的撤退时间，减少无谓的人员伤亡。

四、应急救援预案的改进措施

（一）预案编制一定要准确细致，保证质量

一定要严格按照预案的六个基本内容进行编制，包括：对紧急情况或事故灾害及其后果的预测、辨识、评价；应急各方的职责分配；应急救援行动的指挥与协调；应急救援中可用的人员、设备、设施、物资、经费保障和其他资源，包括社会和外部援助资源等；在紧急情况或事故灾害发生时保护生命财产和环境安全的措施；现场恢复；同时结合实际情况科学合理、有针对性、预见性地设置事故大小。

（二）预案内容要简明扼要，便于使用

结合项目现场实际情况，项目总包和分包单位在救援力量部署方面多做文章，把参战救援力量的任务分工与协同作战交代清楚是最重要的；而分包预案应在总包上级预案的基础上，把侧重点放在各自具体的救援行动上，做到有的放矢，这样对实战和平时训练更有指导意义。

（三）评估项目重大风险，针对性开展情景假设

在应急预案的制定时，应预先组织专家对整个项目建设过程中的危险因素进行风险评估，针对评估出的重大安全风险，除采取必要的安全技术措施外，应结合项目实际情况编制对应的项目应急预案，并针对重大事故后果开展预测型情景

假设，不断完善项目的应急预案体系。

（四）建立应急预案管理体系

应急预案的最大价值在于在实战时发挥减灾作用，很多应用中出现的问题实际上是对预案的管理问题。以应急救援中心为例，应急救援中心在对下级的预案进行管理时，一定要建立相应的管理体系，做到信息情况有人收集，后勤保障有人协调，基层预案有人指导，预案效果有人评估。

（五）各级预案协调一致，互为互动，科学管理

应急救援中心与分包分级预案保持协调、统一，各单位可建立相应的组织或小组，科学统筹管理预案制订、管理、应用等工作。

（六）组织预案培训学习活动，提高员工应急知识技能

项目定期开展应急安全知识、事故预防、避险、自救和互救知识培训，通过预案讲解、应急处置、模拟逃生、桌面演练等方式，不断提高员工的安全意识、事故应急处置技能及事故生存能力。

（七）对预案进行有效性评估

成立专门应急预案评估小组，在预案编制完成后，应根据实际情况定期对预案进行评审，及时发现应急预案中的不足，及时修订预案。

（八）科学运用现代技术，及时做好技术更新

随着计算机管理的推广和深入，要多从预案管理电子化、网络化方面探索，提高预案管理科技含金量。

（九）注重指挥技能锻炼，提升应急指挥能力

应急预案在实际应用过程中，指挥是取得应急救援成功与否的关键所在。在日常演练时，应专门有针对指挥人员的演习和训练项目，以提高指挥人员的综合能力，提高事故救援效果。

（十）充分发挥专业技术人员和专家的技术支撑作用

编制预案时，不仅要考虑指挥、协调，还应考虑事故处置的技术、专业支撑，专家和技术人员的意见对指挥者的决策是非常重要的。

（十一）科学预测事故发展趋势

预案启动后应确定初步事故救援方案和意外状况救援方案，制定各阶段的应急对策。总指挥应组织相关人员研究预测事故可能的发展趋势、危害范围、危害程度，结合现场救援力量，确定事故初步救援方案，并预测可能出现的意外情况，制订意外状况的应急对策。

（十二）定期组织演练和评估，持续改进

应急演练是检验预案有效性的重要途径，项目部应根据实际进度，开展阶段性风险应急演练和评估工作，针对演练过程中发现的问题，提出必要的整改措施并加以改进。

五、结论

总之，应急预案是实施事故发生时进行紧急行动、采取救援措施的基本依据，是安全生产工作的重要组成部分。应急预案制定得好，准备充分，救援及时，就能防止次生事故的发生，才能最大限度减少财产损失和降低人员伤亡。如今，社会发展日益多元化，应急救援力量更加多样化，现场情况瞬息万变，制定有效的应急预案，对事故发生后迅速、准确展开救援，提高救援成功率具有非常重要的意义。

安全文化教育篇

浅析企业安全文化建设在企业安全管理中的应用

陈际雨

（浙江蓝天环保高科技股份有限公司）

摘　要：安全文化建设是企业预防事故的基础性工程，同时也是实现企业又好又快发展的内在要求。本文分析了安全文化内涵和安全管理之间的联系，总结安全文化建设过程中的关键环节和应用。安全文化建设应全面贯彻于企业的安全工作计划和工作目标中，通过全员参与实现安全生产水平持续进步。

关键词：安全文化　安全管理　企业安全

一、引言

安全文化建设作为一种有效的安全管理模式，被越来越多的企业所重视和接受。企业安全文化在引导企业员工的安全行为方面有积极作用，与企业制定安全政策和措施密切相关，从管理层面反映了企业对事故预防的指导思想。优秀的企业安全文化是以企业管理人员高度重视和全员充分参与为基础，将安全作为组织成员的共同目标，不断改进风险控制措施，完善落实安全生产责任体系，保障企业安全生产。将企业安全文化渗透到日常现场管理，将安全作为企业员工共同的追求和理念，是目前国外优秀企业的做法。在拥有优秀安全文化的企业中，企业组织成员应拥有积极的安全态度、较高的风险认知能力和安全行为能力。在优秀化工企业如杜邦，依据自身安全管理工作的特点，建立了符合自身特点的安全管理体系，在提升企业安全管理水平中发挥了重要作用。

二、开展安全文化建设内涵与安全管理的联系

企业安全文化建设与安全管理都是为实现企业生产经营目标所服务，以确保企业经济利益能顺利实现。安全管理是以人为管理为实现形式，针对安全生产过程中出现的安全问题和隐患，运用有效的资源，积极调动员工的主观能动性，进行有关决策、控制等活动，来实现安全生产的目标。而企业对安全文化建设的投

入以企业员工的生命安全为价值取向，让员工在安全生产工作中能够有效发挥其作用，让安全文化成为全体员工共同的行为准则。因此企业安全文化建设与安全管理都是以企业员工为对象。安全文化建设有助于企业安全管理目标的实现，企业安全文化建设带来的利好始终贯穿于安全管理中的各个环节，是与企业生产和安全管理活动共同发展的。企业安全文化建设有利于企业形成良好的安全氛围，推动安全管理在企业生产中发挥更深层次的效用。

三、安全文化建设创建途径和关键环节

（一）安全文化使追求目标统一

开展安全文化建设，可以使企业员工对安全生产的目标有明确知悉，了解企业为安全生产所付出的努力。企业安全文化建设通过潜移默化的影响使员工形成良好自觉的安全行为和习惯，让企业的安全管理更为规范化，具有不可忽视的思想引导作用。安全文化建设能够让企业与员工在安全理念上更为迅速地达成认同和统一，让员工从精神层面感知安全理念，用行动践行安全行为，全面有效推进安全文化工作。由此可见，安全文化建设能把企业、员工的安全理念、安全思想行为及追求安全生产的心理情感统一到一起，为追求企业共同的安全生产目标形成合力。

（二）安全文化建设规范行为约束

企业安全文化建设是一种无形的制度约束，安全文化建设能够让企业领导和员工对安全管理中各项规章制度形成认同感，减少内心的反抗因素，安全文化在管理中自觉形成一种约束力和理念认同，使企业的安全管理、全体员工思想和行为更为规范，从而进一步维护和确保企业和员工的共同利益。所以，安全文化建设体现了对企业员工的规范约束功能。

（三）安全文化建设要不断学习创新

安全管理是以人为本的企业管理模式，关键在领导、落实在员工、重点在执行、核心在现场、灵魂在创新。企业着力发展安全文化建设，一方面为员工创造学习氛围，让员工始终处在一个良好的工作环境中，提高工作效率；另一方面，良好的学习氛围促使员工积极学习掌握安全知识和职业技能，遇事善于思考，主动交流工作时遇到的各种不安全行为，为企业解决问题提供源源不断的支持，为建立优秀的企业安全文化提供良好的基础支撑。

四、安全文化建设在企业管理中的应用

（一）安全文化建设传播安全理念

全球500强美国杜邦公司的安全理念是"任何安全事故，都是可以避免的"。我国企业进行安全文化建设应根据《企业安全文化建设导则》和《企业安全文化建设评价准则》中制定的要求，将安全文化工作全面贯彻于企业的安全工作计划和工作目标中。充分发挥各级群众组织的作用，通过全员参与实现安全生产水平持续进步，安全文化建设系统化、规模化、规范化。在实际应用中，安全文化建设须紧密结合企业自身发展的实际，将所处行业和未来发展规划作为出发点，以安全价值观为核心，以传达安全理念为内容，以保障员工作业安全为目的，以安全绩效考核为导向，实现企业不断提升安全管理水平的目标。例如，在企业中成立安全文化专项推进小组，由企业总经理亲自担任组长，各部门（车间）负责人担任组员。配备管理人员对公司安全文化建设进行推进和监督。领导对安全管理的重视，会影响和感染每一个员工。领导创造条件，有意识地培养下属安全意识和能力，支持员工的进步和发展，通过目标激励、行为激励、荣誉激励、职务激励四项机制，肯定和赞誉员工的行为，增强员工的自豪感和荣誉感，使员工有持续进步和发展的动力。

（二）安全文化建设提升安全管理体系

企业安全文化建设在提高企业员工的安全素质，引导作业过程中的安全行为等方面有积极作用，离不开各项管理规章制度的有效实施。企业开展安全文化建设，应该充分融入企业总体文化建设中，主要体现在企业管理、重点工作的安排部署、岗位责任制度的制定、目标管理的确定、施工过程的控制及监督反馈等方面。只有将安全文化建设与企业的安全管理体系充分融合，才能充分体现安全文化的效果。企业应建立和完善管理责任制，涵盖各部门、各车间、各类岗位等所有对象的安全责任范围。安全责任与相应岗位的工作职责相匹配，实现"一岗双责""管生产也要管安全"。企业要以安全生产为追求目标，不断完善内部制度的同时，借鉴国内外优秀的安全管理体系，能使企业安全管理迅速走上正轨。引入安全生产标准化、杜邦管理体系等先进理念，同生产实际紧密结合，要狠抓安全管理这个着力点，关键在领导、落实在员工、重点在执行、核心在现场、灵魂在创新。这些安全价值观和行为准则通过言传身教、沉淀积累，会成为全员认同并自觉遵守的安全习惯，完善的安全管理制度体系的价值才能得以实现。

（三）安全文化建设培养风险认知能力

在杜邦等具有优秀安全文化的企业，员工不仅遵守完善的安全管理制度，且同时具备良好的风险认知能力。"风险认知"指个体对存在于外界环境中的各种客观风险的感受和认识，且强调个体由直观判断和主观感受获得的经验对个体认知的影响。企业员工在工作中时刻考虑安全问题，能主动发现工作环境中存在的安全隐患；如果员工不具备辨识工作环境中危险有害因素的意识和能力，那么企业的生产安全是难以得到保证的。安全文化建设十分重要的一项工作是通过让企业员工参加安全生产培训，参与事件调查来实现对员工风险辨识认知能力的培养。企业员工在危险辨识、风险评价和控制措施的确定过程中是参与者，企业进行风险辨识能力培养时员工须认真配合，做到心中有安全。企业在开展安全培训前，须进行培训需求调查，汇总、分析，形成培训需求矩阵。培训矩阵分部门、分岗位和人员，直观显示全员的年度培训内容，包括培训课程、培训受众、培训周期、培训学时、掌握程度、培训方式、培训师资等。企业作为生产主体可开展"安全生产月"等活动，让更多人参与到安全文化建设中，将活动体验转化为自身的安全意识和能力，进一步提高全体员工在安全文化建设中的参与程度，培养锻炼员工的风险认知能力。

五、总结

企业的安全文化建设工作，应全面贯彻于公司的安全工作计划和工作目标中。通过全员参与，实现安全生产水平持续进步，安全文化建设系统化、规模化、规范化；通过将国内外优秀的安全管理体系的要求融会贯通，固化为安全制度，确保安全制度的针对性、有效性、操作性；通过在企业内部打造安全、环保和健康的工作环境，建立长效的安全管理制度，创造安心的工作条件，为企业安全文化的建立提供有力的保障。

坚持以落实安全生产责任为核心，在预防和治本上继续狠下功夫，全面推进全体员工行为安全改善，有效防范事故事件发生，保障安全生产。完善作业行为标准，落实岗位责任，确保岗位作业行为"有章可循"。规范作业行为，开展交流培训，推广良好做法，提升员工安全意识和能力；强化监督指导，推动工作落实；强调领导带头，全员参与，全面梳理、全方位落实，营造良好的安全文化氛围。

参考文献：

［1］王善文，刘功智，任智刚. 国内外优秀企业安全文化建设分析［J］. 中国安全生产科学技术，2013（11）：126—131.

［2］胡得国，马燕珺. 中海石油企业安全文化建设［J］. 中国安全科学学报，2003，13（2）：4—7.

［3］张吉广，李德恭，张伶. 企业安全文化评估与企业安全行为的质化研究［J］. 中国安全科学学报，2008，18（6）：55—63.

［4］宫运华，张来斌，樊建春. 论企业安全文化建设与安全管理体系运行［J］. 中国安全生产科学技术，2011，7（9）：199—202.

［5］韩友永. 浅谈安全文化建设在企业安全管理中的应用［J］. 能源技术与管理，2016，41（4）：177—179.

［6］谢晓非，徐联仓. 风险认知研究概况及理论框架［J］. 科学进展，1995，3（2）：17—22.

化工企业安全文化建设

方心意

（浙江泰鸽安全科技有限公司）

摘　要： 化工企业安全文化是化工安全生产在意识形态领域和人们思想观念上的综合反映，包括社会的安全价值观、安全判断标准和安全能力、安全行为方式等。本文主要介绍化工企业安全文化建设的重要性、工作目标、核心内容及基本思路。

关键词： 化工企业　安全文化　建设

一、前言

　　企业的安全文化建设放在风险控制体系的一个比较重要的部分来讨论，一方面是基于化工企业的一个发展背景来考虑的；另一方面，安全文化建设的重要性可以说是众所周知的，但很少有企业的领导人在这方面真正认真思考和做过细致的工作，有些领导甚至可能还不知道该从何处着手。据统计，2000—2017年以来我国的安全事故中，有一半以上的事故属于"三违"现象（即违章指挥、违章作业、违反劳动纪律）造成的，"三违"现象本质上反映了企业安全文化的缺失。对于化工企业来说，安全文化建设是相当重要的，也是十分紧迫的。甚至可以这么说，没有安全文化的化工企业，是做不好安全管理工作的。

二、安全文化建设对实现化工企业安全管理的重要意义和作用

　　安全文化是预防企业事故的基础性工程，保证生命安全是人类社会在生产斗争和科学实践过程中的基本要求，安全文化在人们工作、生活中占有重要地位。安全文化的内涵非常丰富，不仅是化工企业安全生产的一部分，也是企业文明进步的标志。安全文化作为一种价值观和"以人为本"的全新理念，越来越深入人心。世界工业发达国家的经验表明，培养和增强安全文化意识，对提高企业从业人员的安全防范意识，减少安全生产事故，尤其是重大、特大事故具有重要意义。

通过HSE管理体系的实施而进行的安全文化建设，同以往的安全技术性管理是完全不一样的。总的来说，以往的安全技术性管理偏重于从安全技术、安全生产的位置环境等方面进行有限的教育和培训，在生产经营活动中强调的是强制性、规范性和约束性，采用的管理手段主要侧重于人对技术、对物质环境的安全控制，偏重于"硬件"。而安全文化建设影响的是员工的安全思想、意识、思维方法，甚至是人生观、价值观等，是从安全管理的"软件"方面来影响员工的安全行为和自律能力。

即使从经济投入考虑，我们也可以看到安全文化建设的优越性。安全文化建设虽然是持久的，但每个时期的经济投入不会太多，而安全技术性管理需要不断地坚持技改、培训和维修，或淘汰陈旧的设备、工具，同时也投入安全教育。这些投入对于化工企业来说，经济压力是很大的。而且安全文化建设培养出的高质量的生产者，从经济的角度看，大大降低了企业对员工的安全投入。

随着化工企业安全文化氛围的深入，员工对维护自身生命权益和身心健康更加关注，"以人为本"成为员工的安全理念。安全文化作为一种意识形态，对安全生产工作发挥了巨大的推动和保证作用。安全生产不仅直接关系到员工生命的安全和根本利益，影响企业发展和稳定的大局；同时，保护广大员工的健康安全，反映了化工企业对员工生命安全的深切关怀。安全文化旨在强化和反映员工安全意识更贴近生活，贴近实际，容易被员工理解和接受。

三、安全文化建设的工作目标

通过推进安全文化建设，确立全体员工共同认可并共享的安全愿景、安全使命、安全目标和安全价值观，引导全体员工树立正确的安全态度和自觉规范的安全行为，从细微的异常中发现问题，探索规律，总结改进，培植有效控制安全生产过程的自信心。充分发挥全体员工的知识、技能和主人翁意识，追求卓越的安全绩效，纵深防御不安全实践和安全事故。

四、化工企业安全文化建设主要内容

根据国家安全生产监督管理总局颁布的《企业安全文化建设导则》（AQ/T 9004—2008），企业安全文化建设由安全承诺、行为规范与程序、安全行为激励、安全信息传播与沟通、自主学习与改进、安全事务参与、审核与评估等7个要素组成。从化工企业来说，安全文化主要包括安全物质文化及安全精神文化。

（一）化工企业安全物质文化

企业安全物质文化指企业生产经营活动中所使用的保护职工身心健康与安全的工具、设施、材料、工艺、仪器仪表、护品护具等安全器物，一般也称企业生产的"硬件"，是安全文化的表层部分，它是形成精神文化的条件。从安全物质文化中往往能看出组织或企业领导的安全认识和态度，反映出企业安全管理的理念和哲学，折射出践行安全行为文化的成效。

（二）化工企业安全精神文化

企业安全精神文化是指在其发展过程中形成的、具有特色的思想、意识、观念等安全意识形态和安全行为的模式，以及与之相适应的组织结构和安全制度，一般也称企业生产的"软件"，是安全文化的内层部分，安全精神的物化会变成强大的安全生产动力。化工企业的安全精神文化可以分为化工企业安全制度文化、化工企业安全行为文化、化工企业安全观念文化。

五、化工企业安全文化建设的基本思路

长期以来，在安全生产工作中困扰我们的一个顽症就是"为什么严格不起来，落实不下去"，究其根本原因是管理人员的好人主义、官僚主义、形式主义，是现场工作人员的"低标准、老毛病、坏习惯"，说到底还是在于人的思想认识和思维习惯。这些问题的解决，关键在于建立包含思想认识、理念认识、行为习惯等内容的企业安全文化，把安全文化作为创新企业文化的首要和重要内容。

第一，建立化工企业安全文化机制。化工企业安全文化建设关键在于决策体制、制度建设、管理方法和员工的实际响应。首先，在决策层中建立把"安全第一"贯穿于一切生产经营活动之中的机制，企业"一把手"真正负起"安全生产第一责任人"的责任。决策者不能只是被动地迫于法规的约束而重视生产，必须主动地将"以人为本、珍惜生命、关心人、爱护人"这一安全文化的基本命题融进生产经营的决策中。其次，要进行安全文化制度建设，包括安全文化宣传教育制度、安全评价标准、安全生产技术规范等。

第二，提倡实事求是、真抓实干的务实工作作风，遵循客观规律，扎扎实实做好每项安全工作。这样的话似乎显得空洞，然而，每一个从事安全工作的人，一个真正的安全工作者都知道这就是他们应该做的事，是实实在在的事。

第三，在HSE管理体系的实施过程中营造企业安全文化氛围。化工企业传统的安全管理常常是上级下达了目标、指标，规定了安全管理制度，下面照着做就

行了。员工们总是处于一种被动的、完成任务般的执行状态。近几年，化工企业都在进行安全标准化达标的工作，这对企业来说，安全标准化的实施和达标就是一次企业文化建设的良机。

实施安全标准化管理体系，首要的也是关键的事情就是组织员工辨识身边的、工作过程中的危险因素，把工作中的所有危险因素归总，并进行评价。确定对一般危险源有相应的管理制度、规定。日常工作中进行预防，并进一步改进。对于重大的危险因素，在运行中进行控制，清除安全隐患。对存在安全隐患的必须制定管理目标和管理方案，在管理方案中明确整改。通过这样一个主动认识、主动解决问题的过程，员工能自觉关注自身和他人的安全。这实质就是一个安全文化的建设过程。在建立和实施HSE管理体系的过程中，强调领导的组织作用，引导员工在实践中产生生产意识，创建良好的安全文化氛围。

第四，培养"预防管理"的文化氛围，强化员工的安全生产主题意识。通过各种培训，加强化工企业安全文化建设。培训可以采取多种方式，内容可以是安全方面的、法律法规的、政策方面的、专业知识性的，甚至可以是一种座谈会似的内容不限的交流沟通。一方面，员工们通过培训，掌握了安全知识、技能，从专业角度了解了仪器、设备的性能，从提高员工的素质入手，杜绝和减少违章操作的源头；另一方面，领导和员工之间的互动培训，起到了一种上情下达、下情上传的交流沟通目的。最后，也是最重要的一点，是在进行安全管理的培训中，应始终强调一种"以人为本"的安全文化，从人的需求出发，把关心人、理解人、尊重人、爱护人作为安全管理的基本出发点，把职工的健康、安全作为企业安全管理的出发点，在实施过程中要注意引导和启发员工从生命价值中体会安全的重要性，增强安全生产的亲和力和亲切感。这样的安全生产管理，才能使企业安全文化成为员工的精神、信念和行为准则，是企业更加重视员工、重视激励人的精神的一种文化。

通过这样的安全文化建设，把化工企业实现生产的价值和实现人的价值统一起来，以实现人的价值为制约机制、以实现生产的社会价值和经济效益为动力机制，建立起完善的化工企业安全运行机制。同时，当员工的安全价值和人权得到最大限度的尊重和保护时，员工的安全行为和活动将会从被动消极的状态变成一种自觉、积极的行动，使员工形成强烈的安全使命感和规范的生产行为从"要我安全"真正转变为"我要安全"。事实证明，越能认识行为的安全意义，行为的安全意义就越明显，也能产生行为的推动力。

安全文化建设的重点，就是抓住了安全生产过程中员工的主观能动性。安全文化建设的目的就是用安全的精神财富和物质财富教育和激励员工，提高员工的安全素质即安全技术和安全文化知识、安全的社会适应力和安全的生理、安全的心理承受能力。这种开放的、无约束的、无强制的自然、自由的教育，突出了对员工的爱护、关心。传统的安全管理由于是强制、惩罚、约束性的，员工们始终是处在一种被动安全、服从安全、"要我安全"的强迫、监督状态，在精神上、心理上的影响是暂时的、有限的，员工调换岗位和另寻职业后，又要重复被动面临安全强制、压抑的局面。所以有人提出并研究安全行为科学，在企业安全管理上，要研究人的安全心理和安全人机学，给职工投入感情，讲人情味，以人为本，对员工要"爱"要"护"，企业安全管理才能持久、深远。

六、小结

以人为本，保障人的安全和健康是一切生产活动必须坚持的基本原则，也是安全文化的灵魂。因此，加强以培育安全理念、思维、心态、知识、技能等为重点的安全文化建设，提高人的安全素质，是保障安全生产的重要防线。通过企业的安全文化建设，把化工行业员工们"游离的心"聚拢起来，打造出一支技术过硬、安全意识较强的具有凝聚力和战斗力的行业队伍。实际上，这样的文化建设已不仅仅是一般意义上的企业安全文化建设，同时也为企业的管理和竞争打下了良好的基础。

参考文献：

[1]徐德蜀，金磊，张国顺.中国企业安全文化活动指南［M］.北京：气象出版社，1996.

[2]王树发.浅析石油化工企业的安全文化与安全生产［J］.中国石油和化工标准与质量，2011，31（9）：249—268.

宁钢安全文化建设与管理实践

张恩波　　张永钢

（宁波钢铁有限公司）

摘　要： 安全文化建设是企业安全生产管理工作的重要内容。本文阐述了宁钢安全文化从培育、发展到管理实践的做法与经验，通过构建"高压、严管、自主、诚信"安全文化，把先进的安全理念融入企业安全管理，激发安全工作内生动力，对当前安全生产工作具有现实指导意义。

关键词： 安全　文化　建设　实践

一、引言

宁波钢铁有限公司是21世纪初建设发展起来的现代化钢铁联合企业，曾经历过多次重组。通过不断学习，宁钢引进吸收了先进企业的安全管理方法及理念，总结提炼出"高压、严管、自主、诚信"的企业安全文化，并形成了被广大干部员工广泛认知、认同和共享的安全价值观，为精细化安全管理注入了灵魂，成为员工们追求卓越安全绩效的动力源泉。

二、宁钢安全文化发展

（一）安全文化的培育

什么是企业安全文化，安全文化是被企业组织的员工群体所共享的安全价值观、态度、道德和行为规范组成的统一体。宁钢安全文化的建立，也是安全价值观形成和逐步被认知、认同的历程。

1.学习汲取先进的安全管理经验

宁钢建厂初期就瞄准先进企业安全管理和理念，高起点开展工作，使宁钢的管理得到快速发展，通过不断地引进、创新、总结、提升，建立起以安全管理信息化（工安ERP）为支撑，以安全生产责任制为中心，以基层安全管理模式为手段的安全管理体系。

2.安全文化的认知和培育

认真吸取事故教训，做好举一反三工作，提升员工安全意识。宁钢对在同类企业发生的安全生产事故组织自查自纠，开展全员教育，逐步形成广泛认知、认同的安全价值观，并体现在安全态度、行为及安全管理中。

（二）宁钢安全文化培育发展的两个阶段

1."高压、严管"的提出

"高压"就是按照国家安全生产的法律、法规、标准、规范，制定严格、科学的安全生产管理制度、标准、规程，设立"高压线"——安全生产禁令。

"严管"就是严格执行安全生产管理制度、标准、规程，对违章零容忍，对违章行为和安全生产责任事故加大查处、考核、问责力度。

为强化安全生产工作，需要高压态势和严管精神，以此强化观念意识、行为养成和履职问责，从而提出了"高压、严管"的工作方针，有力促进了工作开展，同时为后续的工作奠定了坚实的基础。

2."自主、诚信"的提出

"自主"就是使员工的安全意识由"要我安全"向"我要安全"转变，实现区域自治、员工自主、协力自主，提升作业区、股站、班组、员工的自主安全管理水平和能力。

"诚信"就是自觉遵守安全生产规章制度、标准、规程，规范安全行为。安全承诺一诺千金，管理者保一方安全生产无事故，员工做到"三不伤害"。

安全需要自主和诚信。在高压严管的背景下，员工通过自主管理学会管理压力，还可培养良好的自主能力和诚信的态度，增强信心，迎接挑战。对此，公司及时提出了"自主、诚信"的安全管理理念。

3."高压、严管、自主、诚信"安全文化的形成

"高压、严管、自主、诚信"具有鲜明的安全文化特征，是宁钢安全文化的代名词，被员工所共享，被高度认知和认同。它代表着追求转变，它们互为前提，互相促进，互为保证，协调统一。同时又展现了一种安全愿景、安全使命、安全志向和安全态度，预示着达成更高的安全目标。

三、"高压、严管、自主、诚信"安全文化的管理实践

安全理念属于安全价值观范畴。它体现安全愿景、安全使命、安全志向、安全态度和安全目标，它是一个综合体。安全文化需要先进的安全理念做支撑，安全理念指导安全管理，强化安全意识，进而制定科学合理的制度规则，使广大员

工认知、认同，并共享这个理念和文化。安全文化需要具体化，安全文化不仅需要充分阐释和大力传播，还要系统灌输和认真实践，使广大干部员工真实地感受到安全文化无时不在。

（一）以诚信管理，培养良好的安全态度

要想建立一个好的企业安全文化，首先要有先进的安全理念，及企业领导者对这个理念的承诺。所以安全承诺起到了一诺千金的作用，这是安全文化建设的出发点和落脚点。

"没有什么比员工的生命、健康更重要"是宁钢安全文化的核心理念。领导重视是企业安全文化建设的关键。首先领导做出庄严承诺，并在日常工作中做出表率。通过管理者的示范和推进，形成严谨的制度化工作方法，使员工充分理解和接受，并结合岗位工作，实践安全承诺。有承诺就要讲诚信，诚信管理对安全行为、态度形成约束，进而实现以诚信管理促进文化灌输，培养良好的安全态度。

（二）以高压态势，强化安全责任

1.设定红线，明确禁令，严格遵守

红线意识和底线思维，是宁钢安全文化最基本的内涵。红线意识就是面对"高压线"要有坚决不能触碰的意识。底线思维就是各项工作必须以安全生产为前提，管理者要有强烈的安全生产意识。所以管理者首先从学好法规制度标准和掌握安全禁令入手，率先垂范，带领员工从遵章守法做起，守住底线、不碰红线。

2.设定目标，一岗双责，失职追责

安全是干部的职业生命。"安全生产是前提""安全风险可防可控""事故可以避免"等理念成为干部的信条和目标，安全生产责任制、一岗双责和"三必须"是干部的"护身符"，失职渎职必受追究。使"安全是员工的最高利益""安全是成功人士的一道坎"成为每个干部工作准则和行动方略。用质疑的态度和保守的行动阐释对安全的敬畏。

（三）以严格管理，规范安全行为

1.用提升体系保障能力，筑牢安全生产防线

突出落实以安全生产责任制为中心，以隐患排查治理和安全风险管控双重预防为重点，强化管业务必须管安全、管生产经营必须管安全、管部门必须管安全。坚持不懈推进安全生产标准化上台阶，把提升体系保障能力作为安全文化建设的内生动力，促进全方位系统安全布防。

2.用主管安全履职，落实双重安全防控

推动"一个中心、两个重点、三个必须"的落实，就是以各级主管安全履职为出发点，以双重防控为落脚点。在落实隐患排查治理和安全风险防控双重预防上，强调主管履职有感领导，亲力亲为，做出示范。

3.用零容忍的标准，促进隐患排查治理

要实现"安全风险可防可控"，避免事故发生，就要对事故隐患采取零容忍的态度，把贯彻法规、落实责任、提高质量、消除隐患、防范事故作为隐患排查治理的基本任务，通过体系化、规范化管理，突出主管安全履职，用"PDCA+认真"的思想，促进隐患排查治理工作质量提升。

通过规范管理，建立起以岗位为点、专业为线、综合为面的隐患排查治理体系和四级三查一负责安全检查网络，形成了谁主管谁负责检查，谁检查谁对检查结果负责。公司承诺隐患治理不受资金、项目限制，并定期逐级公示隐患排查治理情况，接受广大干部员工的监督。

4.用零违章的态度，促安全行为养成

"100"班组建设发挥了基层堡垒作用。以"安全第一"为根本，以班组无事故、岗位无隐患、个人无违章为目标，以事故为"0"、违章为"0"为基准，以"一班三检""三方确认""三不伤害"为基本内容，推进班组建设，构成了安全标准化班组"100"文化。通过安全标准化班组达标，促进了良好安全行为的养成。

违章记分管理为严格管理搭建了良好平台，成为日常管理的有效手段。其突出的作用是自查自纠、互保联保、预警预告、培训提高，体现了高压严管、员工自主、区域自治、激励评价的功能和特点。通过机制的建立，大力推进行为约束。

5.用超常力度推常态管理，严控安全风险

明确责任，精准发力，实现突破。就是用安全职责"三必须"促进风险管控"三必须"，即发生事故必须督查事前危险辨识和控制情况，典型隐患必须督查对策措施及纳入危险源管控情况，高危作业必须督查"四到位"情况，以此为突破口，把全系统安全风险管控纳入常态管理。

突出重点、抓住关键、强化受控。对动态危险源的管控，强力推进作业许可和标准化作业，重点控制二、三级重大风险及C值大于15的作业活动。对静态危险源的管控，实行分级管理、定期检查、实时监控，重点控制一、二、三级危险源、安全重点设备以及安全关键点，使动静态危险源处于良好的受控状态。

安全确认，落实责任，坚守防线。涉及断能、停机的作业必须不折不扣实行作业安全挂牌，推行能量锁定，落实作业安全保障。针对作业项目的不同特点，规范作业挂牌管理。

三级管理，三层防线，严控风险。明确事故隐患排查治理和安全风险防控是各级主管的首要任务，亲力亲为管理、流程解析示范、推进员工实践是各级主管的主要责任，通过分级管理，不断提升安全履职能力，进而实现巩固安全生产防线，降低事故风险的目的。

6.强化事故应急管理，重在预防强在实战

应急管理是最后防线，但考验的是防御和实战能力。日常工作坚持预防与实战并重，在预防上结合危险源管理，重点开展危险目标的监控，突出主动预防，落实本质安全；在实战方面，重点落实应急预案三级管理四级响应，加强实战化应急演练和应急拉动；在技能方面，重点放在现场应急处置上，把现场的应急处置预案固化在规程中，落实在现场上，提高实战化应急技能。

（四）以安全自主，促进能力提升

1.以自主管理为基础，强化安全风险管理

双重防控工作关键是主管，但基础是自主。坚实的基层基础工作为双重防控提供了可靠的保证。事故隐患排查治理和安全风险管控，强调员工自主、区域自治，以自查自纠自改、专业检查深化隐患排查治理，要求各级主管把完善管理、培训辅导、流程解析、把关示范作为主要职责，加强安全工作摆位，消除安全管理缺位，落实风险管控到位。

2.以自主管理为手段，提升工艺安全管理水平

发挥安全自主管理特有优势，推进工艺安全提升。用项目化方法推进自主管理，用"安全发展"理念感召自主管理，通过全员参与、重点推进，积极控制工艺安全风险，弥补安全管理在工艺安全方面的不足，使员工在现场工艺安全管控和标准化作业方面取得累累硕果，每年涌现出大批优秀的安全自主管理成果和个人，成为推进工艺安全管理的良好载体。

3.以协力"四同"为抓手，助力整体自主能力提升

协力管理决定整体安全绩效。"没有管不好的乙方，只有不会管的甲方""业务外协管理不外协"明确了甲方的管理职责，实行"谁发包、谁管理，谁使用、谁负责"的分类管理，提出了协力安全"四同"，即同等标准、同样管理、同步开展、同等问责，强化甲乙双方责任到位，实现整体自主管理能力提升。

（五）加强预警反思，促进信息沟通

预警反思是宁钢安全文化特色之一。公司领导及各级主管亲力亲为推动、示

范，员工积极响应开展实践，为预警反思创造了良好氛围，通过早会、例会、班前会等平台建立多渠道、多层级信息沟通，特别是危险预知和安全训导台，形成从上到下风险防控的良好机制。

周四安全日活动，是宁钢安全文化的又一特色。公司将每周四定为安全日，也是无会日，各级主管带队开展安全检查、宣传培训、应急演练、班组活动，促进隐患排查治理，营造安全生产氛围。

（六）加强安全激励，追求卓越安全绩效

为科学地开展安全工作绩效评价，充分激发广大干部员工的积极性，公司建立了过程与结果相结合的安全工作评价及激励机制。以各司其职，全过程安全管理精细化为指导，制定了详细的评价标准，把安全管理体系运行和安全生产标准化有机融合，使安全激励成为安全工作的发动机，形成合力。

重视结果同样重视过程，虽然最终看结果，但过程控制是关键。在设计评价模型时，充分考虑评价的导向作用，月度评价扩大过程控制的影响，目的是引起关注；年度总评扩大结果对业绩的影响，突出结果的使用，从而实现结果和过程互为保证、互为促进的目的。

卓越的安全绩效，是安全文化所追求的境界。安全是一个单位或部门综合管理水平的反映，安全绩效好坏从侧面反映了该部门各项工作的真实业绩。安全文化通过示范和表现转化为安全领导力、安全执行力和现场管控力，进而强化了安全管理。追求良好的安全绩效是公司基本的生产经营目标，从公司到厂部形成了一个完整链条，实现有效运转。通过开展安全评价，安全绩效纳入年度业绩考核，实行安全工作一票否决制，为践行安全文化提供了有力保证。

四、结语

近年来，宁钢在安全文化建设和管理实践方面做了大量策划和推进工作，安全绩效比较平稳，但安全管理仍有很大提升空间，安全工作始终面临严峻挑战，我们深知安全工作的长期性和艰巨性，面对安全生产新情况、新形势，要不断丰富"高压、严管、自主、诚信"的安全文化内涵，不断创新安全管理实践。只要通过不断努力，上下一致，积极践行，安全管理水平一定会不断提升，最终实现卓越的安全绩效。

安全观察与指导在安全文化建设中的应用

胡煜文

（浙江省安全生产协会）

摘　要： 从理论研究和企业实践的经验表明，安全观察与指导在安全文化建设中有着重要的意义，作者通过调查问卷测评了安全观察与指导这一因子在安全文化示范企业和非示范企业之间的差异。本文介绍了安全观察与指导的方法和步骤，对安全观察与指导在安全文化建设中的应用提出了建议。

关键词： 安全观察与指导　行为安全管理　安全文化

一、引言

随着国内外学者对安全文化建设的理论研究，以及国内外企业对于安全文化建设的探索实践，我们意识到，企业小安靠技、大安靠人、常安靠文化。

海因里希的事故致因理论指出，人的不安全行为导致了88%的事故；杜邦公司通过研究发现，在作业安全事故中96%是由人的不安全行为造成的。国内专家傅贵的行为安全"2-4"理论认为，事故的原因分为组织行为和个人行为，组织行为的根源是安全文化。

通过事故致因理论和行为安全的理论，我们可以发现，从人的行为安全管理角度出发进行企业的安全文化建设是有充分理论依据的。行为安全管理的基本要素是人，安全文化建设的重要内容也是人，建设目标是全体员工形成良好的安全意识和行为习惯。因此，行为安全管理是企业安全文化建设的一条重要途径。

二、安全观察与指导在安全文化建设中的意义

行为安全管理的核心是对行为人现场行为进行观察、分析、沟通和指导。安全观察与指导是杜邦安全文化建设中的一项重要工具，也是我国《企业安全文化建设评价准则》中评价安全管理层的重要指标，要求管理层经常到现场，观察员工行为并给予指导。

20世纪80年代，杜邦公司在内部推行了安全观察与指导工具，18个月内公司工伤事故率降低了75%，而且管理者明显提高了安全管理沟通的技巧和能力，员工提升了安全意识。国内山西西山晋兴能源集团对下属某煤矿员工应用了安全观察与指导工具，通过6个周期（每个周期为7天）的连续观察、指导和统计，发现五个工种的不安全行为都有明显下降，不安全行为发生率从第一个周期的20%下降为第6个周期的2%。这些企业的实践说明，安全观察与指导在不同国家、不同行业的安全行为管理实践中都有一定成效。

为了分析不同企业对安全观察与指导在认识和实践上的差异，作者对省内20家安全文化示范企业和20家非安全文化示范企业的安全管理人员进行了安全文化建设情况的调查问卷（非安全文化示范企业的前提是二级标准化达标企业，并正在开展安全文化建设）。调查问卷中将安全观察与指导、安全检查频次及能力作为两个不同的安全文化因子进行测评，每个因子设计一道题目，运用李克特（Liken）五点式评量尺度来测量，答案分成五个等级，最高分5分，依此类推，最低分1。统计发现，安全检查频次及能力的因子，在20家安全文化示范企业的平均得分是4.0分，20家非示范企业平均分是3.9分，差异不明显；但是，安全观察与指导因子在示范企业的平均得分是4.5分，非示范企业是3.9分，相对来说差异明显。安全观察与指导不同于安全检查，这个因子更能反映出管理层对于员工安全意识及行为的关心和培养，更能表现出企业整体的安全文化氛围，因此应该受到企业足够的重视。

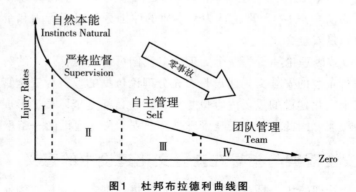

图1　杜邦布拉德利曲线图

上图是著名的杜邦布拉德利曲线，反映了安全文化发展的四个阶段与事故率之间的关系。据调查，我国大多数企业的安全发展阶段处于第二阶段，即严格监督阶段，要减少企业的事故率，就必须建立有效的安全文化，努力向自主管理和团队管理的阶段迈进。而从企业的安全文化建设情况来看，这个阶段的进阶恰恰是最难的。在我们的很多企业内，其实规章制度很多、安全检查也很多、安全宣教活动也算丰富，但整个安全管理的模式还是以警察式、家长式、碎片化方式为主，员工的自主性、能动性很薄弱，安全管理的体系化、系统化没有形成。企业的安全文化要发展，安全行为习惯的培养和良好安全意识的引导格外重要。安全观察与指导正是安全文化建设中一个十分重要的工具，是推动安全文化进程的重要抓手。

三、安全观察与指导工具的基本情况

安全观察与指导的对象是一线员工，对这些员工进行观察与指导的观察员则主要是企业的安全管理人员，包括企业领导、安全管理人员、工段长、班组长等以上领导。通过观看、倾听、嗅闻、感觉，对行为人的反应、姿势和位置、个人防护用品、工具和设备、工作程序、工作环境、人机工程等进行观察。重点是放在人的行为及可能产生的后果上，既要观察到人的不安全行为，也要识别人的安全行为。安全观察与指导的程序分为六步，整个过程控制在15分钟内。第一步，观察，在不妨碍员工工作的地点对员工的行为进行观察，超过30秒但不能超过5分钟，决定采取行动，安全地制止不安全行为；第二步，肯定，首先简短地介绍自己，倾听员工对刚才行为和工作现场的基本介绍，然后肯定该员工作业中安全的部分；第三步，讨论，和员工讨论不安全的行为，一方面针对刚才观察中发现的不安全行为所可能引起的后果进行讨论，另一方面讨论这种情况下更安全的工作方式；第四步，取得承诺，这一步要通过沟通取得员工的承诺，让员工认识到自己的问题并能做出安全行为的承诺；第五步，启发，对于工作行为中涉及的其他一些安全问题启发员工的思考，举一反三，与员工进行更近的沟通；第六，感谢员工，并提醒员工始终注意安全，鼓励其注意周围同事的不安全行为，形成互相帮助的团队安全管理。

图2 安全观察与指导的程序图

安全观察与指导是在心理学和行为学的基础上，对行为进行鼓励与干预的方法。这个管理工具的目的在于对员工好的行为进行鼓励，对错误的行为进行纠正，消除不安全的行为，探索不安全行为的原因，引导和启发员工进行安全行为的思考，通过持续和阶段观察进行跟踪分析，采取措施培养员工良好的安全意识和行为习惯，降低不安全行为发生的频率，减少企业的生产安全事故。

四、安全观察与指导的应用

安全观察与指导作为安全文化建设中的一项重要工具，不是对安全管理工作另辟蹊径，也不是独立安全文化建设另搞一套，而是要将这个工具融入安全文化的建设中，结合到企业的安全管理工作上。作者就安全观察与指导的应用，以及该工具和安全文化建设的融合谈一些看法。

（一）规范工作程序，建立行为安全预警机制

安全观察与指导的工作，企业首先制定计划和工作程序，要成立观察与指导小组，小组成员将安全观察与指导的工作列入安全文化建设中的个人安全行动与安全承诺内。小组内观察员的观察频率和期限要有不同的规定。观察对象需要覆盖到企业的各个区域、岗位、班次，以及不同的作业类别、环境和工作阶段。这种做法，能改变以往安全检查的突击性、单一性和碎片化，而是从点到面，覆盖作业行为的全过程全方位，能深层次了解不安全行为的发生节点、频率和原因等问题。观察员的工作程序、观察内容、行为标准、沟通中话题的选取、沟通的技巧和方式等，是需要在工作前进行培训学习的。实际观察与指导工作由观察小组2—3人执行，每次对1—2名左右员工进行观察、沟通和指导。在肯定安全行为和纠正不安全行为基础上，掌握不安全行为背后的原因，了解信息、收集数据，结束后做好安全观察卡的记录。安全管理部门对观察卡数据进行收集、分析、监测和跟踪，掌握员工对安全意识、安全规程、行为规范等内容的理解和运用程度，跟踪变化趋势，识别企业安全管理的薄弱点和环节，及时采取相应的措施，做出具体或系统性的改进。比如，在对所有高危作业进行安全观察与指导，发现动火作业的不安全行为始终很高，那说明现行的动火作业技术、管理或培训中是有一定问题的，一定要及时采取措施；比如班组长、工段长在安全观察与指导中发现下属员工出现类似的不安全行为较多，在现场纠正的同时，就需要通过工前会、工后会进行重点的强调；对于发现的共性问题，安全管理人员要对企业的相关规定和制度做出合理的调整和修正。规范科学的安全观察与指导，不仅能纠正不安全的行为，培养良好的行为习惯，也能总结出科学规律，为安全管理决策提供依据，为安全管理的预警提供帮助。

（二）发挥领导作用，营造良好的安全文化氛围

安全文化的建设必须是从企业的决策层开始，领导真重视、真重实，才能自上而下真正推进安全文化建设。在安全观察与指导的小组内一定要有领导决策层参与，除此之外有安全管理人员、班组长等行为人的直线领导，也可以适当增加一线员工参与。决策层在安全文化建设中不仅是要保证充分的人财物投入，在做出企业决策时考虑安全工作；更要保证自己公开的安全承诺和责任得到履行，其中包括领导进行安全讲课、进行安全经验分析、参加安全工作会议培训，也包括带头进行安全观察与指导。领导定期带头进行安全观察与指导，一方面，能体现出领导对于安全工作和员工安全的重视，通过安全观察与指导真实掌握企业员工安全行为的现状，员工能通过被观察和指导感受到良好的安全氛围，感受到自己的安全被重视、被关心，唤醒员工自主的安全意识。另一方面，安全观察与指导，改变了"警察抓小偷"似的惩罚性、监控性的管理方式，在沟通讨论中拉近领导和员工之间的距离，让员工安全的行为得到肯定，安全的意见得到鼓励，正向激励员工的安全行为，增强员工的执行力。在这样的良好氛围中，员工真切感受到幸福感和安全感，定下心来努力工作，焕发出新的工作能力。

（三）解决人因问题，帮助员工提高安全能力

当然，领导进行安全观察与指导的频率不会很高，那么安全观察与指导的基础工作主要是落在企业的安全管理人员身上，有员工的直接上级班组长、工段长，也有安全管理人员。好的观察员有到现场观察的能力，知道看什么、知道怎么看，还要会和员工沟通、有工作热情和创新。安全观察与指导，要解决的是安全行为的人因问题，这正是做好观察与指导工作的重点和难点。首先，要提高观察员的专业度，观察员要熟悉观察对象工作的程序和标准，要对不同员工、不同岗位、不同作业类别的观察小组，配置专业能力强且善于沟通交流的成员，并对其进行培训；其次，在安全观察时，观察员要仔细全面地进行观察，不要试图去逮住某个人的不安全行为，而是要查看员工在被观察时有没有任何改变或者在被观察过程中的变化。然后，沟通讨论时一定要多听员工讲、多鼓励员工讲，一般员工讲占到整体交流时间的2/3以上。这样做的目的是要让员工讲出自己内心的真实想法，把一线的安全问题反映出来，为什么会出现不安全的动作，为什么会没有按操作规程或者行为规范做，是对操作规程的理解不对、安全意识不强，还是操作规程的具体要求不符合单位的实际、操作起来很困难，或者是上级安全管理出现偏差？了解这些不安全行为背后的原因。最后，在讨论中，观察员注重帮

助员工进行危害的辨识、风险的评估和自我的保护，引导员工对自我安全的重视，对安全行为的承诺，在工作结束后记录观察卡。安全管理部门通过观察卡及时掌握信息，发现问题，改进提高，持续系统地提高员工的安全行为能力。

（四）减少管理矛盾，鼓励员工参与安全工作

安全观察与指导是一个减少矛盾的管理工具，达成的是安全管理人员与一线员工安全的共识，必须和常规的安全检查和安全纪律区分开来。安全观察与指导的重点是对人进行观察，突出的是双向交流，是积极的、激励型的，非惩罚性的。而安全检查重点是对物以及人进行检查，行为人是被动的，情绪是负面的。当然违反企业安全禁令的行为一定要惩罚。安全观察与指导不记录员工的姓名，让员工放下戒备，敢于说真话；改变说教式的管理方式，用求教的态度和员工交谈；以"培"为主"训"为辅，鼓励员工对安全行为的思考和辨识；引导员工参与到安全政策的制定、安全工作的建议、安全隐患的自查自报上来，让安全文化建设中全员参与这一重要环节得到落实发展。以浙江省交通集团某项目开展可持续项目（SCORE）为例，该项目的一个重点工作是以人为核心，帮助企业建立员工和企业领导层的沟通机制，鼓励员工提出安全问题及对策，试点工作半年，广大员工主动参与安全工作，安全隐患排查总量同比增长40%以上，其中员工排查的隐患占比达84%，员工排查占比率同期增长82%。因此，建立积极的沟通和激励政策，不仅能加强安全管理队伍的建设，更能推动全员参与安全工作，形成良好的安全文化氛围。

通过安全观察与指导工具，从人的行为管理入手，夯实企业的安全管理基础；鼓励员工参与安全工作，形成良好的安全意识和安全文化氛围；引导员工自主自觉地从"要我安全"向"我要安全""我会安全"转变，促进企业形成长效稳定的安全文化。

参考文献：

[1] Heinrich W H, Peterson D, Roos N. Industrial Prevention [M]. New York：John Wiley &Sons，2002：1—31.

[2] DSR. Stop for employees introduction [M]. Texas：Du Pont，2003：2—10.

[3] 傅贵，殷文韬，董继业. 行为安全"2—4"模型及其在煤矿安全管理中的应用[J]. 煤炭学报，2013，38（7）：1123—1129.

［4］延懿宸，任峰伯，牟延旺．石油化工企业行为安全观察管理沟通及应用［J］．石化技术，2018，25（9）：233.

［5］边俊奇，毕建乙，雷云．基于杜邦STOP系统煤矿安全行为观察模型的构建及应用［J］．中国煤炭，2018，44（8）：143—147.

［6］范晓刚．开展安全行为观察，提升公司安全管理文化［J］．现代国企研究，2018（18）：118—119.

［7］邵长宝．基于杜邦布拉德利曲线的行为安全管理研究［C］// 中国职业安全健康协会行为安全专业委员会．第二届行为安全与安全管理国际学术会议论文集．中国职业安全健康协会行为安全专业委员会：Safety Science Publishing Pty. Ltd.，2015：6.

铁路企业特种作业人员安全培训模式
创新探析*

陆　萍

（中国铁路上海局集团有限公司杭州职工培训基地）

摘　要： 特种作业操作人员是铁路企业生产作业中的重要组成部分，能否有效地做好特种作业人员的培训工作关系到企业的安全生产。本文针对铁路企业特种作业人员培训中存在的问题，提出了从培训理念、培训内容、培训方法、培训条件与培训管理等方面进行安全培训模式创新的构想，以有效解决安全培训存在的问题，提高安全培训效果，提升铁路从业人员的安全意识与素质。

关键词： 铁路　特种作业　安全培训　模式创新

一、引言

据现有的国内外有关资料显示，由于特种（设备）作业人员违规违章操作造成的生产安全事故占生产经营单位事故总量的比例高达80%以上，同属于高危岗位的铁路企业特种作业人员，在生产中发生事故的概率较高，事故的危害性大，是影响铁路运输安全、生产安全和人身安全的重要因素。鉴于此，我们应切实加强铁路企业特种（设备）作业人员的培训，这对保障铁路安全生产有着十分重要的意义。

二、铁路企业特种作业人员培训中存在的问题

（一）重任务指标轻培训效果

有不少站段对特种作业人员培训工作重视不够，没有将培训与安全生产联系起来，对培训促进安全的作用认识不足，只是将培训当成任务指标来完成，而不注重培训的实际效果。加之目前一些安全技术培训内容、形式手段等不能很好地适应新形势的要求，计划和评估不够科学，导致参加培训的特种作业人

---

*本文刊登于《教育学》2017年7月，总第323期，第150页。

员缺乏学习的积极性、主动性，自主参培意愿较弱，使得安全培训难以达到预期的目标与效果。

（二）重知识传递轻技能培养

特种作业人员涉及岗位较多，他们不仅要掌握本岗位工种相关机械设备的原理，更重要的是要在培训中提高实际安全操作能力。目前因为铁路企业内部单位众多，特种作业人员即使工种相同，其岗位差异仍然很大，而我们在对特种作业人员进行安全培训时未能充分考虑不同工种、不同岗位的实际需要；再囿于设备和场地局限，现有的实战演练设施不配套，只能采取相同的培训方式，以知识理论讲解为主，对受训者实际操作技能的培养不够。

（三）重课堂讲解轻方法创新

目前大多数培训课程在实施过程中培训方法一成不变，创新不够，培训形式相对单一，大多采用课堂理论教学，以说教式或"填鸭式"的培训方法进行灌输，教与学的互动性较差。仅在课堂完成理论教学过程，没有采用灵活多样、开放实用的培训模式。参加培训的职工主要来自生产一线，文化水平偏低，很难适应这种传统教学方法，学习积极性不高，这也导致安全培训效果较差。

三、安全培训模式创新实施原则

（一）变单向式灌输为双向性互动培训，提升学员的兴趣

注重典型事故案例的收集，列举适量容易成为习惯的违章行为，并设置为问题，要求学员自主分析判断，并通过与学员共同讨论这些违章行为的危害性，提升学员学习的兴趣与积极性。培训中也可以鼓励学员把生产中碰到的较容易违章的或不明白的问题提出来，请大家参与讨论，加深学员印象，提高培训效率。

（二）变单项理论培训为理论实践并重，提高学员操作能力

加强对实际操作环节的培训，在课堂上，教师可采用演示法，对学员进行示范引导。如事故应急救援、事故应急预案演练及一些防范措施等内容，均可采用上述方式，先由老师讲要点，然后组织学员上台进行防范措施及模拟事故演练，这样既可了解学员安全知识掌握程度，也让学员能动手实践。此外，还可组织学员到实训场地进行实际操作的训练，提高操作技能。

（三）变传统培训方式为现代培训模式，提升培训效果

采用现代多媒体化的培训方式，不仅可大大缩短培训时间，提高考试合格率，缓解工学矛盾，对培训效果也可产生十分明显的提升作用。例如，幻灯片放映，视频案例培训，提供色彩鲜明的图片、视频，身临其境的模拟仿真教学的运用，均能通过较强的感官刺激提高学员的学习效率。

（四）变"封闭式"培训为"开放式"培训，开阔学员视野

传统的封闭式课堂培训方式限制了学员的思路，而开放式课堂培训可以弥补其不足。教师直接在生产现场示范并讲解，不仅丰富拓宽了课堂培训的内容，还可以使学员产生浓厚兴趣，加深对安全知识的理解记忆，促进安全意识的提升。

四、铁路企业特种作业人员培训模式创新举措

当前的安全培训工作由于受到传统培训模式的制约，培训工作滞后于经济形势的发展，与铁路总公司提出的"强基达标，提质增效"的工作总要求不能完全适应。面对存在的问题，要改革特种作业培训模式，树立创新理念，创新培训内容，改进培训方法，改善培训条件，优化培训管理，逐步探索出一条提升培训质量的有效路径。

（一）创新培训理念，供需并举调整培训目标强化参培动机

培训理念创新是实施培训模式创新的灵魂与核心。培训机构应该把培训的关注点聚焦在培训效果上，更新培训理念，将知识传输与能力训练并举，突出能力训练；水平提高与品质完善并举，突出品质完善；认识发展与观念转变并举，突出观念转变等思路融入主体理念；从安全文化建设的高度确立"安全培训让您受益"的思想，提高学员对培训的接受和重视程度。同时，培训机构要发挥本系统优势与送培单位紧密配合，实行培训学员奖惩制度，以培训成绩+受训后技能水平提升状况为考核标准，与收入待遇紧密挂钩，奖优罚劣，使员工真正感到"学与不学不一样""学好与学坏不一样"，强化其参培动机。

（二）创新培训内容，制定动态开放与针对实效的内容体系

培训内容创新是实施安全培训模式创新的重要基础。根据企业所在的行业（所辖范围）、培训对象的岗位特点等，设计和策划不同的培训内容，并把以"应用安全技术管理为主体"的理论教学体系和"以实践能力培训为目标"的实

践教学体系有机结合起来，按照"符合现场实际、职工作业实用、培训务求实效"的原则制定培训规划书。同时以技能提升为目标，在对送培企业及其参培学员的类型、知识、技能等方面进行系统分析的基础上，制定具有开放性、针对性与实效性的课程体系。这一课程体系可以循着"三个结合"的思路展开：第一，安全规范方面，除了特种作业人员必须掌握和了解的国家法律、地方性法规之外，要结合铁路企业内部各工种的安全规程排课授课，找准安全作业共性与个性要求的契合点；第二，作业标准方面，要考虑各工种在不同岗位作业的实际差异，结合铁路各岗位的作业指导书，编排操作指导课程，找准理论与实际操作的契合点；第三，作业环境方面，要结合铁路企业特种作业环境的独特性，找准各工种常规急救要求与应急处置流程的契合点。

（三）创新培训方式，形成形式多样与灵活有效的方法体系

培训方式创新是实施安全培训模式创新的重要条件与关键所在，培训中可以采用的较好方式有：一是案例教学。案例教学具有形象、生动、授课效果好的特点。通过对安全事故的案例剖析，不仅让学员吸取事故中的教训，还能够把已掌握的安全知识从模糊感性认识提升为清晰的理性认识。二是研讨式教学。培训教师和学员之间平等对话、互动交流，使参与培训的学员形成新的安全理念，产生愉悦自信的体验。三是"教练一体化"。为提高教学质量和教学效率，把实用技能训练与专业理论教学穿插进行，形成"教"和"练"的一体化，研究并实施将课堂授课教学、模拟仿真教学、多媒体教学、实物现场演示、单一技能、综合技能实操教学等融为一体的教学方法。四是"互联网＋"方法。引入"互联网+"培训方法，将课程重点、教师指导意见、复习题库、参考资料等通过网络平台让学员共享，也可开设微课堂与学员进行互动交流，使培训教学在空间和时间上得到延展的同时，也为学员即时学习提供更多选择。

作为培训方式更新的软硬件支撑，培训的基础建设和设施建设也必须跟进。教室全配置多媒体教学设备，建立电工、电焊工实训室。配备仿真人、模拟人，让学员能通过现场模拟演练，快速掌握和提高实际操作水平。实训场地应做到设备完善、设施齐全，可以进行学员的理论知识学习、实操技能模拟训练、技能技术比武等等。培训基地还可依托企业优势，以"共建、共享、共赢"为原则，与站段建立合作机制，完善实训场建设，在基地内还可逐步建成完善模拟仿真与真实的现场实训环境相结合的接触网和电力实训场，实现功能系列化、设备生产化、环境真实化，使学员能将更多时间放在实验室或实习车间，使每个教学课程都能做到讲解、示范、练习同步进行，加强技能训练。在培训软件方面，编写岗

前培训教材、实操系列教材、多媒体课件，加强在线培训的教材库、课件库与复习题库建设，保证网络平台共享资料及时顺畅。此外，还应加强对师资的同步培训，使教师的教学能力在保障教学质量的基础上跟上培训方式的创新步伐。在用好专职师资队伍的同时，依托各基层站段的人才优势，聘请一线实作经验丰富的技师同步参与到教学过程之中，多渠道开展课堂讲授和演练实作等教学合作，补齐实作教学短板。

五、结语

铁路特种作业人员安全培训直接关系到铁路企业的生产安全、职工人身安全，作业人员安全技术培训的到位，是对铁路企业安全生产的极大促进。针对目前培训过程中存在的问题，进行安全培训模式创新是非常必要的。相信通过培训理念、培训内容、培训方式等方面的创新，能够从根本上提高安全培训效果，提升铁路从业人员的安全意识与素质，从而为铁路企业的安全运行、可持续发展提供有力保障。

论安全教育培训的重要性与工作建议

吴国强

（桐乡市应急管理局）

摘　要：安全第一，预防为主，综合治理是我国的安全生产方针。而安全教育培训在安全生产管理工作中扮演着重要的角色。本文以桐乡市教育培训现状为例，提出工作建议与对策。

关键词：安全培训　安全生产　事故　防范　基础

一、强化安全教育培训的重要性

人的生存依赖于社会发展和自我安全。安全条件的实现是由人的安全活动实现的，而安全教育培训作为防范事故的措施之一，也是安全活动的主要形式。安全教育培训，意在提高生产经营单位管理人员、从业人员安全生产理论知识、管理能力、技能和整体素质，并向全社会各类人员普及安全知识。

伴随着当今社会经济的迅猛发展，各行各业新生力量的不断涌现，安全生产问题也日益突出。桐乡大量的小型生产经营单位，在一定程度上存在安全投入不足，设备陈旧，安全基础薄弱的现象。这些企业以民间个人投资为主，普遍存在着安全生产主体责任意识不强，重生产轻安全，安全管理能力薄弱、安全不会管、安全无人管等问题，更是谈不上安全培训。经营者在生产经营过程中往往喊着我们规模小、员工少，从未出过事，不会出事，存有侥幸心理，违章指挥，冒险蛮干的思想，一旦发生事故总是抱怨运气不好，受害人思想不重视，等等，更不知安全生产培训的重要性。

早在1931年美国安全工程师海因里希（H.W.Heinrich）就根据他的调查结果提出了多米诺骨牌事故理论，认为事故是由社会环境和管理缺陷、人为的过失、不安全行为或机械物质的危害、意外事件和最终的人身伤亡等五个因素按多米诺骨牌倒牌规律连锁反应的结果，并且认为只要断开或抽掉其中任何一块骨牌，便可遏制事故的发生。杜邦理论认为，在事故发生的众多因素中，人的不安全行为占96%，为主要原因，是人为的，也是可以避免的。物的不安全状态占4%，为次要原因，也是间接人为的，可以避免的。85%的安全事故是员工的"三违"，即人的不安全行为造成的。在现实工作中，我们也发现绝大多数事故都是人为造成的。事故金字塔理论经过大量数据统计表明，死亡事故、重伤事故、轻伤事故、危险事件中不安全行为的比例是 1：29：302：2998：30000，我认为这个比例基本上是适用的，这说明安全来自细节。对照我们近几年发生的多起伤人事故和现场发现的一些安全隐患，就发现事故是因为没有进行安全教育培训或者是安全培训不到位，没有掌握安全知识和自救能力而造成的。各类伤亡事故调查表明，没有经过安全培训合格上岗的人员安全素质难以得到提高，任凭工作经验和侥幸心理是难于确保生产安全的，事实证明也难以实现安全生产，必将会给生产经营单位带来不必要的经济损失，给家庭带来不幸。

二、开展好安全培训教育的要求

（一）安全教育培训是我国法律法规的基本要求

《安全生产法》第三条规定了我国安全生产工作应当以人为本，坚持安全发展，坚持安全第一、预防为主、综合治理的方针。安全教育培训就是努力提高职工队伍的安全素质；提高广大职工对安全生产重要性的认识，增强安全生产的责任感；提高广大职工遵章守纪自觉性，增强安全生产的法制观念；提高广大职工的安全技术知识水平，熟练掌握操作技术要求和预防、处理事故的能力。安全教育培训的目的在于提高安全生产水平、技术知识水平、管理业务水平和促进技术知识的更新。

《安全生产法》明确要求生产经营单位的主要负责人、安全生产管理人员、作业人员特别是特种作业人员必须具备相应的安全生产知识，并经培训、考核合格，取得相应证书。此外，安监总局3号令《生产经营单位安全培训规定》、安监总局44号令《安全生产培训管理办法》以及《浙江省安全生产培训管理实施细则》等规定，都对安全教育培训的对象、内容、学时、考核、证书等做了明确的要求。

安全教育培训也有"新"的需要。随着法律、法规的不断健全和完善，经济建设的与时俱进，新技术、新设备、新材料和新工艺得到不断研发和引进、更新换代。所有的"新"必须要进行岗前安全教育培训。如果没有安全培训，无论设备技术如何先进，最终都需要人去操作，没有科学的管理方法，没有高素质的从业人员，科学还是无法充分发挥其第一生产力的作用，更谈不上安全生产。安全教育培训能够使员工掌握先进的安全管理知识和操作技术，从而能够驾驭新的机器设备，才能正确处理好人、机、环境之间的关系，为安全生产奠定坚实的基础。

（二）安全教育培训是事关企业生产发展和人身安全的必要条件

生产，是企业稳步发展壮大的核心。安全，是企业有序生产的前提。生产必须安全，生产安全必须从安全教育培训抓起，才能确保本质安全。

安全教育培训也是以人为本、关爱生命的客观要求。通过安全教育培训，员工可以充分了解自己在生产过程中应承担的义务以及享受的权利，了解职业中的有害因素，从而更好地避免自己和他人的职业伤害，熟知哪些岗位是安全的、哪些是不安全的，有利于约束自己的不安全行为。再从安全事故发生的多米诺骨牌效应或者蝴蝶效应角度来看，个人安全对企业经济效益、发展和家庭幸福有着深远的影响。美国著名的心理学家马斯洛就提出人对"安全的需求"仅处于对"温饱需求"之后，可见人对于安全的需求，在本质上呈现出"我要安全""我会安全"的重要性，而从"我要安全"到"我会安全"这一转变，促使员工和企业达到价值观上的统一，反映出安全教育培训的重要性。

（三）安全教育培训是安全技术革新的基础

安全培训促使企业员工注重判别自身岗位的安全性和危险性，以活到老学到老的心态，学习学习再学习，不断更新和充实安全生产理论知识，熟练掌握安全操作技能，强化安全意识，提升安全素质。安全教育培训促使员工在实践工作中，通过理论指导实践，以安全知识来控制人的不安全行为，从安全角度不断改进工艺、机械设备本身存在的缺陷，减少设施设备缺陷，研发安全技术来控制物的不安全行为，从而实现本质安全。

三、桐乡市安全教育培训现状

安全生产基础工作薄弱，安全生产培训和考试制度建设正在改革过程中，安全培训考试工作与安全生产新形势、新任务的要求还有一定的差距，存在认识有偏差、发展不平衡、应培底数不清、培训面较窄、教学质量不高、监管力度不大等问题，自2017年起实施的安全生产理论知识计算考试，也倒逼参训人员形成自觉学习的氛围。

与周边城市相比，桐乡的企业呈现出散、乱、工艺落后的特点，特别是崇福、洲泉、濮院等个体经济发展较快的镇。这些镇的大部分从业人员有外来人员多、流动性较大、文化程度普遍不高的特点。

也有许多企业主明知安全教育培训的重要性，但是往往以生产第一，追求数量和利润最大化，不舍得在安全教育培训上投入，总是抱着不会出事的侥幸心理。对于安全教育培训认识上存在误区的企业主，往往认为自己没有发生过事故便可以忽视安全教育培训，弱化了企业自身安全教育培训的主体责任，而仅依托中介机构做培训台账，应付检查，导致安全教育没有真正落实到位的现状，造成规章制度、操作规程锁在抽屉里睡觉的现象，以为基础安全教育培训是一本无经济效益的死账，却引发了事故方的经济大账。

外来务工人员文化水平普遍较低，在实行计件制的工作中，认为做的是体力活，工艺简单，不会出事，安全意识过于淡薄，难得有机会培训，当成公休，出现上课聊天、打盹、迟到早退、代学替考等现象。员工对于安全知识学习缺乏主观愿望，能动性不强，造成学习不到位。虽然"我要安全"是本能，谁也不愿自己出事，但是实际工作中，由于各种复杂因素的存在，导致在参加培训教育的时候被动地执行"要我安全"。更主要的是员工往往忽略事故的突发性、偶然性、预见性，一旦处在危险中，就不知如何处置与自救，这样就难保自身安全。

四、加强安全教育培训工作的建议与对策

（一）严格安全教育培训考核要求，形成制度化规范化

凡事预则立，不预则废，安全培训要结合培训需求做好培训，统筹安排，合理利用资源，提升培训效果。政府部门应强化对从业人员的培训考核工作，加大安全教育培训监管力度。按照安全教育培训工作"统一规划、归口管理、分级培训、分类指导、教考分离"的总体要求，积极对社会零散工，特别是特种作业人员进行安全教育培训。

（二）加强针对性，适当开展实践教学

现在的安全教育培训分类过于简单，所有的培训课程内容千篇一律，基本上采取的是课堂讲授的统一教学模式。对于存在个人文化和行业差异的，应对"满堂灌的教学模式"有所区分，为取得良好的效果，探索新的教学模式成为安全培训发展的重要途径。

因此，培训机构需要不断完善安全培训体制，组织开展多层次、多形式、多渠道的安全生产知识培训，在金属冶炼、建筑施工、道路运输、危险物品、宾馆、旅游、学校等行业领域开设针对性较强的课程。特种作业人员培训过程中，若学员学习接受能力不高，建议采用互动教学或者实践操作模式，利用理论指导实践，实践巩固理论。

（三）不断加强师资力量和教师队伍建设

培训机构的师资力量参差不齐，知识面较窄、形式单一、经验欠缺，有理论知识的无实践经验，有实践经验的缺乏系统理论。因此，教师应不断加强自身学习，达到理论知识和实践经验兼具，从而适应实际教学工作的需要。培训机构应不断加强安全培训标准化建设，促使教师队伍正规化、教学质量上水平、教学手段现代化。

（四）加大安全教育培训宣传力度

利用报刊、电视、网络、微信公众号等媒介宣传安全教育培训，开设安全教育培训专栏、专窗等。免费发放一些关于安全知识的小读本、小报刊、口袋书，列举因未经安全教育培训，不懂安全知识造成事故伤害的案例，方便在茶余饭后随时可学。不断强化企业安全教育培训的主体责任，通过贴近实际生活的本地事故案例分析事故原因和危害，从而提高群众对于接受安全教育培训的自觉性和主动性，达到从"要我培训"向"我要培训"的转变。

（五）要进一步强化安全生产培训工作

一要从提高从业者的素质、预防安全事故的层面搞好安全培训工作。二要开拓新的培训阵地，大力推进"互联网＋安全培训教育"，提升安全教育培训的趣味性、针对性和实效性。三要进一步健全安全培训考试体系，推进安全资格考试点规范化建设，进一步完善考试系统，加强教材和师资建设。四要加强安全培训专项检查，以监管促培训、以培训保安全。

在培训工作中要充分认识安全教育培训工作对于落实科学发展观、构建和谐社会的重要性，体现安全生产以人为本的教育理念和管理理念。安全生产教育培训工作事关经济社会的有序发展，事关人民利益和社会稳定。因此，生产经营单位应依法开展安全生产教育培训，有关部门应依法进行安全生产教育培训工作的监管，以维护从业人员接受培训的权利，切实做好安全教育培训工作，为全市安全生产形势持续稳定好转打下扎实的基础。

参考文献：

[1]浙江省安全生产管理编委会.安全生产管理[M].北京：当代中国出版社，2001.

创新安健环培训模式 培育员工健康的安全心态

吴剑波

（浙能国电浙江北仑第一发电有限公司）

摘 要： 安健环培训是提高员工安全意识、培育健康安全心态，形成安全作业行为的一个重要途径，选择生动活泼的安健环培训模式，会使这种效果得以加强。

关键词： 安全心态 标准化规范作业 图文并茂 看板管理 现场考问

美国著名安全工程师海因里希提出的300：29：1法则，认为：当一个企业有300起隐患或违章，非常可能要发生29起轻伤或故障，另外还有1起重伤、死亡事故。而大量事实证明，任何安全事故都是由于人的不安全行为或物的不安全状态造成的，而物的不安全状态也往往是由于人的因素造成。可见，要杜绝各类违章现象、避免安全事故发生，对员工的安健环教育培训是一项多么重要且必不可少的工作。

近几年来，随着国家经济建设的不断加速，一些行业安全事故频发，尤其是几起群伤群亡的特、重大安全事故的发生。如，2017年11月24日发生的江西丰城发电厂冷却塔施工平台坍塌，造成76人伤亡的特别重大事故，后果极其严重，影响极其恶劣，教训极其深刻。在对事故暴露问题的深刻反思中，不难发现，这与该单位安全警示教育培训欠缺、员工安全生产红线意识淡薄有重大关系。可见要让安全生产工作长治久安，加强对员工的安健环教育培训是一项多么重要的系统工程。

笔者从事安全管理工作十几年，在对电力系统一些单位的安全督导检查中也时有发现，有些单位在开展员工的安健环培训上，表面上看似乎有许多举措，但实际效果却并不佳。究其原因，最主要的还是没有抓住问题的症结，对如何去培育员工健康的安全心态，帮助员工养成遵纪守规的良好习惯缺乏有效的培训手段。

随着经济的快速发展，企业用工制度开始呈现多样化。现在有越来越多的来自劳动力市场的外聘工被充实到高风险行业的生产、检修和安装队伍中，他们在给企业带来可观的经济效益的同时，受自身文化程度、安全素质的制约，加上缺乏系统、规范的安健环知识教育培训，安全意识不强，以致作业过程中"违章指挥、违规作业、违反劳动纪律"的三违现象频出，给企业的持续、安全、和谐发展埋下了诸多安全隐患。笔者结合早期在生产一线的工作经验以及与各类生产一线的员工经常的沟通、交流，在创新员工安健环培训模式、提高培训效率方面进行了一些尝试、总结和探索，也积累了一些经验和心得。在此愿与同行做一些交流，如有不妥、欠缺之处还望大家批评指正。

一、采用图文并茂、集知识性和趣味性于一体的多媒体 PPT演示方式拓宽互动交流渠道

安健环培训就是为了提高员工队伍的安全素质，安全技能；提高广大员工对安全生产重要性的认识，增强安全生产的责任感；帮助员工养成遵章守纪的自觉性、增强法制观念和预防、处理事故的能力。以往传统教科书说教式的培训模式由于缺乏与培训对象的互动交流，激发不起他们的求知欲望，培训效果大打折扣；而图片、视频这种载体由于包含的信息量大，且能夺人眼球，易被人喜爱和接受。为此我在对新、老员工的事故危害及事故预防培训时，在教材中编辑了大量来自生产一线的图片和视频案例，采用正反对比方式，一方面剖析各类违章现象的成因、这些不良作业行为和设备、工器具及环境缺陷可能造成的不安全后果和事故。阐释为什么我们要不断地对"反违章、治隐患、守安全红线"的理念"老生常谈"，并且对身边发现的各类违章现象"小题大做"。另一方面，对员工的遵章守纪、标准化规范作业，细致落实现场"5S"管理的行为进行大力弘扬和宣传，目的就是不断通过直观、形象的对比方式帮助员工培育起健康的安全心态，在思想深处筑牢安全篱笆，牢固树立起"违章就是践踏生命""违章可耻"的安全责任意识。

在对《安全生产法》《发电企业安全设施配置规范》，以及消防设施和应急救护等生产安全基础知识培训中，我同样通过色彩鲜明的图片，漫画、猜谜以及推文等方式来促进与培训对象的互动，让员工在潜移默化中自觉树立起每项作业前开展人身安全风险分析、预控的良好习惯；扎根"生命至上，安全第一"的安全责任意识和红线意识；帮助员工形成"安全就是生产力""安全就是效益"的观念，从而对员工身边的各类不安全行为产生抑制作用，进而达到员工自觉杜绝违章、预防事故，实现安全生产的效果。

二、采用VCD、录像带、光盘等视频方式展开事故案例教育

为让员工对违章行为会酿成惨痛事故的教训有深刻的认识和体会，从而警钟长鸣，逐渐在内心深处扎牢安全篱笆、培育起健康的安全心态，我经常把事故案例警示教育当作培训中的重要一环。基于视频、多媒体特有的对人体视觉和听觉的冲击力和心灵震撼力，我在对新员工的入厂安全教育中，首先通过播放《全员安全培训》光盘、违章事故警示录像带以及从网站下载的一些典型案例视频短片，让他们在感官上感受血淋淋的人亡、物损惨痛事故场面，达到震撼心灵、警示效果。虽然画面残酷，但这种直接的视觉冲击效果远比单纯的书本教育要来得生动和深刻，培训教育效果更好。这从培训后一些学员的反馈中得到了佐证。正如有些学员所说，以前平面式、书本式的典型案例教育，培训当日还是有印象，但时间一长就忘了。而借助视频这种立体式的画面展现方式，再以文字辅助说明，则是惊出冷汗，印象深刻，甚至有些画面已深深地刻入脑海里，永远都不会忘记，真正起到了警钟长鸣的效果。

三、采用看板管理和现场考问培训的方式，来提高作业人员自觉开展人身安全风险分析预控的习惯

作业现场是各类风险、隐患最集中的场所。从事故发生的最直接原因分析，人的不安全行为和物的不安全状态是其中的关键因素。作业人员是整个安全保证体系中一颗至关重要的棋子，他们的作业行为是否安全、规范，是否遵循安健环综合管理体系要求，直接关系到一个企业的安全、和谐和持续发展。

为此我在现场开展反违章和安全督导检查时，一方面，对作业人员的不良作业行为及时纠正、提醒和考核；另一方面，积极倡导检修现场的标准化、规范化管理。项目负责人应对检修项目，实施作业区域封闭隔离和看板管理。看板除了上贴检修项目的组织机构、作业区域定置图、检修进度表的同时，将检修作业风险控制措施、安健环文明生产管理要求、质量安健环考核要求一并张贴，帮助提醒作业人员自觉开展每项作业前的人身安全风险预控和规范作业。另外采用现场考问的培训方式，通过查作业文件包、工作票、安全技术交底记录、特别是高风险作业的风险控制单，来现场考问工作负责人以及工作班成员对作业前的设备安全隔离措施、作业中的危险点辨识及预控措施等是否"落地"到位。

记得有一次我在现场安全督导检查时，恰好碰到有两个作业人员准备去进行3号机组的发电机密封油滤网清洗作业。我首先查看了热机工作票上的安措，对

其中的一名作业人员现场考问了此项作业的安措和危险点预控措施，发现其中有个重要的细节工作负责人未对他交代清楚。接着继续考问身边的工作负责人关于这个滤网清洗的具体操作步骤，发现工作负责人也对这个重要的细节不清楚。一旦作业人员按照工作票上运行人员隔离的安措开展作业，则势必会发生跑油甚至更严重的火灾事故。为了加强作业人员对油滤网清洗作业的风险辨识和预控能力，我就按照工作票上的安措，逐条请他们自己从滤网切换、隔离、泄压环节逐一判断。果然工作负责人对各个部件认真仔细检查后，发现泄压环节中存在泄不尽油压的问题，打开清洗滤网筒的放空阀后，始终有油不断地从放空阀溢出。他们此时也认识到如果直接打开滤网筒盖清洗的话，势必会造成喷油事故，漏油碰到高温高压蒸汽管道还会引发火灾。在我进一步考问提醒后，他们终于注意到了筒体切换阀手柄下方还有一只闭锁小手柄未锁紧，导致运行滤网与待洗滤网的油压一直保持着畅通。原来运行人员做安措时虽对滤网进行了切换和隔离，但忘了将闭锁手柄锁紧。虽然事后他们都惊出了一身冷汗，但两人还是非常感谢我的这一番现场考问和培训，觉得受益匪浅。我顺势告诫他们今后凡在泵体、阀门、管道、油系统项目作业时一定要亲自确认泄压环节，要养成每次作业前工作负责人亲自检查确认安措落实的良好习惯。

各行各业的安健环培训均不可或缺。培训的模式可以多样化，可以不断创新、发展，但必须实效、实用和具备可操作性。安健环培训也是安全管理的一项最基本工作，是确保安全生产的前提条件。只有不断加强对员工的安全教育培训，强化全员安全意识、才能筑牢安全生产思想防线，从而从根本上解决安全生产中存在的隐患、杜绝违章，不发生安全生产事故。同时我们开展各类安健环培训最终目的就是要构建起包括安全精神文化、安全行为文化、安全制度文化和安全环境文化等系统的安全文化体系，提高员工的安全修养，让员工培育起健康的安全心态，养成良好的安全行为习惯，最终实现党中央提出的"科学发展、安全发展"和"构建和谐社会"的宏伟目标，确保企业安全生产长治久安。